高等职业教育新形态系列教材

数控加工工艺与编程

活页式教材

主编 陈月凤 王广勇

北京理工大学出版社
BEIJING INSTITUTE OF TECHNOLOGY PRESS

内 容 简 介

本书以培养学生的数控加工工艺与程序编制技能为核心，结合现代机械装备制造业"数控编程和数控机床操作"的核心岗位能力要求，融合数控车铣加工"1+X"证书中级要求，以工作过程为导向，以 FANUC 数控系统为主，详细地介绍了数控加工工艺设计、数控车铣床的编程指令、宇龙数控仿真软件的操作等内容。

本书采用项目教学的方式组织内容，包括数控加工认知、回转件数控车削加工与编程、板壳件数控铣削加工与编程、组合件的数控加工 4 个项目，按照任务分析、加工准备、编写程序、零件加工的逻辑顺序，阐明如何分析、编程、加工典型零件，同时将职业道德、职业规范、课程思政、智能制造技术等融入任务实施过程。

本书可作为高等职业院校数控技术应用、模具设计与制造、机械制造及自动化等机械类专业的教学用书，也可供相关技术人员、数控机床编程与操作人员参考、学习、培训之用。

版权专有　侵权必究

图书在版编目（CIP）数据

数控加工工艺与编程 / 陈月凤，王广勇主编．－－北京：北京理工大学出版社，2021.9（2024.1 重印）
ISBN 978-7-5763-0375-9

Ⅰ．①数… Ⅱ．①陈… ②王… Ⅲ．①数控机床-加工工艺-高等学校-教材②数控机床-程序设计-高等学校-教材　Ⅳ．①TG659

中国版本图书馆 CIP 数据核字（2021）第 188888 号

责任编辑：多海鹏	**文案编辑**：多海鹏
责任校对：周瑞红	**责任印制**：李志强

出版发行 / 北京理工大学出版社有限责任公司
社　　址 / 北京市丰台区四合庄路 6 号
邮　　编 / 100070
电　　话 /（010）68914026（教材售后服务热线）
　　　　　　（010）68944437（课件资源服务热线）
网　　址 / http://www.bitpress.com.cn

版 印 次 / 2024 年 1 月第 1 版第 2 次印刷
印　　刷 / 河北盛世彩捷印刷有限公司
开　　本 / 787 mm × 1092 mm　1/16
印　　张 / 19
字　　数 / 424 千字
定　　价 / 58.80 元

图书出现印装质量问题，请拨打售后服务热线，负责调换

前 言

教材是课程的重要载体和教学资源,对于提高人才培养质量发挥着不可或缺的作用。近几年在我国高等职业教育教学改革发展过程中,理念的更新和人才培养模式的转变推动了专业建设和课程建设,人们积极探索基于工作体系、生产过程、行动导向等的教材设计和创新。

装备制造业是我国国民经济的支柱产业。中国正在由制造大国向制造强国转型,以加快新一代信息技术与制造业深度融合为主线,以智能制造为主攻方向。数控机床是智能制造的基础单元,"数控加工工艺与编程"课程具有非常重要的基础性、科学性、工具性和应用性。

我们在"高等职业院校专业核心课程新模式系列教材"编写原则和要求的指导下,通过校企合作和广泛的行业企业调研,并参照相关的国家职业技能标准和行业职业技能鉴定规范,对本教材进行了系统化、规范化和典型化的设计。

本教材执行最新国家标准,为满足高端技能型专门人才培养目标的要求,以典型零件数控加工为主线,以学习性任务为载体,通过项目导向、任务驱动等多种情境化的表现形式,突出过程性知识,引导学生学习、获得经验与技巧及与岗位能力形成直接相关的知识和技能,使其知道在实际岗位工作中"如何做""如何做得更好"。基于工作过程系统化原则和任务教学法,本教材安排了"数控加工认知""回转件数控车削加工与编程"" 板壳件数控铣削加工与编程""组合件的数控加工"4 个项目、17 个任务。

结合"1+X"证书制度,基于岗位知识需求,系统化、规范化地构建课程体系;将专业知识和岗位技能融会贯通,构建数控设备操作,零件工艺设计,数控车床、数控铣床、加工中心的程序编制等任务模块。为了激发学生的学习兴趣,结合课程内容,设置了"多学一点""提示""想一想""做一做""小知识"等小栏目,通过教学、做之间的引导和转换,使学生在学中做、在做中学,潜移默化地提升岗位管理能力。

全书由山东职业学院陈月凤、王广勇担任主编,孙兆冰、周志超、郭明波担任副主编。参加编写的还有山东职业学院臧贻娟、唐勇、赵振,豪迈集团股份有限公司郭正才,山东威达重工股份有限公司谭英民,山东山水重工有限公司张新建。

全书由陈月凤、王广勇负责系统策划、结构设计、主体内容编写,以及全书统稿和定稿。项目一和项目四由王广勇编写;项目三由陈月凤编写;项目二中任务一、任务六和任务七由孙兆冰编写,任务二和任务三由周志超编写,任务四和任务五由郭明波编写。山东职业学院臧贻娟、唐勇、赵振为教材进行了文字和图片处理,山东威达重工股份有限公司谭英民、豪迈集团股份有限公司郭正才、山东山水重工有限公司张新建为教材提供企业案例及素材。

本教材在编写过程中得到了山东法因数控机械有限公司、山东威达重工股份有限公司等企业的大力支持,并提供了很多素材。在编写过程中,参考了《数控编程与加工》等14部著作的相关内容。在此,对给予支持的相关企业和作者表示感谢!

本教材在编写结构、体例、内容等方面进行了大胆的探索和创新,但难免存在一些不足、错误和缺陷,希望广大读者对此提出批评或改进建议。

编 者

AR 内容资源获取说明

Step1 扫描下方二维码，下载安装"4D 书城"App；

Step2 打开"4D 书城"App，点击菜单栏中间的扫码图标 ⬚，再次扫描二维码下载本书；

Step3 在"书架"上找到本书并打开，点击电子书页面的资源按钮或者点击电子书左下角的的扫码图标 ⬚ 扫描实体书的页面，即可获取本书 AR 内容资源！

目　录

项目一　数控加工认知 ... 1

项目目标 ... 1
任务一　观摩数控车间 ... 1
　任务目标 ... 1
　任务描述 ... 1
　程序与方法 ... 2
　　步骤一　观摩准备 ... 2
　　步骤二　观摩车间 ... 7
　　步骤三　观摩总结 ... 12
　巩固与拓展 ... 15
　任务考核 ... 17
任务二　认识数控机床 ... 18
　任务目标 ... 18
　任务描述 ... 18
　程序与方法 ... 18
　　步骤一　认识数控机床的各功能部件 ... 18
　　步骤二　熟悉数控机床控制面板 ... 25
　　步骤三　认识数控机床的切削运动及其坐标系 ... 28
　巩固与拓展 ... 32
　任务考核 ... 34

项目二　回转件数控车削加工与编程 ... 36

项目目标 ... 36
任务一　回转轴的数控车削加工 ... 36
　任务目标 ... 36
　任务描述 ... 37
　程序与方法 ... 39
　　步骤一　加工准备 ... 39
　　步骤二　机床准备 ... 39

步骤三　开机回参考点 ………………………………………………………… 42
　　步骤四　安装工件 ……………………………………………………………… 45
　　步骤五　安装车刀 ……………………………………………………………… 46
　　步骤六　数控车床对刀操作 …………………………………………………… 47
　　步骤七　输入程序 ……………………………………………………………… 50
　　步骤八　程序校验 ……………………………………………………………… 52
　　步骤九　自动加工 ……………………………………………………………… 52
巩固与拓展 …………………………………………………………………………… 54
任务考核 ……………………………………………………………………………… 55
任务二　台阶轴车削程序编制 ……………………………………………………… 57
任务目标 ……………………………………………………………………………… 57
任务描述 ……………………………………………………………………………… 57
程序与方法 …………………………………………………………………………… 58
　　步骤一　任务分析 ……………………………………………………………… 58
　　步骤二　建立编程坐标系 ……………………………………………………… 60
　　步骤三　认识数控编程指令 …………………………………………………… 61
　　步骤四　计算刀位点坐标值 …………………………………………………… 65
　　步骤五　编写加工程序 ………………………………………………………… 67
巩固与拓展 …………………………………………………………………………… 69
任务考核 ……………………………………………………………………………… 71
任务三　回转轴精车程序编制 ……………………………………………………… 72
任务目标 ……………………………………………………………………………… 72
任务描述 ……………………………………………………………………………… 72
程序与方法 …………………………………………………………………………… 73
　　步骤一　任务分析 ……………………………………………………………… 73
　　步骤二　建立编程坐标系 ……………………………………………………… 74
　　步骤三　认识数控编程指令 …………………………………………………… 76
　　步骤四　计算刀位点坐标值 …………………………………………………… 79
　　步骤五　编写加工程序 ………………………………………………………… 82
巩固与拓展 …………………………………………………………………………… 84
任务考核 ……………………………………………………………………………… 87
任务四　回转轴粗精车程序编制 …………………………………………………… 88
任务目标 ……………………………………………………………………………… 88
任务描述 ……………………………………………………………………………… 88
程序与方法 …………………………………………………………………………… 88
　　步骤一　任务分析 ……………………………………………………………… 88
　　步骤二　建立编程坐标系 ……………………………………………………… 89
　　步骤三　认识数控编程指令 …………………………………………………… 91
　　步骤四　计算刀位点坐标值 …………………………………………………… 96

  步骤五 编写加工程序 97
 巩固与拓展 98
 任务考核 101
 任务五 螺纹轴车削程序编制 103
 任务目标 103
 任务描述 103
 程序与方法 105
  步骤一 任务分析 105
  步骤二 建立编程坐标系 105
  步骤三 认识数控编程指令 105
  步骤四 计算刀位点坐标值 108
  步骤五 编写加工程序 110
 巩固与拓展 112
 任务考核 115
 任务六 轴套零件车削程序编制 116
 任务目标 116
 任务描述 116
 程序与方法 118
  步骤一 任务分析 118
  步骤二 建立编程坐标系 119
  步骤三 认识数控编程指令 119
  步骤四 计算刀位点坐标值 119
  步骤五 编写加工程序 121
 巩固与拓展 123
 任务考核 126
 任务七 回转件数控车削加工工艺编制 127
 任务目标 127
 任务描述 127
 程序与方法 128
  步骤一 任务分析 128
  步骤二 确定轴套件的装夹方案 133
  步骤三 确定数控车削工艺路线 136
  步骤四 数控车削刀具选择 139
  步骤五 确定数控车削切削用量 141
  步骤六 填写数控加工工艺文件 143
 巩固与拓展 143
 任务考核 145

项目三　板壳件数控铣削加工与编程 ·· 147

项目目标 ··· 147
任务一　平板零件的数控铣削加工 ··· 147
任务目标 ··· 147
任务描述 ··· 147
程序与方法 ·· 149
步骤一　加工准备 ·· 149
步骤二　开机回参考点 ·· 152
步骤三　安装工件 ·· 155
步骤四　安装铣刀 ·· 157
步骤五　数控铣床对刀操作 ··· 159
步骤六　编辑、上传程序 ·· 163
步骤七　程序校验 ·· 164
步骤八　自动加工 ·· 164
巩固与拓展 ·· 164
任务考核 ··· 167
任务二　平板件铣削程序编制 ··· 169
任务目标 ··· 169
任务描述 ··· 169
程序与方法 ·· 169
步骤一　任务分析 ·· 169
步骤二　建立编程坐标系 ·· 170
步骤三　认识数控编程指令 ··· 172
步骤四　计算刀位点坐标值 ··· 174
步骤五　编写加工程序 ·· 177
巩固与拓展 ·· 179
任务考核 ··· 182
任务三　连杆轮廓铣削程序编制 ·· 184
任务目标 ··· 184
任务描述 ··· 184
程序与方法 ·· 185
步骤一　任务分析 ·· 185
步骤二　建立编程坐标系 ·· 186
步骤三　认识数控编程指令 ··· 187
步骤四　计算刀位点坐标值 ··· 190
步骤五　编写加工程序 ·· 193
巩固与拓展 ·· 195
任务考核 ··· 200

任务四　平面凸轮铣削程序编制 …… 202
　任务目标 …… 202
　任务描述 …… 202
　程序与方法 …… 203
　　步骤一　任务分析 …… 203
　　步骤二　建立编程坐标系 …… 204
　　步骤三　认识数控编程指令 …… 204
　　步骤四　计算刀位点坐标值 …… 209
　　步骤五　编写加工程序 …… 210
　巩固与拓展 …… 212
　任务考核 …… 218
任务五　端盖孔加工程序编制 …… 220
　任务目标 …… 220
　任务描述 …… 220
　程序与方法 …… 222
　　步骤一　任务分析 …… 222
　　步骤二　建立编程坐标系 …… 223
　　步骤三　认识数控编程指令 …… 223
　　步骤四　计算刀位点坐标值 …… 229
　　步骤五　编写加工程序 …… 231
　巩固与拓展 …… 232
　任务考核 …… 237
任务六　板壳件数控铣削加工工艺编制 …… 238
　任务目标 …… 238
　任务描述 …… 238
　程序与方法 …… 239
　　步骤一　任务分析 …… 239
　　步骤二　板壳件的装夹方案确定 …… 241
　　步骤三　确定数控铣削工艺路线 …… 243
　　步骤四　数控铣削刀具选择 …… 247
　　步骤五　确定数控铣削切削用量 …… 249
　　步骤六　填写数控加工工艺文件 …… 251
　巩固与拓展 …… 251
　任务考核 …… 254

项目四　组合件的数控加工 …… 256

　项目目标 …… 256
　任务一　轴套组合件的数控加工 …… 256
　　任务目标 …… 256

任务描述 …………………………………………………………………………… 256
　程序与方法 ………………………………………………………………………… 257
　　步骤一　任务分析 …………………………………………………………… 257
　　步骤二　工艺分析 …………………………………………………………… 258
　　步骤三　程序编制 …………………………………………………………… 261
　　步骤四　数控加工 …………………………………………………………… 264
　　步骤五　装配检查 …………………………………………………………… 265
　巩固与拓展 ………………………………………………………………………… 268
　任务考核 …………………………………………………………………………… 272
　任务二　板类组合件的数控加工 ………………………………………………… 274
　任务目标 …………………………………………………………………………… 274
　任务描述 …………………………………………………………………………… 274
　程序与方法 ………………………………………………………………………… 275
　　步骤一　任务分析 …………………………………………………………… 275
　　步骤二　工艺分析 …………………………………………………………… 276
　　步骤三　程序编制 …………………………………………………………… 279
　　步骤四　数控加工 …………………………………………………………… 279
　　步骤五　装配检验 …………………………………………………………… 280
　巩固与拓展 ………………………………………………………………………… 281
　任务考核 …………………………………………………………………………… 286

附录 A　数控机床标准 G 代码 ……………………………………………………… 287

附录 B　数控机床标准 M 代码 ……………………………………………………… 289

附录 C　FANUC-0 系统程序报警（P/S 报警）代码表 …………………………… 290

参考文献 ……………………………………………………………………………… 292

项目一　数控加工认知

项目目标

- 了解数控加工车间的生产环境及安全文明作业规范；
- 熟悉数控车间主要加工设备的名称和技术要求等；
- 明确零件数控加工的工作过程、生产技术文件，以及工作岗位和岗位职责要求；
- 熟悉数控机床的主要组成及各组成的作用；
- 熟悉数控机床控制面板的功能、操作界面及按钮的作用；
- 了解数控机床机床坐标系及其运动控制方法。

任务一　观摩数控车间

任务目标

通过学习本任务，达到以下目标：
- 了解数控加工车间的生产环境及安全文明作业规范；
- 熟悉数控车间主要加工设备的名称和技术要求等；
- 明确零件数控加工的工作过程、生产技术文件，以及工作岗位和岗位职责要求。

任务描述

- 实地考察本校或校外工厂的数控车间，熟悉数控加工车间的生产环境和设备组成；
- 观摩零件的数控加工工作过程，了解零件数控加工的工作步骤；
- 查看车间看板，查阅生产资料，掌握数控加工的岗位职责要求及安全文明生产规范。

程序与方法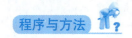

步骤一　观　摩　准　备

相关知识：

数控加工（Numerical Control Machining），泛指在数控机床上进行零件加工的一种工艺方法。从总体上说，数控加工与传统加工的工艺过程是一致的，机床转速高、切削力大，加工过程中多电动机运转，机械的动作复杂，存在较多的不安全因素，在进入车间观摩时，一定要严格执行安全防护措施，遵守车间纪律。

一、车间安全防护

（一）车间安全用电常识

（1）车间内的电气设备不要随便乱动，任何人不准随意乱动电气设备和开关。

（2）经常接触和使用的配电箱、配电板、闸刀开关、按钮开关、插座、插销以及导线等，必须保持完好、安全，不得有破损或将带电部分裸露出来。

（3）在操作闸刀开关、磁力开关时，必须将盖盖好，防止万一短路时发生电弧或熔丝熔断飞溅伤人。

（4）需要移动某些非固定安装的电气设备，如电风扇、照明灯、点焊机等时，必须先切断电源再移动。同时导线要收拾好，不得在地面上拖来拖去，以免磨损。如果导线被物体轧住，不要硬拉，以防将导线拉断。

（5）在一般情况下，禁止使用临时线。如必须使用时，需由工程部批准，同时临时线应按有关安全规定装好，不得乱拉乱拽，且应按规定时间拆除。

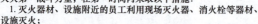

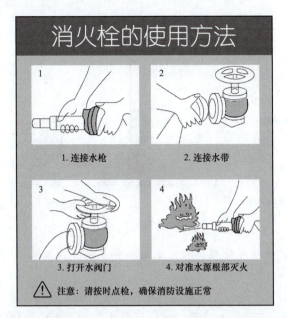

(6) 在打扫卫生、擦拭设备时，严禁用水去冲洗电气设备，或用湿抹布去擦拭电气设备，以防发生短路和触电事故。

(7) 发生电气火灾时，应立即切断电源，用黄砂、二氧化碳、四氯化碳等灭火器材灭火，切不可用水或泡沫灭火器灭火，因为它们有导电的危险。救火时应注意自己身体的任何部分及灭火器具不得与电线、电气设备接触，以防发生触电。

想一想：

人体的安全电压是多少？为什么加工车间要特别注意用电安全？

（二）正确穿戴劳保用品

正确穿戴劳保用品是安全生产最基本的要求，也是安全生产首要的保证。为保证员工在工作中的安全与身体健康，加强劳动防护用品的管理工作，使劳保用品的管理规范化、制度化，国家制定了《劳动防护用品管理规定》和《劳保用品配备标准》。

1. 防护眼镜

防护眼镜主要用于防御金属或砂石碎屑等对眼睛的机械损伤，如图1－1－1所示。眼镜片和眼镜架应结构坚固，抗打击。框架周围装有遮边，其上应有通风孔。防护镜片可选用钢化玻璃、胶质黏合玻璃或铜丝网防护镜。

2. 安全帽

安全帽主要用于防止留长发工人的发辫卷进机器受伤，如图1－1－2所示。穿戴时，发辫要盘在工作帽内，不准露出帽外。

3. 工作服

工作服主要用于防止工人皮肤遭受机械外伤、热辐射烧伤，如图1－1－3所示。工人操作机械时，穿着工作服应坚持"三紧"原则，即袖口紧、领口紧、下摆紧。

图 1-1-1　防护眼镜　　　　图 1-1-2　安全帽　　　　图 1-1-3　工作服

注意事项

● 个人不得擅自更换个人防护用品或添加饰物。防护用品不用时应妥善保管、经常保养，保证其完好性；

● 进入生产（施工）现场的人员应按劳动防护要求和现场安全要求穿戴劳动防护用品，未按规定穿戴者不准进入现场；工作中，违反规定穿戴者必须立即停止作业，纠正后方可恢复作业。

● 戴安全帽时要检查安全帽有无破损，帽壳与头顶的距离不少于 3 cm；头发长的员工，特别是女员工戴安全帽时，要把长发盘起置于安全帽内；安全帽不能拿在手中，或随处乱放，在现场要时刻戴在头上，养成戴安全帽的好习惯。

● 车工、钻工、铣工、刨工等带切削加工工作岗位必须佩戴护目镜；

● 在有机械转动环境中工作的人员不许戴手套、系领带和围巾。

● 进入现场必须穿合格的工作鞋。任何人不得穿高跟鞋、网眼鞋、钉子鞋、凉鞋、拖鞋等进入车间。

议一议：

有人认为佩戴防护眼镜会影响观察效果，所以经常不戴，你认为这种做法有什么危害？

二、车间 6S 管理

车间的 6S 管理如图 1-1-4 所示。

图 1-1-4　车间 6S 管理

(一)整理(SEIRI)

整理,即将工作场所的任何物品区分为有必要和没有必要的,除了有必要的留下来,其他的都消除掉。目的:腾出空间,空间活用,防止误用,塑造清爽的工作场所。

(二)整顿(SEITON)

整顿,即把留下来的必要的物品依规定位置摆放,并放置整齐加以标识。目的:工作场所一目了然,消除寻找物品的时间和保持整整齐齐的工作环境,消除过多的积压物品。

(三)清扫(SEISO)

清扫,即将工作场所内看得见与看不见的地方清扫干净,保持工作场所干净、亮丽的环境。目的:稳定品质,减少工业伤害。

(四)清洁(SEIKETU)

清洁,即将整理、整顿、清扫进行到底,并且制度化,经常保持环境处在美观的状态。目的:创造明朗现场,维持上面3S的成果。

(五)素养(SHITSUKE)

素养,即每位成员养成良好的习惯,并遵守规则做事,培养积极主动的精神(也称习惯性)。目的:培养有好习惯、遵守规则的员工,营造团队精神。

(六)安全(SECURITY)

安全,即重视成员安全教育,每时每刻都有安全第一的观念,防范于未然。目的:建立起安全生产的环境,所有的工作应建立在安全的前提下。

"6S"之间彼此关联,整理、整顿、清扫是具体内容;清洁是指将上面3S实施的做法制度化、规范化,并贯彻执行及维持结果;素养是指培养每位员工养成良好的习惯,并遵守规则做事,开展6S容易,但长时间维持必须靠素养的提升;安全是基础,要尊重生命,杜绝违章。

想一想:
为什么叫"6S"管理?你认为实施"6S"管理的关键是什么?

三、安全文明生产

(一)文明生产

数控机床是一种自动化程度较高、结构较复杂的先进加工设备,为了充分发挥机床的优越性,提高生产效率,管好、用好、修好数控机床,技术人员的素质及文明生产显得尤为重要。操作人员除了要熟练掌握数控机床的性能,做到熟练操作以外,还必须养成文明生产的良好的工作习惯和严谨的工作作风,具有良好的职业素质、责任心和合作精神。

（二）安全操作规程

为了正确、合理地使用数控机床，减少其故障的发生率，应使用正确的操作方法，并经机床管理人员同意后方可操作机床。

1. 开机前的注意事项

（1）操作人员必须熟悉该数控机床的性能、操作方法，经机床管理人员同意方可操作机床。
（2）机床通电前，先检查电压、气压、油压是否符合工作要求。
（3）检查机床可动部分是否处于可正常工作状态。
（4）检查工作台是否有越位、超极限状态。
（5）检查电气元件是否牢固、是否有接线脱落。
（6）检查机床接地线是否和车间地线可靠连接（初次开机特别重要）。
（7）已完成开机前的准备工作后方可合上电源总开关。

2. 开机过程中的注意事项

（1）严格按机床说明书中的开机顺序进行操作。
（2）一般情况下开机过程中必须先进行回机床参考点操作，建立机床坐标系。
（3）开机后让机床空运转 15 min 以上，使机床达到平衡状态。
（4）关机以后必须等待 5 min 以上才可以进行再次开机，没有特殊情况不得随意频繁进行开机或关机操作。

3. 调试过程中的注意事项

（1）首件试切必须进行空运行，确保程序正确无误。
（2）按工艺要求安装、调试好夹具，并清除各定位面的铁屑和杂物。
（3）按定位要求装夹好工件，确保定位正确可靠。不得使工件在加工过程中发生松动现象。
（4）安装好所要用的刀具，若是加工中心，则必须使刀具在刀库上的刀位号与程序中的刀号严格一致。
（5）按工件上的编程原点进行对刀，建立工件坐标系。若用多把刀具，则其余各把刀具分别进行长度补偿或刀尖位置补偿。

步骤二　观摩车间

相关知识：

一、熟悉数控车间环境

数控机床是数控车间的主要加工设备，它综合了机械、自动化、计算机、测量、微电子等最新技术，是一种高效自动化的机床。同时，在数控车间加工的零件多为技术要求较高的精密复杂零件，因此，数控车间与普通加工车间有所相同，即车间内有大量的机械加工设备和动力电缆等，但因数控机床及其加工产品的特殊性，车间环境又不同于普通车间，图1-1-5所示为某厂数控车间现场。

图1-1-5　数控车间现场

数控加工车间的特点：

（1）干净、整洁、整齐，实施6S管理；
（2）设备多、操作工人少，设备自动化程度高，一个工人可以操作多台设备；
（3）加工的零件品种多，结构复杂；
（4）操作工人面对机床面板操作，劳动强度小；
（5）车间内温度适宜，一般为20℃左右；
（6）车间采用"定置管理"，物品摆放整齐，区域划分清晰，车间秩序井然。

做一做：

观察车间生产环境，观看工人工作过程，查看车间看板，记录车间宣传标语，并理解其内涵。

二、认识数控车间设备

小知识：

机床，英文名称为Machine Tool，是制造机器的机器，又称为"工作母机"或"工具机"，习惯上简称为机床。利用它可以将金属毛坯加工成机器零件。

数控加工技术具有悠久的发展历史，与传统的车、铣、钻、磨、齿轮加工相对应的数控机床有数控车床、数控铣床、数控钻床、数控磨床、数控齿轮加工机床等。尽管这些数控机床在加工工艺方法上存在很大的差别，具体的控制方式也各不相同，但机床的动作和运动都是数字化控制的，具有较高的生产率和自动化程度。在普通数控机床加装一个刀库和换刀装置就成为数控加工机床。

（一）数控车床

数控车床是机械加工车间使用最广泛的数控机床，主要用于加工轴类、盘类等回转体零件，可自动完成内外圆柱面、圆锥面、成形表面、螺纹和端面等工序的切削加工，并能进行车槽、钻孔、扩孔、铰孔等工作。

根据车床导轨的布局形式，数控车床又分为斜床身数控车床（图1-1-6）和平床身数控车床（图1-1-7），由于斜床身数控车床可配置多工位刀塔、刀具运动空间大、机床结构紧凑，所以在实际生产中，斜床身数控车床应用较为广泛。

图1-1-6　斜床身后置刀架数控车床

图1-1-7　平床身前置刀架数控车床

（二）数控铣床

数控铣床是在普通铣床上集成了数字控制系统，可以在程序代码的控制下较精确地进行铣削加工的机床。除了具有普通铣床加工的特点外，还能加工轮廓形状特别复杂或难以控制尺寸的零件，如模具类零件、壳体类零件等。其加工精度高、加工质量稳定可靠、生产自动化程度高，可以大幅减轻操作者的劳动强度。

数控铣床根据主轴与工作台的位置关系，可分为立式数控铣床（图1-1-8）和卧式数控铣床（图1-1-9）两种。

（三）加工中心

在零件需要进行多种工序加工的情况下，单功能数控机床的加工效率仍然不高。加工中心一般都具有刀具自动交换功能，零件装夹后便能一次完成钻、镗、铣、锪、攻丝等多种工序加工（图1-1-10和图1-1-11）。

加工中心

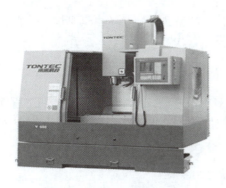

图1-1-8 立式数控铣床

图1-1-9 卧式数控铣床

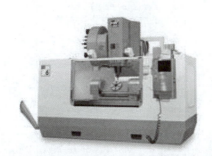

图1-1-10 立式加工中心

图1-1-11 卧式加工中心

加工中心可以有效地避免由于工件多次安装造成的定位误差,减少了机床的台数和占地面积,缩短了辅助时间,大大提高了生产效率和加工质量。

除了切削加工数控机床以外,数控技术也大量用于数控电火花线切割机床、数控电火花成形机床、数控等离子弧切割机床、数控火焰切割机床以及数控激光加工机床等。还有其他类型的数控机床,如水射流切割机、鞋样切割机、雕刻机、数控三坐标测量机等。

做一做:

(1) 观摩本校数控实训车间,记录车间内机床铭牌,并判断它们是什么机床。

(2) 观看数控加工的工作过程,记录数控加工的工作步骤。

小知识:

20世纪40年代后期,美国一家直升机公司提出了数控机床的初始设想,1952年美国麻省理工学院研制出三坐标数控铣床。20世纪50年代中期这种数控铣床已用于加工飞机零件。20世纪60年代,数控系统和程序编制工作日益成熟和完善,数控机床已被用于各个工业部门。

三、了解数控加工技术文件

数控加工常见的技术文件有生产任务单及生产计划表、零件图纸、数控加工工序卡、数控加工刀具卡、数控加工走刀路线图、数控加工程序清单,这里指介绍数控加工相关的工艺文件。

在企业生产中,工艺文件就是生产过程中的法规,生产和技术人员必须严格遵守,工艺文件编制按照工艺原则及生产任务和零件图纸制定，严格执行审核、审批制度，经签字审批的文件不能随意修改，若需修改必须报批、审核签字。

（一）数控加工工序卡

数控加工工序卡与普通机械加工工序卡有很多相似之处，是编制零件数控加工程序、进行数控加工的主要指导性工艺文件，它指明了数控加工的工步顺序和作业内容，规定了加工中的机床、刀具、辅具及切削加工参数。表1-1-1所示为工序卡的一般格式。

表1-1-1 数控加工工序卡

第___页共___页

单位（公司）		零件名称		程序号	
工序简图				工序号	
				车间	
				设备编号	
				夹具名称	
				夹具编号	
工步号	工步内容	加工表面	主轴转速 /($r \cdot min^{-1}$)	进给量 /($mm \cdot r^{-1}$)	切削深度 /mm	刀具号
编制		审核		批准		日期：

（二）数控加工刀具卡

数控加工时，对刀具的要求十分严格，一般要在机外对刀仪上事先调整好刀具直径和长度。数控加工刀具卡规定了刀具的编号、规格和切削刃参数，它是操作人员安装和调整刀具的依据，也是刀具参数设置的依据。刀具卡的格式如表1-1-2所示。

表1-1-2 数控加工刀具卡

单位（公司）					程序号		
零件名称			工序号		工步号		
序号	刀具号	刀具名称	加工表面	刀具规格		刀补参数	数量
				刀柄	刀片	H	D
编制		审核		批准		日期	

（三）数控加工走刀路线图

走刀路线图是数控加工比普通加工多出的一个工艺文件，它用约定的符号和线条画出刀具在整个加工工序中的运动轨迹示意图。它不但包括了工步的内容，也反映出工步顺序，对于复杂零件还要规定出刀具切入/切出工件及抬起/落下的方式，以防止刀具与工件或夹具发生碰撞。走刀路线是编写程序的依据之一，其一般格式如表 1-1-3 所示。

表 1-1-3 数控加工走刀路线

第___页共___页

单位（公司）		零件名称		程序号	
工序号		工步号		加工内容	
					工艺说明：
					编制
符号	⬤	⊗	⊙	------>	——>	校对	
含义	编程原点	循环起点	换刀点	快进/退	工进/退	审核	

（四）数控加工程序单

数控加工程序单是编程员根据工艺分析情况，经过数值计算，按照数控机床的程序格式和指令代码编制的（表 1-1-4）。它是记录数控加工工艺过程、工艺参数、位移数据的清单以及手动数据输入、实现数控加工的主要依据，同时可帮助操作人员正确理解加工程序内容。

表 1-1-4 数控加工程序清单

第___页共___页

单位（公司）		零件名称		
工序号		工步号	程序号	
程序内容			程序说明	
编制		审核	批准	日期

项目一 数控加工认知

步骤三 观摩总结

做一做：

通过现场观摩，在初步了解了数控加工环境、设备和工艺文件的基础上，总结数控加工的一般过程，并写出车间观摩总结报告。

相关知识：

一、数控加工工作过程

数控加工的一般工作过程如图 1-1-12 所示。

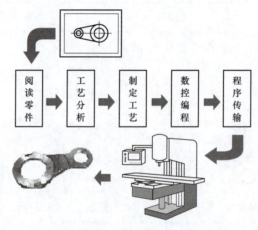

图 1-1-12　数控加工的工作过程

（1）首先阅读零件图纸，充分了解图纸的技术要求，如尺寸精度、形位公差、表面粗糙度、工件的材料、硬度、加工性能以及工件数量等。

（2）根据零件图纸的要求进行工艺分析，其中包括零件的结构工艺性分析、材料和设计精度合理性分析、大致工艺步骤等。

（3）根据工艺分析制定加工所需要的工艺信息，如加工工艺路线、工艺要求、刀具的运动轨迹、位移量、切削用量（主轴转速、进给量、吃刀深度）以及辅助功能（换刀、主轴正转或反转、切削液开或关）等，并填写数控加工工序卡和工艺过程卡。

（4）根据零件图和制定的工艺内容，再按照所用数控系统规定的指令代码及程序格式进行数控编程。

（5）将编写好的程序通过传输接口输入到数控机床的数控装置中，调整好机床并调用该程序后，就可以加工出符合图纸要求的零件。

典型零件数控加工的工作过程及岗位分工如图 1-1-13 所示。

小知识：

从 20 世纪中叶数控技术出现以来，数控机床给机械制造业带来了革命性的变化。数控加工具有以下特点：加工柔性好，加工精度高，生产率高，减轻操作者劳动强度，改善劳动条件，有利于生产管理的现代化以及经济效益的提高。数控机床是现代机械制造业使用的主流设备，是国家防务安全的战略物资及发展高新科技产业所不可缺少的重要手段。数控机床的生产和消费状况已成为衡量一个国家制造技术水平和综合国力的重要标志之一。

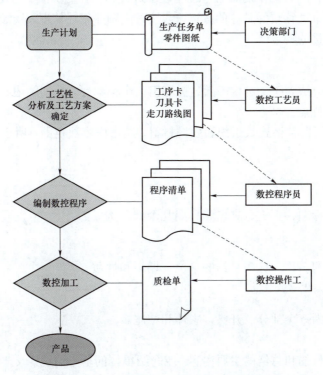

图 1-1-13 数控加工工作过程及岗位分工

二、观摩总结报告

操作提示：

撰写总结报告是大学生的一项基本能力，也是生产技术人员的一项基础技能。同学们在将来的工作中，会经常为了一项生产任务或技术改造或技术革新等进行实地考察，对考察的情况及时形成文字资料、记录现场情况、陈述技术标准和总结考察得失等。

（一）总结报告的一般格式

总结的格式，也就是总结的结构，是组织和安排材料的表现形式。其格式不固定，一般有以下几种。

1. 条文式

条文式也称条款式，是用序数词给每一自然段编号的文章格式。通过给每个自然段编号，总结被分为几个问题，按问题谈情况和体会。这种格式具有灵活、方便的特点。

2. 两段式

总结分为两部分：前一部分为总，主要写做了哪些工作、取得了什么成绩；后一部分是结，主要讲经验、教训。这种总结格式具有结构简单、中心明确的特点。

项目一　数控加工认知　13

3. 贯通式

贯通式是围绕主题对工作发展的全过程逐步进行总结，要以各个主要阶段的情况、完成任务的方法以及结果进行较为具体的叙述。常按时间顺序叙述情况、谈经验。这种格式具有结构紧凑、内容连贯的特点。

4. 标题式

把总结的内容分成若干部分，每部分提炼出一个小标题，分别阐述。这种格式具有层次分明、重点突出的特点。

一篇总结，采用何种格式来组织和安排材料，是由内容决定的，所选结论应反映事物的内在联系，服从全文中心。

（二）总结报告的构成

总结一般是由标题、正文、署名和日期几个部分构成的。

1. 标题

标题，即总结的名称，标明总结的单位、期限和性质。

2. 正文

正文一般又分为三个部分：开头、主体和结尾。

1）开头

或交代总结的目的和总结的主要内容；或介绍单位的基本情况；或把所取得的成绩简明扼要地写出来；或概括说明指导思想以及在什么形势下作的总结。不管以何种方式开头，都应简练，使总结很快进入主体。

2）主体

主体是总结的主要部分，是总结的重点和中心，它的内容就是总结的内容。

3）结尾

结尾是总结的最后一部分，对全文进行归纳、总结，或突出成绩，或写今后的打算和努力的方向，或指出工作中的缺点和存在的问题。

3. 署名和日期

如果总结的标题中没有写明总结者或总结单位，就要在正文右下方写明，最后还要在署名的下面写明日期。

新视野

数字化车间

一、知识巩固

数控加工的工作过程如图 1-1-14 所示。

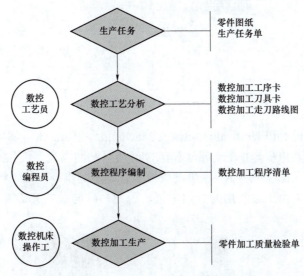

图 1-1-14　数控加工工作过程示意图

二、拓展任务

多学一点：

（一）电火花机床

电火花机床又称数控电火花机床、电火花、火花机等，是一种电加工设备。它是利用电火花加工原理加工导电材料的特种加工机床，又称电蚀加工机床，主要用于加工各种高硬度的材料（如硬质合金和淬火钢等）和复杂形状的模具、零件，以及切割、开槽和去除折断在工件孔内的工具等。

进行电火花加工必须具备三个条件：必须采用脉冲电源；必须采用自动进给调节装置，以保持工具电极与工件电极间微小的放电间隙；火花放电必须在具有一定绝缘强度（10～107 Ω·m）的液体介质中进行。

电火花成形机床（图 1-1-15）是电火花加工机床的主要品种，一般由本体、脉冲电源、自动控制系统、工作液循环过滤系统和夹具附件等部分组成。

小知识：

苏联拉扎林科夫妇研究开关触点受火花放电腐蚀损坏的现象和原因时，发现电火花的瞬时高温可以使局部的金属熔化、氧化而被腐蚀掉，从而开创和发明了电火花加工方法。

图 1-1-15 电火花成型机

(二)线切割机床

线切割机床(Wire cut Electrical Discharge Machining,WEDM),属电加工范畴,它是利用移动的金属丝作工具电极,并在金属丝和工件间通以脉冲电流,利用脉冲放电的腐蚀作用对工件进行切割加工(图 1-1-16)。通过数控装置发出的指令,控制托板移动,可加工出任意曲线轮廓的工件。由于它利用的是丝电极,因此,只能做轮廓切割加工。

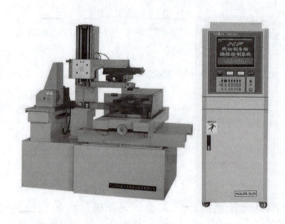

图 1-1-16 线切割机床

做一做:

通过自主观看网络空间中的有关学习资源,现场观察数控车间的设备情况,了解其他类型数控机床。

想一想:

你所看到的数控机床都有哪些共同点?

提示:

数控机床的特点:

(1)机床整体密封,安全保护性能好,外观整洁美观;

(2)多数数控机床取消了机床操作手柄,改为按钮操作,对机床操控的相关按钮全部集中到机床操作面板上,机床操控人性化;

（3）增设了人机对话界面HMI，及时显示机床工作状态，方便调整机床控制参数等；
（4）辅助功能多，如冷却、排屑、润滑、照明、监测等；
（5）加工过程自动化。

任务考核

班级_____　　　　姓名_____　　　　学号_____

任务名称		任务1-1　观摩数控车间			
考核项目		分值/分	自评得分	教师评价	备注
工作态度	信息收集	5			能够从主体教材、网络空间等多种途径获取知识，并能基本掌握关键词学习法；基本掌握主体教材的相关知识
	团队合作	5			团队合作能力强，能与团队成员分工合作收集相关信息
	安全防护	5			认真学习和遵守安全防护规章制度，正确佩戴劳动保护用品
	工作质量	5			能够按照任务要求认真整理、撰写相关材料，字迹潦草、模糊或格式不正确酌情扣分
任务实施	观摩准备	20			考查学生执行工作步骤的能力，并兼顾任务完成的正确性和工作质量
	车间观摩	30			
	观摩总结	10			
拓展任务完成情况		10			考查学生利用所学知识完成相关工作任务的能力
拓展知识学习效果		10			考查学生学习延伸知识的能力
小计		100			
小组互评		100			主要从知识掌握、小组活动参与度及见习记录遵守等方面给予中肯考核
表现加分		10			鼓励学生积极、主动承担工作任务
总评		100			总评成绩=自评成绩×40%+指导教师评价×35%+小组评价×25%+表现加分

任务二　认识数控机床

 任务目标

通过本任务的实施达到以下目标：
- 熟悉数控机床的主要组成及各组成的作用；
- 熟悉数控机床控制面板的功能、操作界面及按钮的作用；
- 了解数控机床机床坐标系及其运动控制方法。

 任务描述

- 观察车间数控机床，认识数控机床各主要功能部件；
- 查看机床控制面板，识别面板操作界面及功能按钮；
- 手动操作数控机床，认识数控机床各运动及坐标系。

程序与方法

步骤一　认识数控机床的各功能部件

一、认识数控机床的组成

做一做：
（1）查看车间的数控机床，找出机床的各主要功能部件，并简述其功能。
（2）在老师的指导下，你来给数控机床上电，试试与普通机床有何不同。

认识数控机床的组成

提示：
数控机床的上电步骤，如图1-2-1所示。
先打开及床边墙上该机床隔离开关，再打开机床电器柜上电开关，此时机床电器柜风扇运转。

图1-2-1　数控机床的上电步骤

相关知识：

数控机床的基本组成如图1-2-2所示，包括加工程序载体、数控装置、伺服驱动装置、机床主体和其他辅助装置。零件的加工信息用规定的代码编写成加工程序，通过信息载体输入到数控装置，数控装置能够逻辑地处理具有控制编码或其他符号指令规定的程序，并将其译码，经运算处理发出各种控制信号，通过伺服驱动装置控制机床本体和其他辅助装置的动作，按图纸要求的形状和尺寸，自动地将零件加工出来。

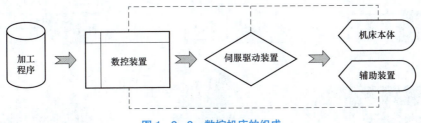

图 1-2-2　数控机床的组成

数控机床与普通机床一样，要为加工零件提供必要的切削运动，因此，它也和普通机床一样，具有以下功能部件：

（1）支撑部件：机床床身、底座、立柱等。

（2）主运动部件：机床主轴等。

（3）进给运动部件：工作台（铣床）、刀架（车床）等。

（4）驱动装置：驱动电机及传动机构，包括主轴电动机、主轴箱和进给电动机、丝杠螺母机构等。

（5）控制装置：机床电气开关按钮、控制电路和操纵手柄等。

（6）辅助装置：照明、防护及冷却润滑装置，排屑装置，液压装置，气动装置等。

二、认识数控机床的主传动装置

做一做：

在老师的指导下尝试手动拆装数控铣床主轴上的刀柄，观察这个过程中机床都有哪些动作。

相关知识：

（一）数控机床主传动方式

数控机床主运动的最高与最低转速、转速范围、传递功率，决定了数控机床的切削加工效率和加工工艺能力。因此数控机床对主传动提出了越来越高的要求。目前，数控机床主传动主要有三种方式，如图 1-2-3 所示：变速齿轮传动、皮带传动和调速电动机直接驱动。为实现主轴的调速要求，高档数控机床多采用变频调速直接驱动，为了保证低速时能传递较大的扭矩，同时为扩大恒功率区变速范围，现代数控机床在交流或直流电动机无级变速的基础上，再配以少量齿轮变速，进而构成分段无级变速系统。一部分小型数控机床也采用这种传动方式，以获得强力切削所需的驱动力矩。皮带传动可以避免齿轮传动引起的振动与噪声，且能在一定程度上满足转速与扭矩的输出要求。但其调速范围要受电机调速范围的限制，传递功率也有限，故主要用于小型机床。

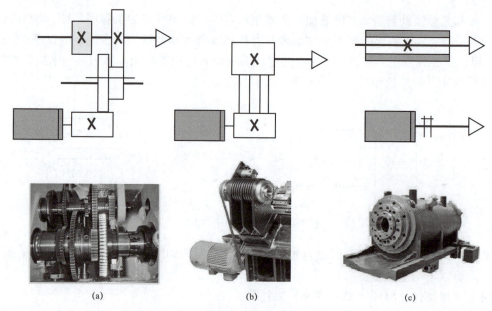

图 1-2-3 数控机床主传动的三种方式

(a)齿轮传动主轴；(b)带轮传动主轴；(c)电动机直接驱动主轴

想一想：

你们车间的数控机床主轴转速是如何调整的？

（二）数控机床的主轴部件

主轴部件是主运动的执行部件，它夹持刀具或工件，并带动其旋转。对于自动换刀数控机床，主轴部件中还有自动夹紧装置、主轴准停装置和自动吹净装置。

1. 自动夹紧装置

数控车床工件夹紧装置可用三爪自定心卡盘、四爪单动卡盘或弹簧夹头（用于棒料加工）。为减少数控车床装夹工件的辅助时间，广泛采用的是一种液压驱动动力自定心卡盘，卡盘用螺钉固定在主轴前端（短锥定位），液压缸固定在主轴后端，改变液压缸左、右腔的供油状态，活塞杆带动卡盘内的驱动爪夹紧或松开工件，并通过行程开关发出相应信号，如图 1-2-4 所示。

图 1-2-4 数控车床液压自动卡盘

数控铣床和在带有刀库的自动换刀数控机床中，为实现刀具在主轴上的自动装卸，其主轴必须设计有刀具的自动夹紧机构。刀具自动夹紧机构如图 1-2-5 所示。刀柄以锥度为 7:24

的锥柄在主轴前端的锥孔中定位，碟形弹簧通过拉杆、卡爪将刀柄的拉钉拉紧，当换刀时，要求松开刀柄。此时将数控机床主轴上端气缸的上腔通压缩空气，活塞带动压杆及拉杆向下移动，同时压缩碟形弹簧。当拉杆下移到使卡爪的下端移出内套时，卡爪张开，同时拉杆将刀柄顶松，数控机床刀具即可由手工或机械手拔出。待新刀装入后，气缸的下腔通压缩空气，在碟形弹簧的作用下，活塞带动卡爪上移，卡爪拉杆重新进入内套，将刃柄拉紧。活塞移动的两个极限位置分别设有行程开关，作为刀具夹紧和松开的信号。数控机床刀杆尾部的拉紧机构，除上述的卡爪式外，常见的还有钢球拉紧机构。

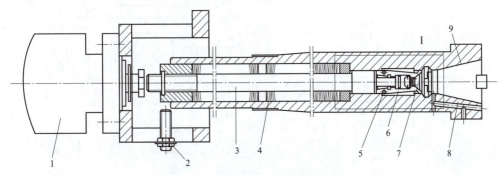

图 1-2-5 数控铣床刀具自动夹紧机构
1—增压气缸；2—光电开关；3—拉杆；4—碟形弹簧；5—卡爪弹簧；6—卡爪；
7—刀具拉钉；8—机床主轴；9—7：24 主轴锥孔

2. 自动吹净装置

主轴自动换刀时，需自动清除主轴装刀锥孔内的切屑或灰尘，以保证主轴锥孔和刀柄表面接触，确保刀具定位安装精度。为此，主轴上装有压缩空气吹净装置，当机械手将刀柄从主轴锥孔拔出后，压缩空气可通过活塞杆上端喷嘴，经活塞和拉杆的中心孔自动地吹净主轴锥孔。

3. 主轴准停装置

主轴自动换刀时，需保证主轴上的端面键对准刀柄上的键槽，以实现刀具正确定位和传递转矩。因此，主轴在每次自动装卸刀具时，都应停在一定的圆周位置上，即要求主轴具有准确定位的功能。

4. 主轴速度检测装置

数控机床采用了分散的单独驱动方式，即机床的每一个运动都由一个独立的电动机驱动，虽然对每一个独立的运动可进行相应的控制，但是机床的主运动和进给运动就失去了联系，也就是主运动和进给运动没有相应的比例关系，这样就不能加工螺纹。机床加工螺纹时主运动与进给运动应有一定的关系，即主轴每转一转，刀具沿轴向进给一个螺距。所以必须对主轴运动进行检测并控制。

三、认识数控机床的进给传动装置

相关知识：

数控机床进给运动是数字控制的直接对象。数控机床传动装置的精度、

认识数控机床的进给传动装置

灵敏度和稳定性，将直接影响工件的加工精度。数控机床的进给传动系统必须满足下列要求：传动刚度高、摩擦阻力小、惯量低。为此，其进给传动的方式常采用最多一两级齿轮或带轮传动副和滚珠丝杠螺母副组成的传动系统，将伺服电动机的动力和运动传递给工作台。数控机床进给传动原理如图1-2-6所示，斜床身数控车床进给传动机构实物如图1-2-7所示。

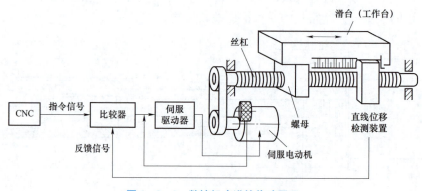

图1-2-6　数控机床进给传动原理

图1-2-7　斜床身数控车床进给传动机构实物
1—纵向滚珠丝杠；2—驱动电机；3—横向滚珠丝杠；4—横向滚珠螺母；5—横向机床导轨；6—纵向机床导轨

数控机床进给运动的驱动方式采用伺服电动机的无级调速。传动系统的齿轮副或带轮副的作用主要是通过降速来匹配进给系统的惯量和获得要求的输出机械特性，对开环系统，还起到匹配所需的脉冲当量的作用。根据机床的运动部件或驱动电机有无位置信息反馈功能，数控机床进给传动有开环、闭环、半闭环三种控制方式，其中有位置检测的闭环控制的数控机床，加工精度高，是高档数控机床广泛采用的控制方法。

近年来，由于伺服电动机及其控制单元性能的发展，很多数控机床的进给传动系统省掉了降速齿轮副，直接将伺服电动机与滚珠丝杠连接。

想一想：

滚珠丝杠传动与普通丝杠传动有哪些不同？找到数控机床进给传动装置。

四、认识数控机床的辅助装置

相关知识:

(一) 分度和回转工作台

数控机床除了具有沿 X、Y 和 Z 三个坐标轴的直线进给运动之外,为扩大工艺的加工范围,往往还有绕 X、Y 和 Z 轴的圆周进给运动或分度运动,这两种运动分别由回转工作台和分度工作台来实现。

1. 分度工作台

分度工作台的功能是按照数控指令完成工作台的自动分度回转动作,将工件转位换面,与自动换刀装置配合使用,在加工过程中实现工件一次装夹、多个面加工的工序集中式加工,提高数控机床的加工效率。通常分度工作台的分度运动只限于某些规定的角度,不能实现 0°~360°范围内任意角度的分度。图 1-2-8 所示为数控机床上常用的数控分度头。

图 1-2-8 数控分度头

2. 回转工作台

数控回转工作台的功能是使工作台连续回转进给,来完成切削加工,同时能完成 0°到 360°范围内任意角度的分度。它的作用是既能作为数控机床的一个回转坐标轴,用于加工各种圆弧或直线坐标联动的加工曲面,又可以作为分度头完成工件的转位换面,如图 1-2-9 所示。

图 1-2-9 回转工作台

项目一 数控加工认知 23

想一想：

分度工作台和回转工作台分别适合加工哪种类型的工件？

（二）自动换刀装置

数控机床为了能在工件一次装夹中完成多道加工工序，缩短辅助时间，减少多次安装工件所引起的误差，必须带有自动换刀装置。自动换刀装置应当满足换刀时间短、刀具重复定位精度高、刀具储存量足够、刀库占地面积小以及安全可靠等基本要求。数控机床自动换刀装置的主要类型、特点及适用范围如表1-2-1所示。

表1-2-1 自动换刀装置的主要类型、特点及适用范围

类 型		特 点	适用范围
转塔刀架	回转刀架换刀（图1-2-10）	多为顺序换刀，换刀时间短，结构简单紧凑，容纳刀具较少	各种数控车床，车削中心
	转塔头换刀	顺序换刀，换刀时间短，刀具主轴集中在转塔头上，结构紧凑，但刚性较差，刀具主轴数受限制	数控钻床、镗床、铣床
刀库	刀库与主轴直接换刀	换刀运动集中，运动部件少。但刀库运动多，布局不灵活，适应性差	各种类型的自动换刀数控机床，尤其是对使用回转类刀具的数控镗铣、钻镗类立式、卧式加工中心机床，要根据工艺范围和机床特点，确定刀库容量和自动换刀装置类型。也用于加工工艺范围广的立、卧式车削中心机床
	机械手配合刀库换刀	刀库只有选刀运动，机械手进行换刀，比刀库换刀运动惯性小，速度快	
	机械手、运输装置配合刀库换刀	换刀运动分散，由多个部件实现，运动部件多，但布局灵活，适应性好	
带刀库的转塔头换刀（图1-2-11）		弥补转塔换刀数量不足的缺点，换刀时间短	扩大工艺范围的各类转塔式机床

图1-2-10 回转刀架换刀装置

图1-2-11 带刀库的自动换刀装置

（三）其他辅助装置

数控机床除数控装置和机床本体以外，其他辅助主要有：气、液压系统；冷却系统；润

滑系统；排屑和工件整理系统。

1. 液压系统

现代数控机床在实现整机的全自动化控制中，除数控系统外，还需配备液压和气动装置来辅助实现整机的自动运行功能。液压传动装置由于功率大、结构紧凑、动作平稳可靠、易于调节和噪声较小而被广泛应用，但需配置油泵和油箱。一个完整的液压系统由动力源、执行机构、控制部分和辅助部分等组成。在液压系统中，各部件可分别装在数控机床的有关零部件上，通过管路连接。为减少液压系统的发热，液压泵采用变量泵。油箱内安装的过滤器应定期用汽油或超声波振动清洗。

2. 气压系统

气动装置的气源容易获得，机床可不单独配置气源，装置结构简单，工作介质不污染环境，工作速度快、动作频率高，适合于完成频繁启动的辅助工作，过载时比较安全，不易发生过载损坏机件等事故。气压系统通常用于刀具或工件的夹紧、安全防护门的开关以及主轴锥孔的吹屑等。气压系统中的分水滤气器应定期限放水，分水滤气器和油雾器还应定期清洗。

3. 润滑系统

数控车床的润滑系统主要包括机床导轨、传动齿轮、滚珠丝杠及主轴箱等的润滑，其形式有电动间歇润滑泵和定量式集中润滑泵等。其中电动间歇润滑泵用得较多，其自动润滑时间和每次泵油量可根据润滑要求进行调整或用参数设定。

4. 排屑装置

为了数控机床自动加工的顺利进行和减少数控机床的发热，数控机床应具有合适的排屑装置。排屑装置的安装位置一般尽可能靠近刀具切削区域，如车床的排屑装置装在旋转工件下方，以简化机床和排屑装置结构、减小机床占地面积、提高排屑效率。排出的切屑一般都落入切屑收集箱或小车中，有的直接排入车间排屑系统。

5. 冷却系统

数控机床的冷却系统主要是为了冷却刀具与工件，同时起冲屑作用。冷却泵打出的冷却液经主轴前端的三组喷嘴喷向工件，对刀具和工件起冷却冲屑作用。冷却泵的启停由数控程序指令加以控制。

6. 其他辅助装置

数控机床除了上述的液压和气动装置、自动排屑装置外，还有自动润滑系统、冷却装置、刀具破损检测装置、精度检测装置和监控装置等。

做一做：
仔细观察数控机床，找出上述几种装置分别在什么位置，并观察其都由哪些部分组成。

步骤二　熟悉数控机床控制面板

做一做：
在老师的指导下，启动数控机床。

操作步骤如图 1-2-12 所示。

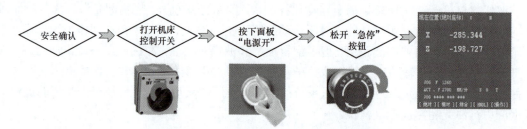

图 1-2-12　数控机床启动控制系统工作步骤

操作安全提示：
（1）穿戴好工作服，严禁戴手套操作；
（2）机床上电前需确认机床及周边无漏电或影响安全的因素；
（3）机床上电前需确认工件、刀具、工具等摆放正确；
（4）机床启动时一定要单人操作。

想一想：
● 启动数控机床与启动普通机床有何不同？
● 启动数控机床时，需要操作机床的什么地方？

相关知识：

数控机床操作面板是数控机床的重要组成部件，是操作人员与数控机床（系统）进行交互的工具，图 1-2-13 所示为数控机床控制面板。操作人员可以通过它对数控机床（系统）进行操作、编程、调试、对机床参数进行设定和修改，还可以通过它了解、查询数控机床（系统）的运行状态，是数控机床特有的一个输入、输出部件。其主要由显示装置、NC 键盘（功能类似于计算机键盘的按键阵列）、机床控制面板（Machine Control Panel，简称 MCP）、状态灯、手持单元等部分组成。

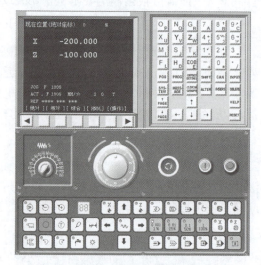

图 1-2-13　数控机床控制面板

一、显示装置

数控系统通过显示装置为操作人员提供必要的信息。根据系统所处的状态和操作命令的不同，显示的信息可以是正在编辑的程序、正在运行的程序、机床的加工状态、机床坐标轴的指令、实际坐标值、加工轨迹的图形仿真、故障报警信号等。图 1-2-14 所示为 FANUC 0i 系统 CRT 界面。

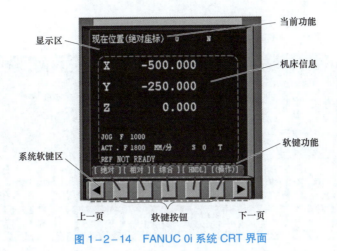

图1-2-14 FANUC 0i 系统 CRT 界面

二、MDI 键盘

NC 键盘包括 MDI 键盘及软键功能键等，如图1-2-15 所示。

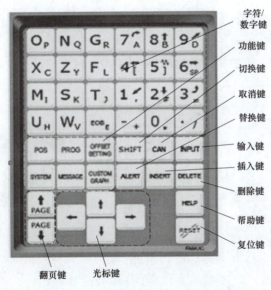

图1-2-15 FANUC 0i 系统 MDI 键盘

MDI 键盘包括字符输入键（部分字符的输入需通过上档键实现）、字符编辑键、显示内容选择键和光标键。

三、控制面板

机床控制面板集中了系统的所有按钮（故可称为按钮站），如图1-2-16 所示。这些按钮用于直接控制机床的动作或加工过程，如启动、暂停零件程序的运行，手动进给坐标轴，调整进给速度等。

控制面板

项目一 数控加工认知 27

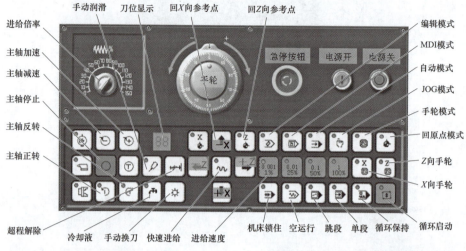

图1-2-16 机床控制面板

四、手持单元

手持单元不是操作面板的必需件，有些数控系统为方便操作人员使用配有手持单元，常用于手摇方式增量进给坐标轴。

手持单元一般由手摇脉冲发生器MPG（图1-2-17）和坐标轴选择开关等组成。

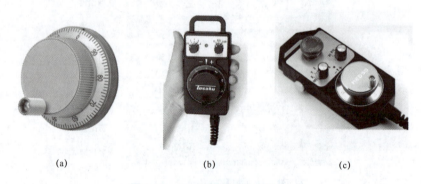

图1-2-17 手摇脉冲发生器
（a）手轮；（b）带选择旋钮手持盒；（c）带急停手持盒

步骤三 认识数控机床的切削运动及其坐标系

一、切削运动

做一做：

（1）在老师的指导下采用手动模式启动主轴，观察主轴的旋转方向。
（2）在老师的指导下移动机床刀架（或工作台），试试与普通机床有何不同。

相关知识：

（一）主运动

主轴的回转运动是切削加工的主要运动，为切削加工提供速度或主要动力。

如图1-2-18所示，车床的主运动为车床主轴带动工件回转的运动。

如图1-2-19所示，铣床的主运动为铣床主轴带动刀具回转的运动。

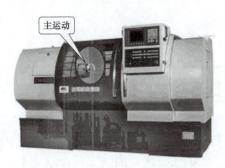 

图1-2-18　车床主运动示意　　　　图1-2-19　铣床主运动示意

（二）进给运动

工作台（刀架）的移动，即刀具相对工件的移动，它是使切削加工连续不断进行的工作运动，机床通过进给运动完成工件几何形状的切削加工。

如图1-2-20所示，卧式数控车床的进给运动一般有2个：一个是刀架的纵向进给运动，也叫Z轴运动；另一个是刀架的横向进给运动，也叫X轴运动。

如图1-2-21所示，立式数控铣床的进给运动一般有3个，一个是主轴的垂直运动，也叫Z轴运动；另一个是工作台的横向运动，也叫X轴运动；还有一个是工作台的纵向运动，也叫Y轴运动。

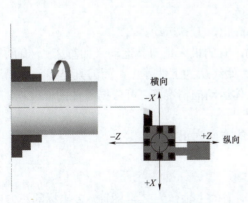 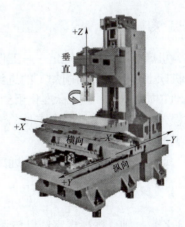

图1-2-20　数控车床进给运动　　　　图1-2-21　数控铣床进给运动

（三）辅助运动

数控机床的运动除了切削运动外，还有一些实现机床切削过程的辅助工作而必须进行的辅助运动，比如自动换刀、冷却、排屑等。

二、机床坐标系

做一做：

尝试移动机床刀架（或工作台），注意观察工作台移动方向和显示器中坐标值变化的关系。

相关知识：

数控加工过程中，为了确定机床上的成形运动和辅助运动，必须先确定机床进给部件的运动方向和运动距离，这就需要一个坐标系才能实现，这个坐标系就称为机床坐标系。

数控机床中采用的是笛卡尔直角坐标系，称为右手直角坐标系，如图 1-2-22 所示。图中规定了 X、Y、Z 三个直角坐标轴的关系：用右手的拇指、食指和中指分别代表 X、Y、Z 三轴，三个手指互相垂直，所指方向即为 X、Y、Z 的正方向。围绕 X、Y、Z 各轴的旋转运动分别用 A、B、C 表示，其正向用右手螺旋法则确定。

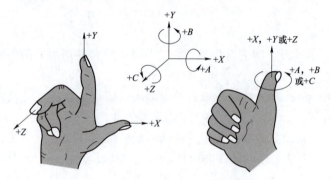

图 1-2-22　数控机床坐标系设定原则

（一）机床坐标系设定基本原则

（1）机床相对运动的规定——工件相对静止，刀具运动。

在机床上，为实现切削加工的进给运动，有的机床是刀具运动（如车床），有的机床是工件运动（如铣床），国际标准化组织规定：始终认为工件静止，而刀具是运动的。这一原则使编程人员在不考虑机床上工件与刀具具体运动的情况下，可依据零件图样编程，确定机床的加工过程。

（2）运动方向的确定——刀具远离工件的方向为正方向。

（二）机床坐标系的设定

（1）Z 坐标轴：标准规定，以传递切削动力的主轴作为 Z 坐标轴。Z 坐标的正方向是增大刀具和工件之间距离的方向，如在钻、镗加工中，钻入或镗入工件的方向是 Z 坐标的负方向。如图 1-2-23 和图 1-2-24 所示。

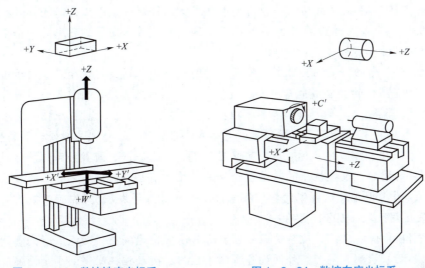

图 1-2-23　数控铣床坐标系　　　　　图 1-2-24　数控车床坐标系

（2）X 坐标轴：X 坐标轴是水平的，它平行于工件的装夹平面，是刀具或工件定位平面内运动的主要坐标轴。对于工件旋转的机床（如车床、磨床），X 坐标的方向是在工件的径向上，且平行于横向滑座，以刀具离开工件旋转中心的方向为正方向。对于刀具旋转的机床（如铣床、镗床、钻床）规定如下：若 Z 坐标轴是水平的，当从主要刀具主轴向工件看时，X 轴的正方向指向右方；若 Z 坐标轴是垂直的，对于单立柱机床，当从主要刀具主轴向立柱看时，X 轴的正方向指向右方。

（3）Y 坐标轴：Y 轴的正方向，根据 X、Z 轴的正方向，按照右手直角笛卡尔坐标系来确定。

（4）旋转坐标轴 A、B、C：A、B、C 分别是围绕 X、Y、Z 轴的旋转坐标轴，它们的方向根据 X、Y、Z 轴的方向，用右手螺旋法则确定。

议一议：
操作数控机床与普通机床有何不同？

小知识：

数控机床的发展

数控机床是在普通机床的基础上发展起来的，军事工业需求是数控机床发展的原始动力，军事工业的发展不断促进数控机床升级，而民用工业对高精度、高效率、柔性化及批量生产的要求，随着市场竞争的加剧，对数控机床的产业化的要求更加迫切。纵观世界数控机床的发展史大致分 4 个阶段：

1. 起动阶段（1953—1979 年）

1946 年诞生了世界上第一台电子计算机，6 年后，即在 1952 年，计算机技术应用到了机床上，在美国诞生了第一台数控机床。从此，传统机床产生质的变化。

1948 年，美国帕森斯公司接受美国空军委托，研制飞机螺旋桨叶片轮廓样板的加工设备。由于样板形状复杂多样、精度要求高，一般加工设备难以适应，于是提出计算机控制机床的设想。1949 年，该公司在美国麻省理工学院伺服机构研究室的协助下，开始数控机床的研究，并于 1952 年试制成功第一台由大型立式仿形铣床改装而成的三坐标数控铣床，不久即开始正式生产，于 1957 年正式投入使用。这是制造技术发展过程中的一个重大突破，标志着制造领域中数控加工时代开始。

20 世纪 60 年代初，美国、日本、德国、英国相继进入商品化试生产，由于当时数控系统处于电子管、晶体管和集成电路初期，设备体积大、线路复杂、价格昂贵、可靠性差，故数控机床大多是控制简单的数控钻床，数控技术没有普及推广，数控机床技术发展整体进展缓慢。20 世纪 70 年代，出现了大规模集成电路和小型计算机，特别是微处理器的研制成功，实现了数控系统体积小、运算速度快、可靠性提高、价格下降，使数控系统总体性能、质量有了很大提高，同时，数控机床的基础理论和关键技术有了新的突破，从而给数控机床发展注入了新的活力，世界发达国家的数控机床产业开始进入了发展阶段。

2. 发展应用阶段（1980—1989 年）

20 世纪 80 年代以来，数控系统微处理器运算速度快速提高，功能不断完善，可靠性进一步提高，监控、检测、换刀、外围设备得到了应用，使数控机床得到了全面发展，数控机床品种迅速扩展，发达国家数控机床产业进入了发展应用阶段。

3. 产业化成熟阶段（1990—1999 年）

20 世纪 90 年代，数控机床得到了普遍应用，数控机床技术有了进一步发展，柔性单元、柔性系统、自动化工厂开始应用，标志着数控机床产业化进入成熟阶段。

4. 向更高水平发展（2000 年开始）

进入 21 世纪，军事技术和民用工业的发展对数控机床的要求越来越高，应用现代设计技术、测量技术、工序集约化、新一代功能部件以及软件技术，使数控机床的加工范围、动态性能、加工精度和可靠性有了极大的提高。

新视野

智能机床

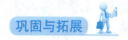
巩固与拓展

一、知识巩固

数控机床的组成如图 1-2-25 所示。

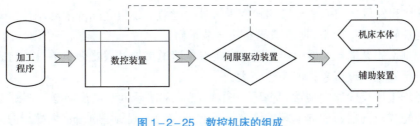

图 1-2-25 数控机床的组成

二、拓展任务

多学一点：

认识滚珠丝杠螺母副

滚珠丝杠螺母副是一种在丝杠和螺母间装有滚珠作为中间元件的传动副，图 1-2-26 所示为滚珠丝杠螺母副的实物图和原理图。在数控机床的进给系统中，多采用滚珠丝杠螺母副将旋转运动转换为直线运动。

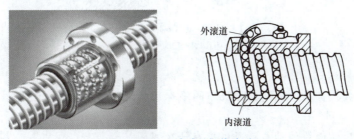

图 1-2-26 滚珠丝杠传动副

滚珠丝杠具有传动效率高、运动平稳、寿命高，以及可以预紧消除间隙来提高系统静刚度等特点，除了大型数控机床因移动距离大而采用齿条或蜗杆外，各类中、小型数控机床的直线运动进给系统普遍采用滚珠丝杠。

滚珠丝杠螺母副常用的循环方式有内循环与外循环两种方式。滚珠在循环过程中有时与丝杠脱落接触称为外循环，一直与丝杠保持接触称为内循环。

图 1-2-27 所示为外循环式，它由丝杠 1、滚珠 2、回珠管 3 和螺母 4 组成。在丝杠 1 和螺母 4 上各加工有圆弧形螺旋槽，将它们套装起来便形成螺旋形滚道，滚道内装满滚珠 2。当丝杠相对于螺母旋转时，丝杠的旋转面经滚珠推动螺母轴向移动，同时滚珠沿螺旋形滚道

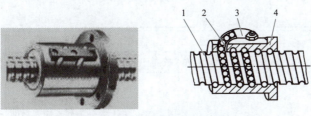

图 1-2-27 外循环式滚珠丝杠
1—丝杠；2—滚珠；3—回珠管；4—螺母

滚动，使丝杠和螺母之间的滑动摩擦转变为滚珠与丝杠、螺母之间的滚动摩擦。螺母螺旋槽的两端用回珠管 3 连接起来，使滚珠能够从一端重新回到另一端，构成一个闭合的循环回路。外循环结构制造工艺简单，使用较广泛。其缺点是滚道接缝处很难做平滑，影响滚珠滚动的平稳性，甚至发生卡珠现象，噪声也较大。

内循环均采用反向器实现滚珠循环。图 1-2-28 所示为凸键反向器，在螺母的侧孔中装有圆柱凸轮式反向器，反向器端部铣有 S 形回珠槽 2，其圆柱部分嵌入螺母内，圆柱面由其上端的凸键 1 定位，以保证对准螺纹滚道方向。回珠槽 2 将相邻两螺纹滚道连接起来。滚珠从螺纹滚道进入反向器，借助反向器迫使滚珠越过丝杠牙顶进入相邻滚道，实现循环。内循环反向器和外循环反向器相比，其结构紧凑，定位可靠，刚性好，且不易磨损，返回接道短，不易发生滚珠堵塞，摩擦损失也小。其缺点是反向器结构复杂，制造较困难，且不能用于多头螺纹传动。

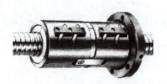 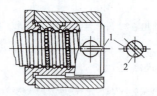

图 1-2-28　内循环式滚珠丝杠

1—凸键；2—回珠槽

做一做：

观察车间的数控机床，找到数控机床的滚珠丝杠进给传动机构。

想一想：

（1）数控机床的进给传动与普通机床有什么不同？

（2）为什么数控机床要采用这种进给传动方式？

提示：

（1）数控机床要求传动精度高。

（2）数控机床要求进给传动灵敏、相对速度快。

（3）数控机床要求进给传动部件刚度好。

（4）数控机床要求进给传动效率高、摩擦阻力小。

（5）数控机床要求进给传动的定位精度高、反向间隙小。

任务考核

班级＿＿＿＿＿＿　　姓名＿＿＿＿＿＿　　学号＿＿＿＿＿＿

任务名称				任务 1-2　认识数控机床	
	考核项目	分值/分	自评得分	教师评价	备注
工作态度	信息收集	5			能够从主体教材、网络空间等多种途径获取知识，并能基本掌握关键词学习法；基本掌握主体教材的相关知识
	团队合作	5			团队合作能力强，能与团队成员分工合作收集相关信息

续表

考核项目		分值/分	自评得分	教师评价	备注
工作态度	安全防护	5			认真学习和遵守安全防护规章制度，正确佩戴劳动保护用品
	工作质量	5			能够按照任务要求认真整理、撰写相关材料，字迹潦草、模糊或格式不正确酌情扣分
任务实施	认识数控机床的各功能部件	15			考查学生执行工作步骤的能力，并兼顾任务完成的正确性和工作质量
	熟悉数控机床控制面板	15			
	认识数控机床的切削运动及其坐标系	20			
拓展任务完成情况		10			考查学生利用所学知识完成相关工作任务的能力
拓展知识学习效果		10			考查学生学习延伸知识的能力
技能鉴定完成情况		10			考查学生完成本工作任务后达到的技能掌握情况
小计		100			
小组互评		100			主要从知识掌握、小组活动参与度及见习记录遵守等方面给予中肯考核
表现加分		10			鼓励学生积极、主动承担工作任务
总评		100			总评成绩=自评成绩×40%+指导教师评价×35%+小组评价×25%+表现加分

项目二　回转件数控车削加工与编程

- 自觉遵守安全文明生产要求,规范地操作数控车床;
- 熟悉数控车削加工的工作步骤,会根据零件的技术要求合理制定零件数控加工工艺,正确编制零件数控加工程序,具备较复杂零件数控车削加工能力;
- 掌握数控车削加工程序编制方法,学会应用车削加工基本指令、固定循环、复合循环等数控指令书写格式及应用,能编制较复杂零件数控加工程序;
- 掌握数控车削加工工艺参数和工艺路线选择的原则,会编制数控车削较复杂零件的工艺文件;
- 熟练掌握数控车削产品的质量检测技术,会正确选用车刀和数控车削常用量具、夹具,掌握数控车床日常维护保养的基本方法。

任务一　回转轴的数控车削加工

通过本任务的实施,达到以下目标:
- 熟悉数控车床开机过程;
- 会使用卡盘装夹工件,会安装和调整车刀;
- 理解机床坐标系的基本原理,掌握数控车床回参考点的基本操作;
- 掌握对刀基本操作流程;
- 会编辑并输入程序;
- 能够检查程序的正确性,并执行程序。

一、任务内容

某数控车间拥有配置 FANUC 数控系统的 CAK4085 数控车床 8 台，工厂要求该车间在一周内加工如图 2-1-1 所示回转轴 10 000 件。该零件的工艺路线与加工程序已由车间工艺员和编程员编制完成。请根据所提供的零件图纸及工艺文件，遵守数控加工的操作规范，输入加工程序，完成该零件的数控加工生产。

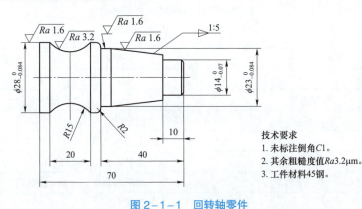

图 2-1-1 回转轴零件

二、实施条件

（1）生产车间或实训基地，供学生熟悉机械加工的工作过程，了解常见的加工方法、工艺装备等。

（2）零件的零件图纸、机械加工工艺文件等资料，供学生完成工作任务，见表 2-1-1～表 2-1-3。

（3）数控车床编程说明书或计算机仿真软件使用手册及数控编程的参考资料，供学生获取知识和任务实施时使用。

表 2-1-1 回转轴数控加工工序卡

第___页共___页

单位 ×××学院				零件名称	回转轴	材料	
工序号	程序编号	设备名称	设备编号	夹具名称	夹具编号	毛坯	车间
工步号	工步内容			加工表面	主轴转速 /(r·min^{-1})	进给量 /(mm·r^{-1})	切削深度 /mm	刀具号
1	精车端面			端面	600	0.2	1	T01
2	精车外圆			外圆	800	0.1	0.5	T01
3	切断				500	0.1	3	T02
编制		审核		批准		日期：	

项目二　回转件数控车削加工与编程　　37

表 2-1-2 回转轴数控加工刀具卡

单位（公司）				×××学院		程序号		O0002
零件名称			工序号	2		工步号		
序号	刀具号	刀具名称	加工表面	刀具规格		刀补参数		数量
				刀柄	刀片	刀号	刀补号	
1		菱形外圆车刀	端面、外圆		35°菱形	02	02	1
2		切断刀			3 mm	03	03	1
编制		审核		批准			日期	

表 2-1-3 回转轴数控加工程序清单

第___页共___页

单位（公司）			零件名称	回转轴
工序号		工步号	程序号	O0002
程序内容			程序说明	
O0002;			程序号	
T0101;			换 1 号（外圆）刀，建立工件坐标系	
M03 S600;			主轴正转 600 r/min	
G42 G00 X16.0 Z2.0;			调用刀具半径补偿，快速靠近工件	
G01 X-0.5 F0.2;			齐端面	
G00 X7.96 Z2.0;			退刀到倒角起点	
G01 X13.96 Z-1.0 F0.1 S800;			倒角，主轴转速 800 r/min	
Z-10.0;			精车 ϕ14 mm 外圆	
X17.96;			精车台阶面	
X22.96 Z-35.0;			精车圆锥面	
Z-40.0;			精车 ϕ23 mm 外圆	
X23.96;			精车台阶面	
G03 X27.96 W-2.0 R2.0;			精车 R2 mm 圆弧	
G01 Z-45.0 F0.1;			精车 ϕ28 mm 外圆	
G02 Z-65.0 R15.0;			精车 R15 mm 圆弧	
Z-75.0;			精车 ϕ28 mm 外圆	
X32.0 F0.5;			径向退刀	
G40 G00 X100.0 Z100.0;			取消半径补偿，快速移动到换刀点	
T0202;			换 2 号（切断）刀，建立坐标系	
G00 X32.0 Z-73.0;			快速靠近工件	
M08 G01 X0.5 F0.1;			冷却液开，工件切断	
M09 G00 X100.0;			冷却液关，X 方向退刀	
Z100.0			Z 方向退刀	
M30;			主轴停，程序结束	
编制		审核	批准	日期

步骤一 加工准备

操作人员要按照安全操作规程的要求,认真做好加工前的准备工作。

一、熟悉安全生产管理制度

(1) 进入实训车间必须按要求穿工作服,否则不许进入车间。
(2) 禁止戴手套操作机床,若为长发,则要戴帽子或发网。
(3) 所有操作步骤须在实训教师指导下进行,未经教师同意不许开动机床。
(4) 严禁在车间内嬉戏、打闹。机床开动时,严禁在机床间穿梭。
(5) 启动起床前确保工件、刀具等装夹牢靠。
(6) 启动机床前应检查是否已将扳手、楔子等工具从机床上拿开。
(7) 严格按照实验指导书推荐的速度及刀具选择正确的刀具加工速度。
(8) 机床开动期间严禁离开工作岗位做与操作无关的事情。

二、查阅零件图纸、工艺文件

零件图纸是零件加工和检验的依据。工艺文件规定了零件的加工方法和步骤,操作者必须严格遵守。因此,操作者在加工前务必仔细查看图纸和工艺文件,确认其与生产任务相符,文件整齐规范,签字审查齐全。

三、检查与清理

清理规范工作场地,按照安全操作规程的要求做好开机前的准备工作。按照机床说明书标准检查各润滑油、液压油、切削液液面高度是否符合要求,接通外接气源。

四、安装准备

根据生产要求领取生产工具和加工毛坯,认真做好记录。

步骤二 机床准备

CAK4085 机床可以实现轴类、盘类的内外表面,锥面、圆弧、螺纹、镗孔、铰孔加工,也可以实现非圆曲线加工,如图 2-1-2 所示,其主要规格与技术参数见表 2-1-4。

提示:

本教材选用沈阳 CAK4085 数控车床进行车削加工,CAK 系列数控车床是一种经济、实用的万能型加工机床,产品结构成熟,性能质量稳定可靠,广泛地应用于汽车、石油军工等多种行业的机械加工,是国内应用较为广泛的经济型数控车床。

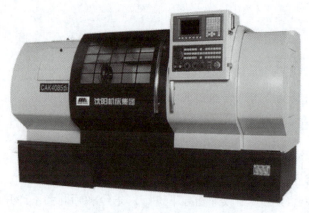

图 2-1-2 数控车床

表 2-1-4 CAK4085 数控车床技术参数

机床参数	单位	参数数值	机床参数	单位	参数数值
床身形式		平床身	机床控制系统		FANUC
床身上最大回转直径	mm	$\phi 400$	尾台套筒直径	mm	$\phi 60$
滑板上最大回转直径	mm	$\phi 200$	尾台套筒行程	mm	140
滑板上最大切削直径	mm	$\phi 200$	尾台套筒锥孔		莫氏 4 号
最大加工长度	mm	8 500	X 轴最大行程	mm	220
主轴通孔直径	mm	$\phi 53$	Z 轴最大行程	mm	850
主轴头型式		A1-6	快移速度（X/Z 轴）	m/min	3.8/7.6
主电动机功率（变频）	kW	7.5	刀架刀位数		4
主轴转速	r/min	150～2 400（手卡 1 600）	X/Z 轴重复定位精度	mm	0.012/0.016
加工精度		IT6～IT7	刀具安装尺寸	mm	20×20

做一做：

（1）观察你所使用的数控机床，确定其操作系统是哪一种。

（2）看看你使用的机床，找出该机床的主要技术参数，小组讨论该机床可以完成什么零件的加工。

相关知识：

一、数控机床控制系统

数控系统是数控机床的核心，也称作数控机床的大脑，现代数控系统采用存储程序的专用计算机或通用计算机来实现部分或全部基本数控功能，所以称为计算机数控系统（Computer Numerical Control，简称 CNC 系统）。

目前，我国国内数控机床广泛采用的数控系统有华中数控系统、FANUC（发那科）系统和SIEMENS（西门子）系统，本部分选用的沈阳CAK40数控车床使用FANUC系统进行编程与加工。

二、数控车床的布局形式

（一）数控车床床身形式

数控车床的布局形式与普通车床基本一致，但数控车床的刀架和导轨的布局形式有很大变化，直接影响着数控车床的使用性能及机床的结构和外观。此外，数控车床上都设有封闭的防护装置。

不同的机床布局使机床操作中不少工作（如工件、刀具装卸、切屑清理、加工观察等）的方便程度不同。图2-1-3所示为数控车床的三种不同布局方案，其中图2-1-3（d）所示为立床身，排屑最方便，切屑直接落入自动排屑的运输装置；图2-1-3（b）所示为斜床身，排屑亦较方便；图2-1-3（a）所示为横床身，加工、观察与排屑均不易。

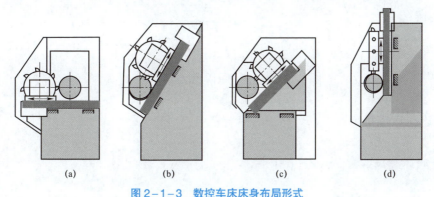

图2-1-3　数控车床床身布局形式
（a）平床身；（b）斜床身；（c）平床身斜滑板；（d）立床身

（二）数控车床刀架形式

数控车床的刀架是数控车床的重要组成部分，刀架是用于夹持切削刀具的，因此其结构直接影响车床的切削性能和切削效率，在一定程度上，刀架的结构和性能体现了数控车床的设计与制造水平。随着数控车床的不断发展，刀架结构形式也不断创新，但总体来说大致可以分为两大类，即排刀式刀架和转塔式刀架。

排刀式刀架一般用于小型数控车床，如图2-1-4所示，各种刀具排列并夹持在可移动的滑板上，换刀时刻实现自动定位。

转塔式刀架也称刀塔或刀台，如图2-1-5所示。转塔式刀架有立式和卧式两种结构。转塔式刀架具有多刀位自动定位装置，通过转塔头的旋转、分度和定位来实现车床的自动换刀动作。转塔式刀架应分度准确、定位可靠、重复定位精度高、转位速度快、夹紧刚性好，以保证数控车床的精度和高效率。

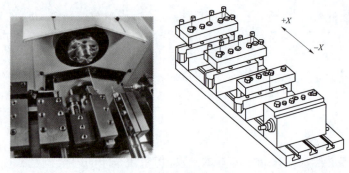

图2-1-4 排刀式刀架

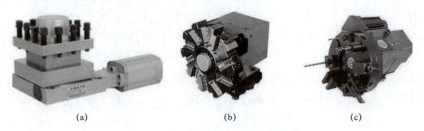

图2-1-5 转塔式刀架的三种形式
(a) 立式四刀位；(b) 卧式十刀位；(c) 卧式动力头

步骤三　开机回参考点

一、启动数控机床

（一）机床开机步骤（图2-1-6）

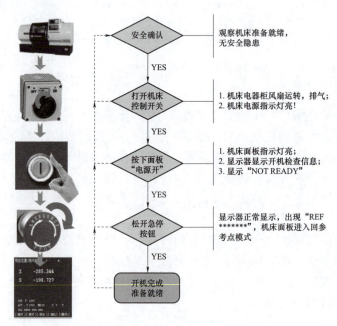

图2-1-6 数控车床开机步骤

（二）急停开关使用方法

急停开关属于主令控制电器的一种，当机器处于危险状态时，通过急停开关切断电源，停止设备运转，达到保护人身和设备安全的目的。

急停开关通常为手动控制的按压式开关（按键为红色），串联接入设备的控制电路，用于紧急情况下直接断开控制电路电源从而快速停止设备，避免非正常工作，如图2-1-7所示。

在数控机床启动操作中，观察刀架的运动趋势及刀具与工件的位置关系，右手停放在急停开关上，若遇紧急情况，则迅速按下急停开关，所有的主传动、进给传动、执行程序都将中止，排除隐患后顺时旋转按钮，重新执行程序，如图2-1-8所示。

图2-1-7 机床急停按钮

图2-1-8 急停按钮的使用

二、返回参考点

数控机床开机后，必须先回参考点，然后才能进行其他操作。

机床回参考点操作过程如图2-1-9所示。

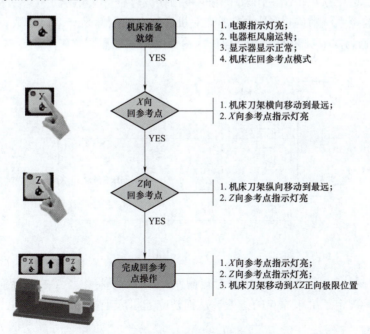

图2-1-9 数控机床回参考点操作流程

相关知识：

1. 机床原点

图 2-1-10 所示为数控车床的机床坐标系，机床坐标系原点一般取在卡盘端面与主轴中心线的交点处，是机床上的一个固定点，由生产厂家设定，是刀具（或工作台）移动的基准。数控机床机床原点的坐标信息并未存储在数控系统中，数控机床开机后必须通过"返回参考点操作"来确定机床原点。

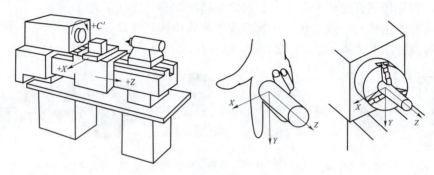

图 2-1-10 数控车床坐标系示意图

2. 机床参考点

机床参考点是离机床各坐标轴进给行程的极限点，通常为离机床原点的最远处。机床制造厂家在每个进给轴上用机械挡铁或行程开关精确定位，并将坐标值输入数控系统中确定。因此参考点对机床原点的坐标是一个已知数。图 2-1-11 所示为数控机床的参考点与机床原点的关系示意图。

机床参考点

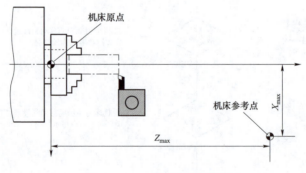

图 2-1-11 数控机床参考点

数控机床开机后，通过返回机床参考点操作，数控系统将参考点的坐标值与实际位置信息相对应，间接确定了机床原点的位置，从而建立起机床坐标系。

注意事项：

机床回参考点操作只需在开机时进行一次，就能建立机床坐标系。若在中间过程多次执行回参考点操作，机床坐标系可能出错，会影响操作安全。

三、手动移动刀架

在机床操作过程中，经常需要手动移动刀架，比如对刀操作、安装或拆卸刀具等，移动刀架的手动操作如图2-1-12所示。

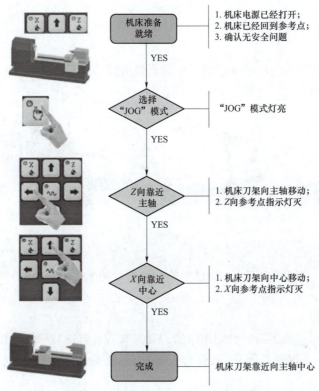

图2-1-12 数控车床手动移动刀架操作

注意事项：

刀架移动过程中，要专心观察，避免刀架碰撞卡盘，防止过行程。要想刀架的移动速度加快，可以同时按下快速移动按钮 ～ 。

步骤四 安 装 工 件

数控车床工件的安装与普通车床相同，应根据工件的形状、尺寸等选择合适的装夹方法，一般常用三爪卡盘装夹工件。

注意事项：

（1）主轴停转时才能装夹工件，在数控加工中间更换工件时一定要停止主轴，按下急停开关。

（2）工件安装时必须保证夹紧可靠，必要时可用加力套管夹紧。

（3）工件夹紧后切记把卡盘扳手从卡盘上拿下，放到指定位置。

（4）若装夹的是长棒料，棒料伸出长度不能太长，否则会影响工件刚度，造成加工事故。

步骤五 安装车刀

一、刀片选择

根据工艺要求和数控加工刀具卡，选出加工所需刀片、刀垫、刀杆和扳手等。

安装车刀

二、组装车刀

将刀片、刀垫按照正确的顺序组装到一起，并用扳手拧紧，拧紧后用手扳动刀片无晃动感觉即可，切忌用力过大，导致拧紧后无法拆卸。

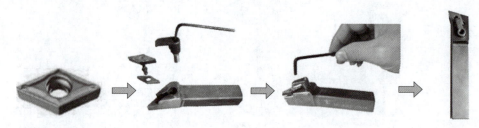

三、调整刀架

手动操作机床，将机床上四方刀架的刀架号按照数控加工刀具卡的刀号调整到加工位置。

四、夹紧刀具

将组装好的车刀安放到四方刀架相应的刀架号位置，调整刀杆伸出长度、刀杆角度及刀尖高度，保证刀尖与主轴轴口等高、刀杆与刀架垂直，然后用刀架扳手将刀具固定在刀架上，确保装夹牢靠。

相关知识：

可转位车刀的安装形式

（一）杠杆夹紧式：

杠杆夹紧式结构如图 2-1-13 所示，由杠杆、螺钉、刀垫、刀垫销、刀片所组成。这种方式依靠螺钉旋紧压靠杠杆，由杠杆的力压紧刀片达到夹固的目的。其特点：适合各种正、负前角的刀片，有效的前角范围为 -60°～+180°；切屑可无阻碍地流过，切削热不影响螺孔和杠杆；两面槽壁给刀片有力的支撑，并确保转位精度。

（二）螺钉上压式

螺钉上压式结构如图 2-1-14 所示，由紧定螺钉、刀垫、销、楔块、刀片所组成。这种方式依靠销与楔块的挤压力将刀片紧固。其特点：适合各种负前角刀片，有效前角的变化范围为 -60°～+180°。其特点同楔块式，但切屑流畅不如楔块式。

（三）楔块夹紧式

楔块夹紧式结构如图2-1-15所示，由紧定螺钉、刀垫、销、压紧楔块、刀片所组成。这种方式依靠销与楔块的压下力将刀片夹紧。其特点：两面无槽壁，便于仿形切削或倒转操作时留有间隙。

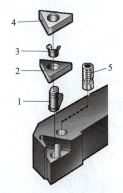

图2-1-13 杠杆夹紧式
1—杠杆；2—刀垫；3—中心销；4—刀片；5—螺钉

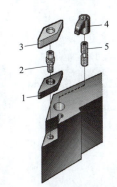

图2-1-14 螺钉上压式
1—刀垫；2—中心销；3—刀片；4—上压式夹紧；5—螺钉夹紧

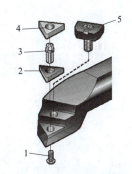

图2-1-15 楔块夹紧式
1—螺钉；2—定位销；3—刀垫；4—刀片；5—楔块装置

想一想：

在操作过程中混淆了刀具编号会出现什么后果？

做一做：

（1）根据工件加工工艺需要，选用所需的外圆刀、切槽刀和螺纹刀。

（2）分别将外圆刀片、切槽刀片和螺纹刀片安装到相应的刀柄上。

（3）将外圆刀安装到一号刀位，切槽刀安装到二号刀位，螺纹刀安装到三号刀位，并检查刀尖是否与主轴轴口等高。

步骤六　数控车床对刀操作

一、X向对刀

（一）启动机床主轴（图2-1-16）

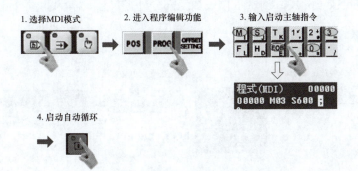

图2-1-16 启动机床主轴的工作流程

注意事项：

（1）启动循环前，一定要确认工件装夹牢靠、刀具与工件不会碰撞、卡盘扳手不在卡盘上。

（2）启动循环时，眼睛要观察机床，如有意外，则马上按下急停按钮。

（二）车削外圆的操作步骤（图2-1-17）

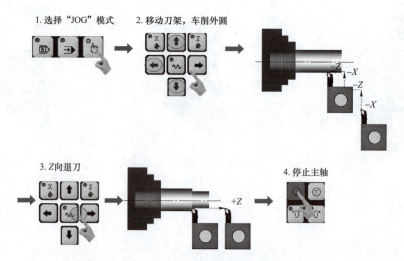

图2-1-17 手动切削外圆的操作步骤

注意事项：

（1）进刀车削外圆时，可调整进刀速度（按 调整，切削时速度选择25%）。
（2）刀具切削外圆，手指要一直摁住"-Z"方向键，走刀连续，保证工件表面质量。
（3）外径切削深度以去除表皮为宜，不要切削太深，否则会影响加工尺寸。
（4）轴向切削长度为10 mm左右，太短则不方便测量。
（5）退刀时一定要只沿Z向退刀，否则会出现对刀错误，影响加工。

（三）测量工件

测量工件前一定要按下主轴停止按钮 或急停开关，停止机床主轴的运转。

使用游标卡尺或千分尺，测量工件被加工部分外径尺寸，本例测量尺寸为28.36 mm。

（四）输入数值（图2-1-18）

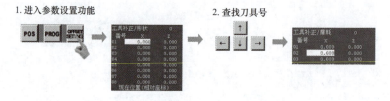

图2-1-18 输入刀具参数的方法（一）

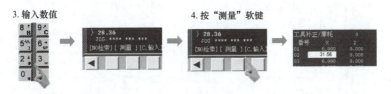

图 2–1–18　输入刀具参数的方法（二）

注意事项：
输入数值后，按"测量"软键！

二、Z 向对刀

Z 向对刀与 X 向对刀步骤相同，方法一样。但是由于机床主轴已经设定了转动速度，故此时可以在手动状态下直接按下主轴正转按钮，手动启动主轴运转。

Z 向坐标原点一般在工件右端面，若加工程序中没有用端面去除余量，则 Z 向的对刀数值是"0"。

注意事项：
一把刀的 X、Z 数值要输入在同一个刀号中。

想一想：
为什么 X 向对刀时输入的是直径数值？这样对刀的坐标原点在哪里？

相关知识：

一、数控加工工件坐标系

数控加工的工作过程，是通过机床数控装置控制刀具与工件的相对运动，从而加工出规定形状的机械零件的。为了确定刀具与工件间的位置关系，数控机床在制造过程中按照一定的原则设定了机床坐标系（其原点在机床上，见图 2–1–19），而数控编程人员根据工艺要求在编程时也设定了编程坐标系（其原点在零件图纸上，见图 2–1–19），但是刀具和工件在机床上的位置是根据工艺要求装夹到机床上的，它们在机床坐标系中的位置并不固定，那么也就难以确定它们之间的位置关系。为了在加工中确定刀具与工件的位置关系，我们要在装夹到机床上的工件上确定加工的坐标系（原点在工件上），也就是工件坐标系。为了编程方便，工件坐标系和编程坐标系实际上是一个坐标系，我们建立工件坐标系就是把图纸上设定的编程原点设置到工件上。

建立工件坐标系的方法有多种，这里只介绍通过试切对刀建立工件坐标系的方法。

二、刀具位置补偿调用

刀具位置补偿分为刀具几何补偿和刀具磨损补偿。刀具几何补偿是用于补偿刀具形状和刀具安装位置与编程时理想刀具或基准刀具的偏移的；刀具磨损补偿则是用于补偿当刀具使用磨损后刀具头部与原始尺寸的误差的。这些补偿数据通常是通过对刀后采集到的，而且必须将这些数据准确地储存到刀具数据库中，然后通过程序中的刀补代码来提取并执行。

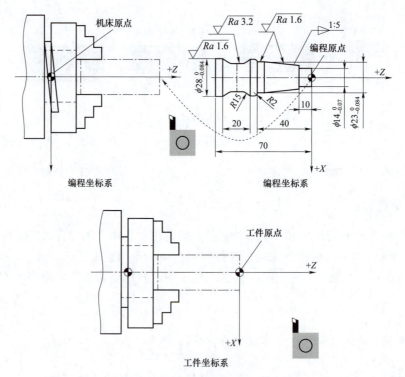

图 2-1-19 数控加工中的坐标系

刀补指令用 T 代码表示。常用 T 代码格式为：T××××，即 T 后可跟四位数，其中前两位表示刀具号，后两位表示刀具补偿号。当补偿号为 0 或 00 时，表示不进行补偿或取消刀具补偿。若设定的刀具几何补偿和磨损补偿同时有效，则刀补量是两者的矢量和。

数控系统对刀具的补偿或取消刀补都是通过拖板的移动来实现的。对带自动换刀的车床而言，执行 T 指令时，将先让刀架转位，按前两位数字指定的刀具号选择好刀具后再按后两位数字对应的刀补地址中刀具位置补偿值的大小来调整刀架拖板位置，实施刀具几何位置补偿和磨损补偿。

做一做：

在 MDI 模式下分别输入程序"T01 G01 X0 Z0 F0.5;"和"T0101 G01 X0 Z0 F0.5;"并执行，观察两次操作刀架的移动路线有何不同。

操作提示：

在操作过程中，操作者的右手一定要随时准备按下"急停"按钮，防止出现撞刀等意外情况。

想一想：

上面两段程序有何不同？对刀具的移动有什么影响？

步骤七　输　入　程　序

一、进入程序编辑功能

单击操作面板上的"编辑"键，编辑状态指示灯变亮，此时已进入编辑状态。单击

MDI 键盘上的"PROG"键，CRT 界面转入编辑页面。如图 2-1-20 所示。

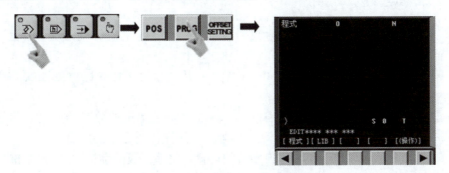

图 2-1-20　进入程序编辑界面

二、输入程序指令

敲击数控机床 MDI 键盘，将给定的数控加工程序按照程序清单上的顺序和格式输入到数控装置。

键盘上的每一个按键左上方排列的数字字母可以直接敲击键盘输入，按键右下方的数字字母需要先按下 SHIFT 键才能输入，如图 2-1-21 所示。

图 2-1-21　数控键盘

程序中每一行的结束符号"；"用 EOB/E 按键输入。

敲击键盘输入的数字字符，只是输入到了显示器，要想输入到数控系统，还要再按下输入键 INSERT。

输入"O0002"的过程如图 2-1-22 所示。

图 2-1-22　输入"O0002"过程示意图

三、编辑修改程序

（1）输入已存在的程序名，按光标键→，即可进入目标程序，也就可以对改程序进行编辑修改了。

（2）移动光标，按"PAGE↑"和"PAGE↓"键用于翻页，按光标键 ↑ ↓ ← → 移动光标到程序中相应的位置。

（3）插入字符，先将光标移到所需位置，单击 MDI 键盘上的数字/字母键，将代码输入到输入域中，按"INSERT"键把输入域的内容插入到光标所在代码后面。

（4）替换，先将光标移到所需替换字符的位置，将替换成的字符通过 MDI 键盘输入到输入域中，按 ALTER 键，用输入域的内容替代光标所在处的代码。

（5）删除操作，删除输入域中的数据：按"CAN"键用于删除输入域中的数据。删除程序字符：先将光标移到所需删除字符的位置，再按"DELETE"键删除光标所在的代码。

想一想：

在 MDI 和编辑模式下输入的程序有何不同？分别适合执行什么样的程序？

步骤八 程序校验

在程序正式执行并加工之前，我们一般先进行图形模拟，查看刀路轨迹，以检查程序的正确性和合理性，如图 2-1-23 所示。

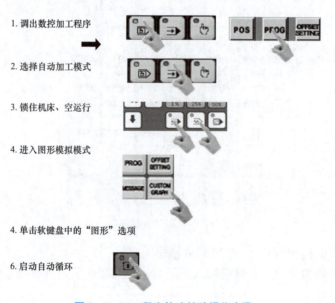

图 2-1-23 程序轨迹校验操作步骤

步骤九 自 动 加 工

在图形模拟过程中，观察刀路轨迹，确认程序正确及刀具运行轨迹安全后方可执行自动加工。

注意：

（1）在启动自动加工前，一定要松开"空运行""机床锁住"按钮。

（2）机床在执行图形模拟加工后，必须重新执行回参考点操作，否则机床坐标系的原点将被改动，导致刀架运动轨迹产生偏差，无法正常加工生产，严重者甚至会导致撞刀事故。

返回参考点操作执行完毕之后，进入手动操作模式，按下"-Z"或"-X"按钮，使刀架向工件方向移动至起刀点，起刀点位置的选择要兼顾安全和效率的原则，一般选在工件毛坯径向和轴向外侧5～10 mm处。在这个过程中必要时也可同时按下快速进给按钮，提高移动速度。

执行图2-2-23的步骤1、2、6即可开始自动加工。

注意：

启动自动加工后，严禁离开机床，操作者必须观察机床的加工过程。

操作者观察机床的同时，右手一定要虚放在机床"急停"按钮上面，以便发生意外时及时停止机床。

小知识：

数控仿真加工

由于数控机床是一种高效能的自动化机床，它综合了机械、自动化、计算机、测量、微电子等最新技术，代表了现代机床控制技术的发展方向，因此数控机床的价格较为昂贵，对操作者的要求也较高，加工过程中机床的动作复杂，一旦开启自动加工模式，无论走刀路线是否有错及工件刀具有没有夹牢等，机床都会执行下去，因此数控加工对初学者而言，危险性也较大。所以，初学者一般是先利用数控加工仿真软件练习数控加工的操作，熟练后再到实际机床上进行零件的数控加工。

当前国内较为流行的仿真软件有北京斐克VNUC、南京宇航Yhcnc、上海宇龙等数控加工仿真软件，这些软件一般都具有数控加工过程的三维显示和模拟真实机床的仿真操作功能。

仿真加工步骤：	实际加工步骤：
数控仿真加工通常按以下步骤进行：	数控加工通常按以下步骤进行：
（1）针对加工对象进行工艺分析与设计。	（1）针对加工对象进行工艺分析与设计。
（2）按机床数控系统规定格式与代码编制NC程序并存盘。	（2）按机床数控系统规定格式与代码编制NC程序并存盘。
（3）打开仿真软件选择机床。	（3）选择机床。
（4）机床开机回参考点。	（4）机床开机回参考点。
（5）安装工件。	（5）安装工件。
（6）安装刀具。	（6）安装刀具。
（7）建立工件坐标系。	（7）建立工件坐标系。
（8）编辑或上传数控程序。	（8）编辑或上传数控程序。
（9）校验程序。	（9）校验程序。
（10）自动加工。	（10）自动加工。

项目二　回转件数控车削加工与编程

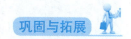

巩固与拓展

一、知识巩固

数控加工的工作流程如图 2-1-24 所示。

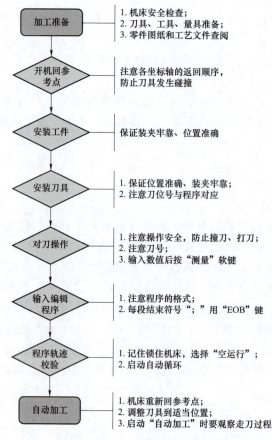

图 2-1-24　数控加工流程图

二、拓展任务

做一做：

用已经调试好的程序，完成本任务规定的回转轴的数控生产，每台机床至少加工 100 件，加工完成后检验并分析产品加工质量，撰写生产报告。

想一想：

本任务中给出了加工首件零件的工作流程，当首件零件试切成功后如何进行批量加工呢？还需要对每个零件都进行对刀操作吗？

提示：

在对首件零件进行对刀操作时，已经在机床上建立了工件坐标系，如图 2-1-19 所示，数控加工过程中刀具的走刀路线就是在这个坐标系内完成的。当进行下一件零件的加工时，只需要把工件毛坯放到该坐标系的固定位置，即保证零件的装夹位置不变，刀具沿程序规定的轨迹运动就能完成同样的加工。

使用三爪卡盘安装工件时，为保证工件位置的一致性，应使工件伸出卡爪的长度一致，如图 2-1-25 所示。

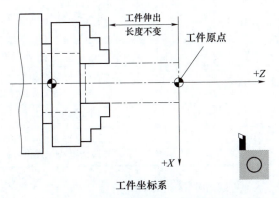

图 2-1-25　批量加工时工件的安装

班级＿＿＿＿＿＿　　姓名＿＿＿＿＿＿　　学号＿＿＿＿＿＿

任务名称		任务 2-1　回转轴的数控车削加工			
考核项目		分值/分	自评得分	教师评价	备注
工作态度	信息收集	5			能够从主体教材、网络空间等多种途径获取知识，并能基本掌握关键词学习法；基本掌握主体教材的相关知识
	团队合作	5			团队合作能力强，能与团队成员分工合作收集相关信息
	安全防护	5			认真学习和遵守安全防护规章制度，正确佩戴劳动保护用品
	工作质量	5			能够按照任务要求认真整理、撰写相关材料，字迹潦草、模糊或格式不正确酌情扣分
任务实施	加工准备	5			考查学生执行工作步骤的能力，并兼顾任务完成的正确性和工作质量
	机床准备	5			
	开机回参考点	5			
	安装工件	5			
	安装车刀	5			
	数控车床对刀操作	10			
	输入程序	5			
	程序校验	5			
	自动加工	5			

续表

考核项目	分值/分	自评得分	教师评价	备注
拓展任务完成情况	10			考查学生利用所学知识完成相关工作任务的能力
拓展知识学习效果	10			考查学生学习延伸知识的能力
技能鉴定完成情况	10			考查学生完成本工作任务后达到的技能掌握情况
小计	100			
小组互评	100			主要从知识掌握、小组活动参与度及见习记录遵守等方面给予中肯考核
表现加分	10			鼓励学生积极、主动承担工作任务
总评	100			总评成绩=自评成绩×40%+指导教师评价×35%+小组评价×25%+表现加分

任务二　台阶轴车削程序编制

任务目标

通过本任务的实施，达到以下目标：
- 会读台阶轴类零件的工艺文件，并能根据工序卡片制定走刀路线；
- 能熟练设定工件坐标系，并能计算各节点数值；
- 了解数控程序的结构，能用基本指令编制台阶轴类零件程序；
- 学会台阶轴类零件的测量与检验方法。

任务描述

一、任务内容

某数控车间拥有配置 FANUC 数控系统的 CAK4085 数控车床 8 台，工厂要求该车间在一周内加工如图 2-2-1 所示台阶轴 10 000 件。该零件的工艺路线已由车间工艺员编制完成。请根据所提供的零件图纸及该零件数控加工工艺文件，遵守数控编程相关原则，编制该工件的数控加工程序，上交零件数控加工程序清单，以便尽快组织生产。

二、实施条件

（1）生产车间或实训基地，供学生熟悉机械加工的工作过程，了解常见的加工方法和工艺装备等；

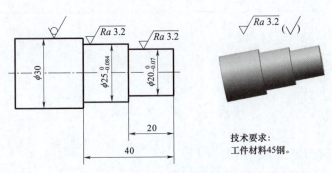

技术要求：
工件材料45钢。

图 2-2-1　台阶轴零件图

（2）零件的零件图纸、机械加工工艺文件等资料，供学生完成工作任务；
（3）数控车床编程说明书或计算机仿真软件使用手册及数控编程的参考资料，供学生获取知识和任务实施时使用，见表 2-2-1 和表 2-2-2。

项目二　回转件数控车削加工与编程

表 2-2-1 回转轴数控加工工序卡

第___页共___页

单位（公司）				零件名称	台阶轴	材料	45 钢
工序号	程序编号	夹具名称	切削液	设备名称	毛坯		车间
HZZ01	O0001	三爪卡盘	乳化液	CAK4085	$\phi 20$ mm×100 mm 圆钢		机二
工步号	工步内容		加工表面	主轴转速 /($r \cdot min^{-1}$)	进给量 /($mm \cdot r^{-1}$)	切削深度 /mm	刀具号
1	车端面		端面	600	0.2	1	T01
2	粗车外圆		外圆	500	0.15	2	T01
3	精车外圆		外圆	800	0.1	0.5	T02
编制		审核		批准		日期：	

表 2-2-2 回转轴数控加工刀具卡

单位（公司）				程序号		O0001	
零件名称			工序号		工步号		
序号	刀具编号	刀具名称	加工表面	刀具规格		刀补参数	数量
				刀柄	刀片	刀号	刀补号	
1		端面、外圆粗车刀	端面、外圆			01	01	
2		外圆车刀	外圆			02	02	
编制		审核		批准		日期		

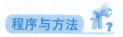

步骤一 任务分析

一、阅读数控加工工艺文件

数控加工工艺文件主要有零件图纸、数控加工工艺过程卡和数控加工工序卡，其中过程卡中列出了工件从毛坯到成品的加工方法和工作步骤，工序卡列出了零件加工的工步内容和切削参数（主轴转速和进给量），这些都是程序编制的依据，因此编程前必须认真阅读零件图纸和工艺文件，以了解零件的加工要求，确定数控机床的动作方式和刀具运动轨迹。

工艺文件中的工序卡能直接说明零件数控加工的加工顺序和加工参数。在查阅工序卡时，一般先要查看信息栏中的设备、工装夹具及切削条件，然后再看审批栏中信息，最后要认真、细致地查看本工序加工完后的图纸及本工序需要加工的具体内容及步骤。

通过查看工艺文件，我们可以获得的工艺信息如下：

（1）零件的材料、结构和技术要求。

（2）加工零件的场地、机床等。

（3）零件数控加工的工序内容和加工顺序，如图2-2-2所示。

（4）零件数控加工的工艺参数和工艺装备（刀具、夹具等），如图2-2-3所示。

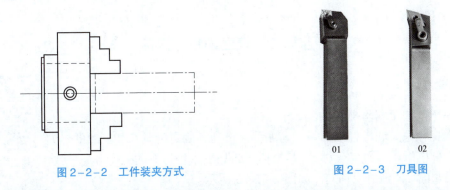

图2-2-2 工件装夹方式　　　　　图2-2-3 刀具图

从本例题的工序卡片中首先可以看出，加工零件的场地在本校数控加工实训基地，所用设备为CAK4085，夹具为通用三爪自定心卡盘，本工序分为车端面、粗车外圆、精车外圆三个工步。

台阶轴零件毛坯一般为轧制或锻打棒料，外形较为规则，装夹时一般采用三爪自定心卡盘装夹。加工时为了使各加工台阶面与轴线垂直，选用了主偏角k_r大于93°的外圆车刀。

二、了解数控编程工作步骤

正确的加工程序不仅应保证加工出符合图纸要求的合格工件，同时应能使数控机床的功能得到合理的应用与充分的发挥，以使数控机床能安全、可靠、高效地工作。数控加工程序的编制过程是一个比较复杂的工艺决策过程。一般来说，数控编程的工作内容主要包括：分析零件图样、工艺处理、数学处理、编写程序单、输入数控程序及程序检验等，一般数控编程的工作步骤如图2-2-4所示。

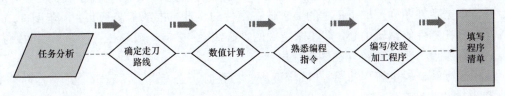

图2-2-4 数控编程的一般工作过程

做一做：

仔细阅读给定的图纸和工艺文件，明确工艺信息，分组讨论描述该零件的加工工艺过程。通过查阅台阶轴的零件图纸和工艺文件，可以知道该零件利用CAK4085数控车床加

项目二　回转件数控车削加工与编程　59

工,工件的毛坯为φ30 mm的圆钢,采用三爪卡盘装夹,加工过程中采用工序集中的原则,在一次装夹中完成零件的所有加工,整个加工过程分为一道工序、三个工步,其加工过程如下:

第1工步:用端面外圆粗车刀,以600 r/min的主轴转速、0.2 mm/r的进给量去除1 mm端面余量,保证端面平齐。

第2工步:用端面外圆粗车刀,以500 r/min的主轴转速、0.15 mm/r的进给量粗车外圆$φ25_{-0.084}^{0}$至φ26 mm,保证长度40 mm;再粗车外圆$φ20_{-0.07}^{0}$至φ21 mm,保证长度20 mm。

第3工步:用外圆车刀,以800 r/min的主轴转速、0.10 mm/r的进给量精车外圆$φ25_{-0.084}^{0}$ mm 和$φ20_{-0.07}^{0}$ mm至尺寸。

步骤二 建立编程坐标系

相关知识:

数控车削加工编程坐标系。

编程坐标系又叫工件坐标系,是编程人员为了确定刀具在加工时的走刀位置在工件图纸上设置的坐标系,其坐标方向与机床坐标系的坐标方向一致,X轴对应径向,Z轴对应轴向,如图2-2-5所示。

建立编程坐标系

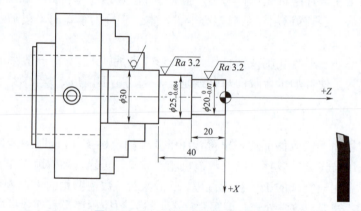

图2-2-5 工件编程坐标系的设定

编程坐标系在工件上的具体位置是通过工件原点的位置来确定的。为了编程方便,工件原点通常根据零件图样及加工工艺的要求选在零件的设计基准或工艺基准上。车削件 X 向工件原点取在零件的回转中心,即车床主轴的轴心线上;Z 向一般取在工件的左端面或右端面上。编程原点一般用 ⊕ 符号在图中标出。

编程坐标系一般供编程使用,在确定编程坐标系时不必考虑工件毛坯在机床上的实际装夹位置。

做一做:

台阶轴的编程坐标系原点设定如图2-2-6所示,试确定图2-2-7所示零件的编程原点在哪里,并在图中标出。

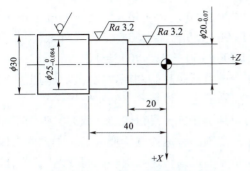

图2-2-6 编程坐标系的设定方法

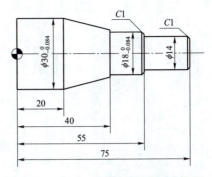

图2-2-7 设定该零件编程坐标系

步骤三 认识数控编程指令

相关知识：

一、基本功能指令

（一）主轴功能指令（S）

S功能指令用于控制主轴转速。

编程格式：S___；

S后面的数字表示主轴转速，单位为r/min，编程中按实际选用数值填写。在具有恒线速功能的机床上，S功能指令还有以下作用：

1. 最高转速限制

编程格式：G50 S___；

S后面的数字表示的是机床主轴的最高转速，单位为r/min。

例："G50 S3000；"表示最高转速限制为3 000 r/min。

2. 恒线速控制

编程格式：G96 S___；

S后面的数字表示的是机床主轴以该数值规定的恒定线速度旋转，单位为m/min。

例："G96 S150；"表示切削点线速度控制在150 m/min。

3. 恒线速取消

编程格式：G97 S___；

S后面的数字表示恒线速度控制取消后的主轴转速，如S未指定，则将保留G96的最终值。

例："G97 S3000；"表示恒线速控制取消后主轴转速为3 000 r/min。

对图2-2-8中所示的零件，为保持A、B、C所在的三个面的表面质量一致，要求加工时各点的线速度保持在150 m/min，则要求加工时各点在加工时的主轴转速如下。

图2-2-8 恒线速切削方式：

项目二 回转件数控车削加工与编程　61

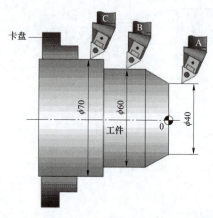

图 2-2-8　恒转速精车台阶轴

A：$n=1\,000\times150\div(\pi\times40)=1\,193$（r/min）
B：$n=1\,000\times150\div(\pi\times60)=795$（r/min）
C：$n=1\,000\times150\div(\pi\times70)=682$（r/min）

用 S 指令的恒线速控制功能，就可以只写出要求的线速度，数控系统走刀计算各点的主轴转速。

但是当刀具所在位置直径较小，或刀具走到工件的回转中心时，主轴的转速会逐步增大到无限大，为保护机床，用 S 指令的最高转速限制功能将转速限制在机床设定的最高转速上。S 指令的恒线速控制功能也是模态指令，一旦指定，机床就一直按照这个状态运转，在不需要恒转速的要求时就需要用新的转速 G97 S__取消恒线速控制。

所以加工该零件时，程序中要有以下程序段：

```
G50 S3000;     设定主轴最高转速 3 000 r/min
G96 S150;      机床主轴开始执行 150 m/min 的恒线速
……;           加工 A 段指令，主轴转速 1 193 r/min
……;           加工 B 段指令，主轴转速 795 r/min
……;           加工 C 段指令，主轴转速 682 r/min
               过程中如果有超过 3 000 r/min 的，执行最高转速 3 000 r/min
G97 S800;      取消恒线速控制，主轴以 800 r/min 运转
```

（二）进给功能指令（F）

F 功能指令用于控制切削进给量。在程序中，有以下两种使用方法。

1. 每转进给量

编程格式：G99 F__；
F 后面的数字表示的是主轴每转进给量，单位为 mm/r。
例："G99 F0.2；"表示进给量为 0.2 mm/r。

2. 每分钟进给量

编程格式：G98 F__；
F 后面的数字表示的是每分钟进给量，单位为 mm/min。
例："G98 F100；"表示进给量为 100 mm/min。

（三）刀具功能指令（T）

T 功能指令用于选择加工所用刀具。
编程格式：　T□□○○；或 T□○；
T 后面通常用四位或两位数字表示，□代表所选刀具号，○代表刀具长度和刀尖圆弧半

径补偿号。

例：T0303 表示选用 3 号刀及 3 号刀具长度补偿值和刀尖圆弧半径补偿值；T0300 表示取消刀具补偿。

（四）辅助功能指令（M）

辅助功能指令用来指定主轴的启停、正反转，冷却液的开关，工件或刀具的夹紧与松开，刀具的更换等机床各种辅助动作及其状态，它由地址符 M 和两位数字组成（M00～M99），又称 M 功能或 M 指令。常用的辅助功能指令如下：

M03：主轴顺时针旋转；

M04：主轴逆时针旋转；

M05：主轴旋转停止；

M08：冷却液开；

M09：冷却液关；

M30：程序停止，程序复位到起始位置。

二、基本（插补）运动指令

（一）快速点定位（G00）

快速点定位（G00）

指令功能：指定刀具以点定位控制方式从刀具所在点快速运动到目标位置。

编程格式：G00 X__ Z__；

程序中：X，Z——刀具运动的终点坐标尺寸。

走刀路线：在执行 G00 时，刀具实际的运动路线为直线还是折线是由机床参数确定的。

例：如图 2-2-9 所示，刀具当前点在 A 点，要指定刀具从 A 点快速移动到 B 点，编写程序如下：

N10 G00 X20.00 Z10.00；

机床执行该指令后的实际动作为：$A→C→B$；

$A→C$：X 向、Z 向以各自的快速移动速率移动，当 X 向坐标值与 B 点的 X 坐标相等时，X 向停止移动；

B：X 向停止移动后，Z 向继续快速移动至 B 点。

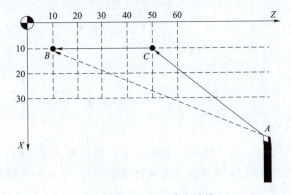

图 2-2-9　G00 走刀路线

项目二　回转件数控车削加工与编程　63

注意事项：

（1）执行 G00 时，各坐标轴移动速度由机床参数设定，有些机床中 G00 移动速度也受快速修调倍率的影响。

（2）由于 G00 的轨迹通常为折线型轨迹，因此，要特别注意采用 G00 方式进、退刀时，刀具相对于工件、夹具所处的位置，以避免在进、退刀过程中刀具与工件、夹具等发生碰撞。因此在编程中，多采用单坐标快速移动。

为使刀具走刀路线固定，上例中可编写程序如下：

N10 G00 X20.00；

N20 G00 Z10.00；

读者可自行划出刀具的走刀路线，分析其与上例的异同及其在实际应用中有何好处。

（二）直线插补指令（G01）

直线插补指令
（G01）

指令功能：指定刀具以规定的速度直线进给运动到目标位置。

编程格式：G01 X＿ Z＿ F＿；

程序中：X，Z——刀具运动的终点坐标尺寸；

F——刀具切削速度（mm/min 或 mm/r）。

走刀路线：程序执行 G01 指令时，刀具的走刀路线是从起点到终点的一条直线。

例：精车图 2-2-10 所示外圆时，刀具初始点在 A，刀具切削加工的走刀路线为 $B→C→D→E→F→G$，编写程序如下：

N20 G01 X20.0 Z0 F100；（$B→C$）

N30 G01 X32.0 Z-20.0 F80；（$C→D$）

N40 WZ-43.0；（$D→E$）

N50 X50.0；（$E→F$）

N60 Z-65.0；（$F→G$）

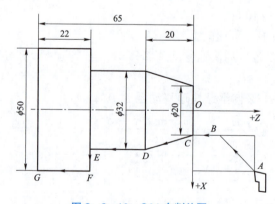

图 2-2-10　G01 车削外圆

注意事项：

（1）G01 指令中必须制定进给速度，若在前面已经指定，则可以省略。F 指定的进给度一直有效，直到指定新的进给速度值。在执行 G01 时，机床的实际进给速度等于 F 指定的速度与进给速度倍率的乘积。

(2) G01 为模态指令,即若后续走刀一直为直线进给,则可以省略补写,只写目标点坐标。

想一想:

数控机床可以加工曲面吗?数控车床加工外圆走刀和普通车床有区别吗?

做一做:

写出图 2-2-11 中走刀中用到的指令,图中虚线表示刀具快速移动,实线表示切削加工。

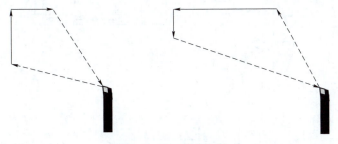

图 2-2-11 指令应用

步骤四 计算刀位点坐标值

相关知识:

一、数控车刀的刀位点

刀位点是指在加工程序编制中,用以表示刀具特征的点,也是对刀和加工的基准点。加工时刀位点与工件轮廓重合,编程实际上是编制刀位点的运动轨迹。对于车刀取为刀尖,钻头则取为钻尖,常用车刀的刀位点如图 2-2-12 所示。确定刀位点时应主要考虑是否便于对刀和测量。

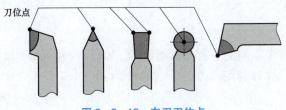

图 2-2-12 车刀刀位点

二、刀具的走刀路线

刀具的运动轨迹可通过阅读零件数控加工工艺文件获得,对于一般零件,工艺人员只制定数控加工工序卡,规定出工步(所有加工表面)的加工要求,编程人员根据数控机床和使用刀具的特点,按照相关工艺原则确定各工步(加工表面)的走刀方式,在编程坐标系中画出刀具的运动轨迹,即走刀路线图,然后根据加工零件的尺寸要求计算出刀具运动过程中各点的坐标值。表 2-2-3 所示为车削台阶轴时车端面、粗车外圆和精车外圆的走刀路线。

表 2-2-3 车削台阶轴的走刀走刀路线

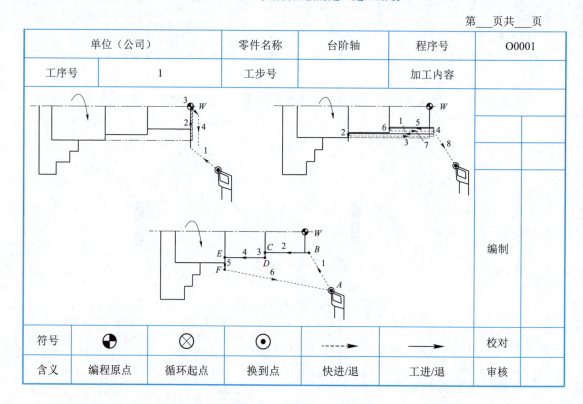

三、数控车削编程中的数值处理

(一) 数控编程中数值计算的内容

对零件图形进行数学处理是编程前的一个关键性的环节,其数值计算主要包括以下内容。

1. 基点和节点的坐标计算

零件的轮廓是由许多不同的几何元素组成的,如直线、圆弧、二次曲线及列表点曲线等,各几何元素间的连接点称为基点,如图 2-2-13 所示。

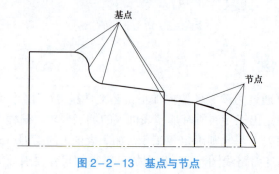

图 2-2-13 基点与节点

数控装置不具备零件外形曲线的插补功能时,其数值计算就比较复杂。在满足允许的编程误差的条件下,用若干直线段或圆弧来逼近给定的曲线,逼近线段的交点或切点称为节点,编写程序时,应按节点划分程序段。

零件轮廓或刀位点轨迹的基点坐标计算,一般采用代数法或几何法。代数法是通过列方程组的方法求解基点坐标。手工编程时采用代数法进行数值计算比较烦琐。根据图形间的几何关系利用三角函数法求解基点坐标,计算比较简单、方便,与列方程组解法相比较,工作量明显减少。对于由直线和圆弧组成的零件轮廓,采用手工编程时,常利用直角三角形的几何关系进行基点坐标的数值计算。

2. 刀位点轨迹的计算

对于具有刀具半径补偿功能的数控机床,通过对机床的刀具参数设置后,可直接按零件轮廓形状计算各基点和节点坐标,并作为编程时的坐标数据。

若机床所采用的数控系统不具备刀具半径补偿功能,则在编程时需对刀具的刀位点轨迹进行数值计算,按零件轮廓的等距线编程。

想一想:
用手工编制数控程序时,除用计算法获得各点的坐标值外,还可以采用哪些方法?

做一做:
如表 2-2-4 所示,用字母或数字标出刀具路线图中的各基点,并计算各点的坐标值。

表 2-2-4 刀位点坐标

刀位点		A	B	C	D	E	F
坐标值	X	100	19.96	19.96	24.95	24.95	32
	Z	100	2	-20	-20	-40	-40

步骤五 编写加工程序

相关知识:

一、数控加工程序组成

数控加工程序一般由一个程序名和若干个程序段(程序内容、程序结束)组成,每一个程序段占有一行,如图 2-2-14 所示。

程序段表示一个完整的加工工步或动作。程序段由程序段号、若干功能字和程序段结束符号组成,如程序段"N20 G91 G00 X18 Y15;"由五个功能字和结束符";"组成。

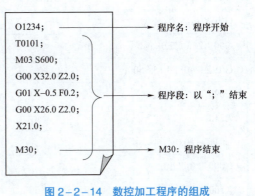

图 2-2-14 数控加工程序的组成

二、数控程序编写的方法

数控加工程序编制方法有手工(人工)编程和自动编程之分。手工编程,程序的全部内容是由人工按数控系统所规定的指令格式编写的。自动编程即计算机编程,可分为以语言和绘画为基础的自动编程方法。但是，无论是采用何种自动编程方法，都需要有相应配套的硬件和软件。

手工编程是在工艺分析、数值计算的基础上，将机床的工作状态和刀具的运动轨迹按照规定的格式，用相应的数控指令表达出来，并制作成文件清单或存储到相应的存储器上。程序书写的顺序如图2-2-15所示。

图2-2-15　程序书写的顺序

想一想：

编写程序时，为什么要先调用坐标系？

做一做：

编写台阶轴的数控加工程序，小组之间比较一下，然后利用仿真软件检验你编写的程序，见表2-2-5。

表2-2-5　台阶轴数控加工程序清单

第 1 页共 1 页

单位（公司）		零件名称	台阶轴
工序号	工步号	程序号	O0001
程序内容		程序说明	
O0001;		程序号	
T0101;		换1号刀，建立工件坐标系	
M03 S600;		主轴正转 600 r/min	
G00 X32.0 Z2.0;		快速靠近工件	
G01 X-0.5 F0.2;		齐端面	
G00 X26.0 Z2.0;		退刀到粗车外圆起点	
G01 Z-40. F0.15 S500;		粗车φ25 mm 外圆，主轴转速 500 r/min	
G00 U2.0 Z2.0;		退刀	
X21.0		进刀	
G01 Z-20.0;		粗车φ20 mm 外圆	
G00 U2.0 Z2.0;		退刀	
X100.0 Z100.0		退刀到换刀点	
T0202;		换2号刀，建立坐标系	
G00 X19.96 Z2.0 S800;		进刀到精车起点，转速 800 r/min	
G01 Z-20.0 F0.1;		精车φ20 mm 外圆	

续表

程序内容	程序说明
X24.95;	精车台阶面
Z-40.0;	精车φ25 mm 外圆
X32.0;	径向退刀
G00 X100.0 Z100.0;	退刀
M30	主轴停，程序结束
编制	审核	批准	日期

新时期的装备制造业

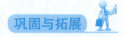

一、知识巩固

台阶轴数控加工程序编制流程如图 2-2-16 所示。

二、拓展任务

多学一点：

数控编程中的倒角功能

在 FANUC 系统中提供了自动倒角和倒圆指令，能够在直线插补指令中同时完成 45° 倒角，以达到简化编程的目的，分为以下两种情况：

（一）$Z \rightarrow X$ 的倒角

编程格式：G01 Z(W)_ C(±i);

程序中：Z——指定的终点的 Z 坐标；

W——终点相对于起点的 Z 方向增量；

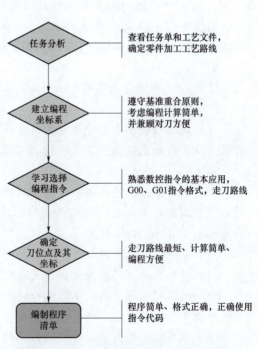

图 2-2-16　台阶轴数控加工程序编制流程

±i——倒角沿 X 轴的移动方向和长度。

如图 2-2-17（a）所示，A 为车削的起点，走刀路线为 A→D→C，倒角如果沿 X 轴正向切削，则 i 为正值；反之，i 为负值。该指令中倒角必须是 45°。

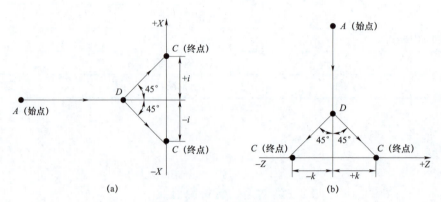

图 2-2-17　自动倒角轨迹

（二）X→Z 的倒角

编程格式：G01 X(U)＿C(±k);

程序中：X——指定的终点的 X 坐标；

　　　　U——终点相对于起点的 X 方向增量；

　　　　±k——倒角沿 X 轴的移动方向和长度；

如图 2-2-17（b）所示，A 为车削的起点，走刀路线为 A→D→C，倒角如果沿 Z 轴正向切削，则 k 为正值；反之，k 为负值。该指令中倒角必须是 45°。

想一想：

使用 G01 的倒角功能有什么好处？

做一做：

台阶轴的组成要素中大部分是由直线构成的，也就是说刀具的走刀路线大部分是直线，请根据所学代码完成如图 2-2-18 所示零件的数控加工程序编制。

提示：

（1）本次任务只完成该零件的回转面加工程序的编制，其他结构暂不考虑。

（2）编程时要合理确定零件的加工顺序，即先加工右端，再加工左端；零件毛坯选择 ϕ68 mm×260 mm 的棒料。

（3）本次任务不考虑粗、精加工分开，可完成一端粗、精加工后再完成另一端。

（4）精加工时要考虑如何保证尺寸精度，即对有公差要求的尺寸采用中值编程。

（5）编程时选用合适的编程指令，使用尽量少的程序段完成零件的加工，以减小编程工作量和程序在数控系统中所占用的内存，提高加工效率。

（6）程序编制完成后，要利用仿真软件检验程序。

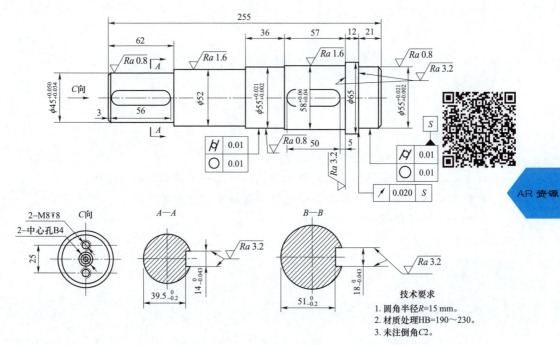

图 2-2-18 减速箱传动轴

任务考核

班级_____ 姓名_____ 学号_____

任务名称		任务 2-2 台阶轴车削程序编制			
考核项目		分值/分	自评得分	教师评价	备注
工作态度	信息收集	10			能够从教材、网络空间等多种途径获取知识，并能基本掌握关键词学习法；基本掌握教材的相关知识
	团队合作	5			团队合作能力强，能与团队成员分工合作收集相关信息
	工作质量	5			能够按照任务要求认真整理、撰写相关材料，字迹潦草、模糊或格式不正确酌情扣分
任务实施	任务分析	5			考查学生执行工作步骤的能力，并兼顾任务完成的正确性和工作质量
	建立编程坐标系	10			
	认识数控编程指令	15			
	计算刀位点坐标值	15			
	编写加工程序	5			
拓展任务完成情况		10			考查学生利用所学知识完成相关工作任务的能力
拓展知识学习效果		10			考查学生学习延伸知识的能力
技能鉴定完成情况		10			考查学生完成本工作任务后达到的技能掌握情况
小计		100			
小组互评		100			主要从知识掌握、小组活动参与度及见习记录遵守等方面给予中肯考核
表现加分		10			鼓励学生积极、主动承担工作任务
总评		100			总评成绩=自评成绩×40%+指导教师评价×35%+小组评价×25%+表现加分

项目二　回转件数控车削加工与编程

任务三　回转轴精车程序编制

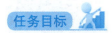

通过本任务的实施,达到以下目标:
- 会读回转轴类零件的工艺文件,并能根据工序卡片制定走刀路线;
- 能用直线插补和圆弧插补指令编制回转轴类零件加工程序;
- 学会工件切断程序的编写。

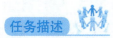

一、任务内容

数控加工车间需要精加工如图 2-1-1 所示回转轴类零件(见任务 2-1),要求一周内加工的工件数为 500 件。请根据提供的加工工序卡片、刀具卡片及精加工走刀路线图,编制该工件的数控加工程序。

二、实施条件

(1)生产车间或实训基地,供学生熟悉机械加工的工作过程,了解常见的加工方法、工艺装备等。

(2)零件图纸、机械加工工艺文件等资料,供学生完成工作任务(见表 2-3-1 和表 2-3-2)。

(3)数控车床编程说明书或计算机仿真软件使用手册及数控编程的参考资料,供学生获取知识和任务实施时使用。

表 2-3-1　回转轴数控加工工序卡

第___页共___页

单位	×××学院			零件名称	台阶轴	材料	45 钢
工序号	程序编号	设备名称	夹具名称	切削液	毛坯		车间
2	O0001	CK6140	三爪卡盘	有	$\phi 30\ mm$ 棒料		实训车间
工步号	工步内容		加工表面	主轴转速/$(r \cdot min^{-1})$	进给量/$(mm \cdot r^{-1})$	切削深度/mm	刀具号
1	精车端面		端面	600	0.2	1	T01
2	精车外圆		外圆	800	0.1	0.5	T01
3	切断			500	0.1	3	T02
编制		审核		批准		日期:	

表 2-3-2 回转轴数控加工刀具卡

单位（公司）			×××学院		程序号		O0002
零件名称			工序号	2	工步号		
序号	刀具号	刀具名称	加工表面	刀具规格		刀补参数		数量
				刀柄	刀片	刀号	刀补号	
1		菱形外圆车刀	端面、外圆		35°菱形	02	02	1
2		切断刀			3 mm	03	03	1
编制		审核		批准		日期		

程序与方法

步骤一 任务分析

本例中回转轴精加工工序所用设备为 CAK6140，夹具为通用三爪自定心卡盘，本工序分为精车端面、精车外圆ϕ15 mm 和ϕ20 mm、切断三个工步。

由于本工序为精加工工序，前道工序已对工件完成了粗加工，左端留有工艺夹头，所以工件的装夹采用三爪卡盘夹持工艺夹头进行精加工，完成后切断，工件的装夹方案如图 2-3-1 所示。

回转轴材料为 45 钢，切削性能良好，加工时外圆车刀刀片选用了 35°菱形刀片，刀具主偏角为 93°，如图 2-3-2（a）所示。

切断时，工件直径为ϕ30 mm，采用切断刀，考虑到刀片的刚度和切削性能，选用刃宽 3 mm 的切断刀，如图 2-3-2（b）所示。

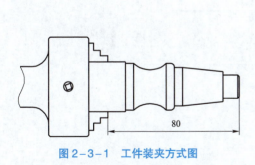

图 2-3-1 工件装夹方式图

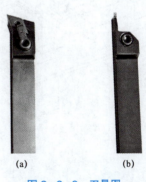

图 2-3-2 刀具图
（a）T01；（b）T02

想一想：
（1）切断刀有两个刀尖，考虑一下用不同刀尖作为刀位点对程序编写有什么影响。
（2）如何确定切断刀的刃宽？

步骤二 建立编程坐标系

相关知识：

一、编程坐标系与机床坐标系、坐标原点的关系

机床原点就是机床坐标系的原点，它是机床上的一个固定的点，由制造厂家确定。机床坐标系是通过开机回参考点操作来确立的，参考点是确立机床坐标系的参照点。数控车床的机床原点多定在主轴前端面的中心。

在对零件图形进行编程计算时，必须建立用于编程的坐标系，其坐标原点即为程序原点。而要把程序应用到机床上，程序原点应该放在工件毛坯的什么位置、其在机床坐标系中的坐标是多少，这些都必须让机床的数控系统知道，这一操作就是对刀。编程坐标系在机床上就表现为工件坐标系，坐标原点就称为工件原点或编程原点。工件原点一般按以下原则选取：

（1）工件原点应选在工件图样的尺寸基准上，这样可以直接用图纸标注的尺寸作为编程点的坐标值，减少数据换算的工作量。

（2）能使工件方便地装夹、测量和检验。

（3）尽量选在尺寸精度比较高及表面粗糙度值较小的工件表面上，这样可以提高工件的加工精度和同一批零件的一致性。

（4）对于有对称几何形状的零件，工件原点最好选在对称中心点上。

数控车床的工件原点一般设在主轴中心线上，多定在工件的左端面或右端面，如图 2-3-3 所示。

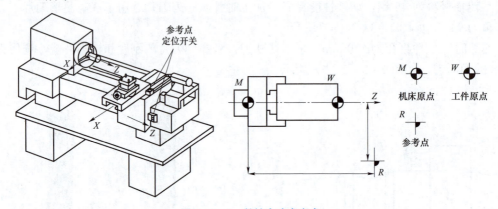

图 2-3-3 数控车床参考点

二、编程坐标系的设定方法

编程坐标系是编程人员为编程方便设定的，数控加工时的工件坐标系必须和编程坐标系一致，也就是要在加工时把编程原点设在工件上，设定方法有以下几种。

（一）刀具补偿对刀设定

机床回零操作建立了机床坐标系后，可以使用机床提供的刀具补偿功能，使当前刀建立

工件坐标系,原理如图 2-3-4 所示。该方法每一把刀的刀偏值都是独立的,每个刀偏之间没有联系,只与机床坐标系有关,只要机床坐标系确定后,加工工件时刀具可以由任意位置起刀加工,所以此种方法在数控车中应用极为普遍。

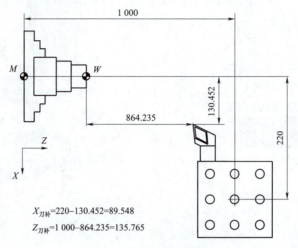

图 2-3-4　刀具补偿设置

但是当工件坐标系的原点发生改变后,所有刀具的刀偏值都需要改变,这时就比较麻烦。

(二)程序指令设定

在程序第一句中用"G50 X__ Z__;"设定程序起点的位置,在执行程序前通过操作使刀具移动到这个位置,再执行程序(执行程序时刀具不动,只是改变坐标系),这样刀的位置就与程序中的坐标一致,如图 2-3-5 所示。在使用时要注意,每次加工之前刀具都必须在加工起点上,否则有可能发生严重事故,包括开机回零后也不能直接加工,也要回到加工起点后再加工工件。此方法在批量生产中,当工件位置在机床中无法准确定位时经常使用。

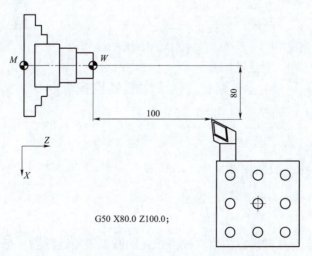

图 2-3-5　程序指令 G50 设置坐标系

项目二　回转件数控车削加工与编程　75

另外坐标系还可以通过原点偏置、机外调整、自动对刀仪等方法设定,如图2-3-6所示。

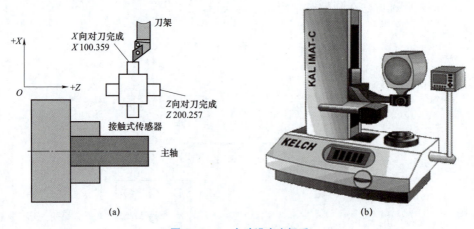

图 2-3-6　自动设定坐标系
(a) 机外对刀仪设定；(b) 自动对刀设定

在本例回转轴的精加工中,为使基准统一,保证加工精度和编程方便,该编程坐标系设在工件右端面的中心,如图2-3-7所示。

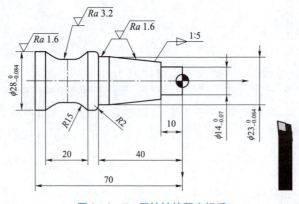

图 2-3-7　回转轴编程坐标系

步骤三　认识数控编程指令

相关知识：

一、基本（插补）运动指令

（一）圆弧插补指令（G02/G03）

圆弧插补指令
（G02/G03）

指令功能：指定刀具以规定的速度按照指定的圆弧进给运动到目标位置。
编程格式：G02/G03　X(U)__ Z(W)__ R__ F__;

程序中：G02/G03——G02 为顺时针圆弧走刀，G03 为逆时针圆弧走刀；
　　　　X，Z——刀具运动的终点绝对坐标尺寸；
　　　　U，W——刀具运动的终点相对坐标尺寸；
　　　　R——圆弧半径；
　　　　F——刀具切削速度（mm/min 或 mm/r）。

走刀路线：在执行 G02/G03 时，刀具的运动路线为从起点到终点的一段圆弧。

精车图 2-3-8 所示圆弧，刀具初始点在 A，刀具切削加工的走刀路线为：B→C→D→E，编程如下：

……
G00 X20.0 Z2.0; (A→B)
G01 Z-30.0 F0.1; (B→C)
G02 X40.0 Z-40.0 R10.0; (C→D)
G01 X42.0 F0.3; (D→E)
……

注意事项：

（1）圆弧方向的判别：沿着不在圆弧平面内的坐标轴，由正方向向负方向看，顺时针方向为 G02，逆时针方向为 G03，如图 2-3-9 所示。在数控车削编程中，圆弧的顺、逆根据操作者与车床刀架的位置来判断，如图 2-3-10 所示。

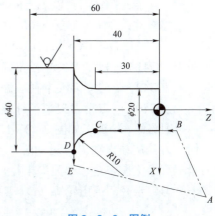

图 2-3-8　图例

（2）X、Z 是指圆弧的终点绝对坐标值；U、W 为圆弧终点相对于圆弧起点的坐标值。在车削编程中，为了编程方便，在一个程序段中可以既使用相对坐标也用绝对坐标。

（3）R 值的规定：当圆弧的圆心角小于等于 180° 时，R 值为正，如图 2-3-12 中的圆弧 BC；当圆弧的圆心角大于 180° 时，R 值为负，如图 2-3-11 中的圆弧 AB。此种编程只适于非整圆的圆弧插补的情况，不适于整圆加工。

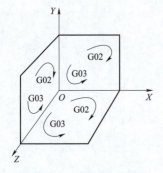

图 2-3-9　圆弧方向判别

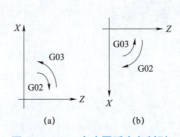

图 2-3-10　车床圆弧方向判别
(a) 刀架在外侧时；(b) 刀架在内侧时

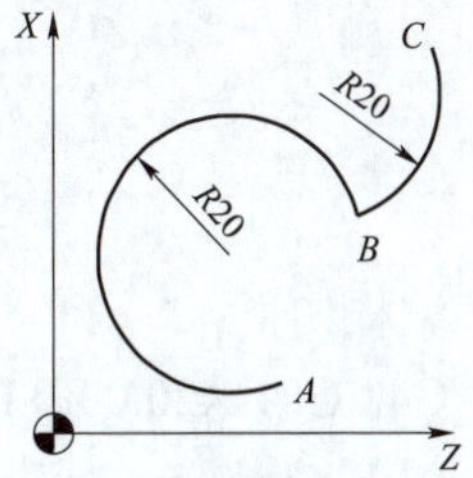

图 2-3-11　圆弧半径 R 判别

用相对坐标尺寸编写图 2-3-8 所示圆弧的精加工程序如下：

……
G00 X20.0 Z2.0;　　　　　　(A→B)

```
G01 W – 32.0 F0.1;            (B→C)
G02 U20.0 W – 10.0 R10.0;     (C→D)
G01 U2.0 F0.3;                (D→E)
……
```

想一想：

用这种方法为什么不能加工整圆？

（二）刀具半径补偿指令（G41/G42/G40）

指令功能：指定刀具以规定的速度按照指定的圆弧进给运动到目标位置。

编程格式：G41（G42）G00（G01）X__ Z__；

　　　　　G40 G00（G01）X__ Z__；

程序中：G41——建立刀尖半径左偏补偿；

　　　　G42——建立刀尖半径右偏补偿；

　　　　G40——取消刀尖半径补偿。

走刀路线：精加工如图2-3-12所示轮廓，编程时在进入轮廓加工即 A→B 段建立刀具补偿，刀具从 A 点往 B 点运动时，为防止少切，多走一个刀尖半径；B→C 段进行刀补时，刀具一直沿 Z 向多走一个刀尖半径，C→D 段进行刀补时，为防止过切，刀具一直沿 X 向少走一个刀尖半径；退出轮廓（D→E）段取消刀补，刀具多走一个刀尖半径。

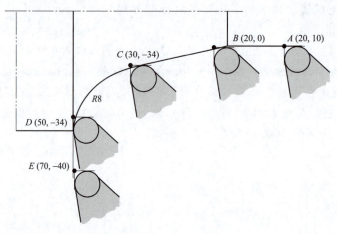

图2-3-12　刀具补偿示意图

编程如下：

```
G41 G01 X20.0 Z0 F0.1;
G01 X30.0 Z – 34.0;
G02 X50.0 Z – 40.0;
G01 X70.0;
```

注意事项：

（1）刀具半径补偿的建立和取消，必须在运动中建立，即 G41/G42/G40 指令必须和 G00 或 G01 一起编程。

（2）刀补完成后，程序中一定要取消刀补，否则会影响其他表面的加工。
（3）刀径补偿的设定和取消不应在G02、G03圆弧轨迹程序上实施。
（4）设定和取消刀径补偿时，刀具位置的变化是一个渐变的过程。
（5）若输入刀补数据时给的是负值，则G41、G42互相转化。
（6）G41、G42指令不要重复规定，否则会产生一种特殊的补偿。

做一做：

如图2-3-13所示，以原点为编程原点，刀具走刀路线为 $A \rightarrow B \rightarrow C$。试编写走刀路线程序。

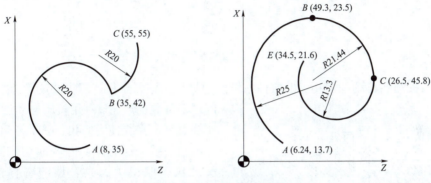

图2-3-13　圆弧走刀路线

步骤四　计算刀位点坐标值

相关知识：

一、刀具的半径补偿

在编程时，通常都将车刀刀尖作为一个点来考虑，但实际上刀尖处存在圆角，图2-3-14所示为外圆车刀示意图，在实际对刀时选用的是外径切削点和端面切削点切削对刀，在实际加工中切削工件的是刀尖圆弧，假想刀尖是不能切削工件的。

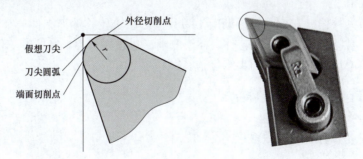

图2-3-14　外圆车刀刀尖示意图

当用按理论刀尖点编出的程序进行端面、外径、内径等与轴线平行或垂直的表面加工时，是不会产生误差的。当进行倒角、锥面及圆弧切削时，则会产生少切或过切现象，如

图2-3-15所示。为避免这种现象的发生，就需要使用刀尖圆弧自动补偿功能。

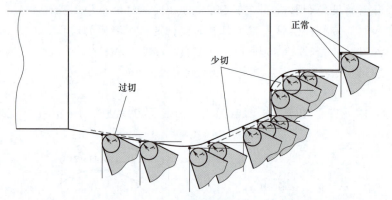

图2-3-15 刀尖圆弧引起的过切和少切现象

具有刀尖圆弧自动补偿功能的数控系统能根据刀尖圆弧半径计算出补偿量，以避免少切或过切现象的产生。利用机床自动进行刀尖半径补偿时，需要使用G40、G41、G42指令。

当系统执行到含T代码的程序指令时，仅仅是从中取得了刀具补偿的寄存器地址号（其中包括刀具几何位置补偿和刀具半径大小），此时并不会开始实施刀尖半径补偿，只有在程序中遇到G41、G42、G40指令时，才开始从刀库中提取数据并实施相应的刀径补偿，如图2-3-16所示。

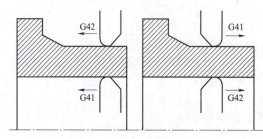

图2-3-16 刀具半径补偿

G41——刀尖半径左偏补偿。沿着进给方向看，刀尖位置在编程轨迹的左边。
G42——刀尖半径右偏补偿。沿着进给方向看，刀尖位置在编程轨迹的右边。
G40——取消刀尖半径补偿。刀尖运动轨迹与编程轨迹一致。

在实际加工中，刀尖圆弧半径自动补偿功能的执行过程分为以下三步：

（1）建立刀具补偿。刀具中心轨迹由G41、G42确定，在原来编程轨迹基础上增加或减少一个刀尖半径值。

（2）进行刀具补偿。在刀具补偿期间，刀具中心轨迹始终偏离工件一个刀尖半径值。

（3）撤消刀具补偿。刀具撤离工件，补偿取消，与建立刀尖半径补偿一样，刀具中心轨迹要比程序轨迹增加或减少一个刀尖半径值。

二、数控车削编程中的数值特点

（一）数控车削编程中数值的特点

1. 数值尺寸单位

工程图纸中的尺寸标注采用公制和英制两种形式。数控系统可根据所设定的状态，利用代码把所有的几何值转换为公制尺寸或英制尺寸，FUNAC 0i系统采用G21表示公制（mm）

输入，G20 代表英制（inch）输入，通电后自动使 G21 生效。

2. 直径编程与半径编程

在数控车床上车削的零件绝大部分都是回转体零件，其横截面为圆形尺寸有直径指定和半径指定两种方法。当用直径值编程时，称为直径编程法；用半径值编程时，称为半径编程法。

回转体零件从产品设计、图纸尺寸标注、加工过程中的测量到最后的检测，一般都使用的是直径尺寸，所以为了编程的直观、方便、与标注尺寸相统一，现在的数控车床都采用直径编程。

3. 绝对值和增量值编程

数控系统有两种方法指定刀具的移动：绝对值编程和增量值编程。

绝对编程指机床运动部件的坐标相对于编程原点。

增量编程指机床运动部件的坐标值相对于上一点。

FUNAC 0i 系统数控车床当采用绝对值编程时，尺寸值用 X、Z 表示，采用增量值编程时用 U、W 表示，并且在一个程序段中增量值和绝对值可以混合使用。而有些数控系统用 G90 和 G91 指令分别对应着绝对值输入和增量值输入。系统上电后，默认为绝对值编程。

如图 2-3-17 中由 A→B 的编程指令如下：

绝对值编程：

G01 X400.0 Z-400.0；

增量值编程：

G01 U200.0 W-400.0；

4. 小数点编程

FUNAC 编程时数值可以用小数点输入，距离、时间或速度的输入可以使用小数点。下列地址可用小数点：

X、Y、Z、U、V、W、A、B、C、I、J、K、R、F

FUNAC 系统数值输入时，带小数点的数值单位为 mm，不带小数点的数值以系统的最小输入量为单位指定。

如：X100.0 表示 100 mm；X100 表示 0.1 mm，其单位为最小输入量 0.001 mm。

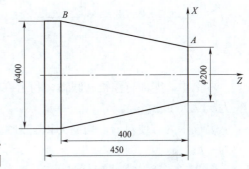

图 2-3-17 绝对值编程和增量值编程

三、数控车削编程中的数值处理

（一）编程尺寸数值的确定

数控机床的控制系统主要进行的是位置控制，即控制刀具的切削位置。数控编程的主要工作就是把加工过程中刀具移动的位置按一定的顺序和方式编写成程序单，输入机床的控制系统，操纵加工过程。刀具的移动位置是根据零件图纸，按照已经确定的加工路线和允许的加工误差计算出来的。我们在加工控制尺寸时最好取公差范围的中间值。

（二）根据锥度计算公式

$$C = \frac{D-d}{L}$$

式中：C——锥度；
　　　D——圆锥大径；
　　　d——圆锥小径；
　　　L——圆锥长度。

做一做：

某回转轴的编程原点设在工件有端面中心，回转轴零件的精车走刀路线如图 2-3-18 所示。

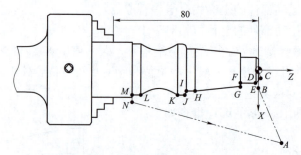

图 2-3-18　回转轴零件的精车走刀路线

本例中，零件有圆锥、圆弧，利用锥度计算公式可得出锥度部分大径为 ϕ22.96 mm、小径为 ϕ17.96 mm。

编程中为方便对刀，切断刀以右刀尖为刀位点，刃宽为 3 mm，所以切断时 Z 方向坐标应为 -73。

图 2-3-18 中各点坐标见表 2-3-3。

表 2-3-3　图 2-3-18 中各点坐标

走刀点	A	B	C	D	E	F	G	H	I	J	K	L	M	N
X	100	16	-0.5	7.96	13.96	13.96	17.96	22.96	22.96	23.96	27.96	27.96	27.96	32
Z	100	0	0	2	-1	-10	-10	-35	-40	-42	-45	-65	-75	-75

步骤五　编写加工程序

一、填写程序清单/存储加工程序

本例中，回转轴的精加工路线简单，但加工表面有端面、锥面、圆弧面，为保证加工精度，编程时必须使用刀具半径补偿。

回转轴的精加工程序见表 2-3-4。

表 2-3-4 台阶轴数控加工程序清单

第___页共___页

单位（公司）		零件名称		台阶轴	
工序号		工步号		程序号	O0002
程序内容			程序说明		
O0002；			程序号		
T0101；			换 1 号（外圆）刀，建立工件坐标系		
M03 S600；			主轴正转 600 r/min		
G42 G00 X16.0 Z2.0；			调用刀具半径补偿，快速靠近工件		
G01 X−0.5 F0.2；			齐端面		
G00 X7.96 Z2.0；			退刀到倒角起点		
G01 X13.96 Z−1.0 F0.1 S800；			倒角，主轴转速 800 r/min		
Z−10.0；			精车 ϕ14 mm 外圆		
X17.96；			精车台阶面		
X22.96 Z−35.0；			精车圆锥面		
Z−40.0；			精车 ϕ23 mm 外圆		
X23.96；			精车台阶面		
G03 X27.96 W−2.0 R2.0；			精车 R2 mm 圆弧		
G01 Z−45.0 F0.1；			精车 ϕ28 mm 外圆		
G02 Z−65.0 R15.0；			精车 R15 mm 圆弧		
Z−75.0；			精车 ϕ28 mm 外圆		
X32.0 F0.5；			径向退刀		
G40 G00 X100.0 Z100.0；			取消半径补偿，快速移动到换刀点		
T0202；			换 2 号（切断）刀，建立坐标系		
G00 X32.0 Z−73.0；			快速靠近工件		
M08 G01 X0.5 F0.1；			冷却液开，工件切断		
M09 G00 X100.0；			冷却液关，X 方向退刀		
Z100.0			Z 方向退刀		
M30；			主轴停，程序结束		
编制		审核		批准	日期

想一想：

图例中粗加工余量很大而且不均匀，试想如何进行粗加工。

智能制造技术

一、知识巩固

回转轴精车加工程序编制流程如图 2-3-19 所示。

二、拓展任务

多学一点：

圆弧插补 G02/G03 的另外一种编程格式。

编程格式：G02/G03 X(U)_ Z(W)_ I_ K_ F_；

说明：

（1）X、Z 是指圆弧插补的终点坐标值；U、W 为圆弧终点相对于圆弧起点的坐标值。

（2）I、K 表示圆心相对于圆弧起点的增量坐标，与绝对值、增量值编程无关，为零时可省略。

（3）X、Z 同时省略时，表示起、终点重合；若用 I、K 来指定圆心位置，则相当于指定了 360° 的弧；若用 R 编程，则表示指定为 0° 的弧。

（4）同一程序段中，I、K、R 同时出现时，R 优先，I、K 无效。

如图 2-3-20 所示，O_1 是圆弧 BC 的圆心，用 I、K 编程时，圆弧的圆心坐标是在以 B 为原点的坐标系下的坐标值，其坐标为（10，0）。

图 2-3-19 回转轴精车加工程序编制流程

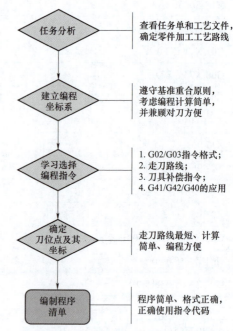

图 2-3-20 圆弧编程的坐标系

想一想：
（1）圆弧加工的 I、K 编程与 R 编程有什么不同？如何选用？
（2）车削加工中哪种方式编写圆弧加工程序比较方便？

做一做：
请根据所学代码完成图 2-3-21～图 2-3-24 所示零件的数控加工程序编制。

提示：
（1）本次任务只完成该零件回转面精加工程序的编制。
（2）编程时不考虑零件的加工顺序，零件的两端单独编写程序。
（3）本次任务不考虑粗、精加工分开，可完成一端粗、精加工后再加工另一端。
（4）精加工时要考虑如何保证尺寸精度，即对有公差要求的尺寸采用中值编程。
（5）编程时选用合适的编程指令，使用尽量少的程序段完成零件的加工，以减小编程工作量和程序在数控系统中所占用的内存，提高加工效率；程序编制完成后，要利用仿真软件检验程序。

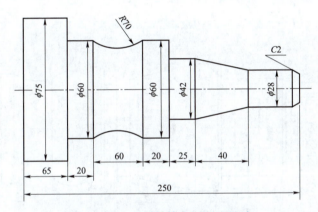

图 2-3-21　回转轴精车编程拓展任务一

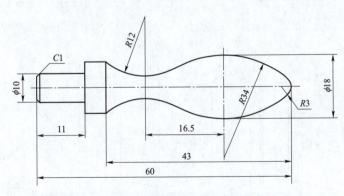

图 2-3-22　回转轴精车编程拓展任务二

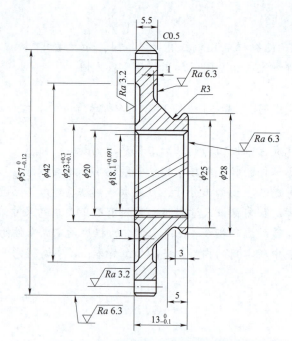

图 2-3-23 回转轴精车编程拓展任务三

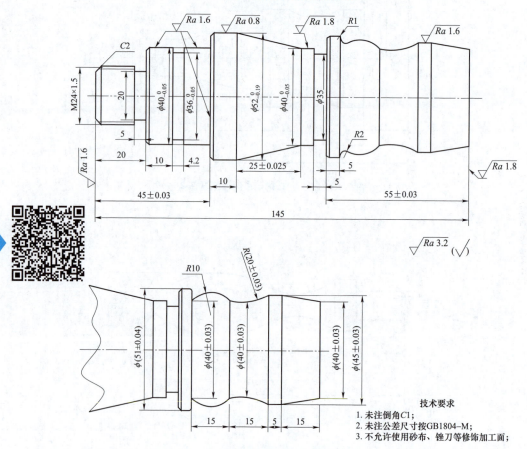

技术要求
1. 未注倒角C1；
2. 未注公差尺寸按GB1804-M；
3. 不允许使用砂布、锉刀等修饰加工面；

图 2-3-24 回转轴精车编程拓展任务四

想一想：

完成任务后，小组讨论以下问题：

（1）本次任务中只完成了零件的精加工，那么零件的多余余量如何去除？

（2）用目前所学指令能完成零件的粗加工吗？

（3）请用所学指令试编写这些零件的粗、精加工程序。

任务考核

班级_____ 姓名_____ 学号_____

任务名称		任务2-3 回转轴精车程序编制			
考核项目		分值/分	自评得分	教师评价	备注
工作态度	信息收集	10			能够从主体教材、网络空间等多种途径获取知识，并能基本掌握关键词学习法；基本掌握主体教材的相关知识
	团队合作	5			团队合作能力强，能与团队成员分工合作收集相关信息
	工作质量	5			能够按照任务要求认真整理、撰写相关材料，字迹潦草、模糊或格式不正确酌情扣分
任务实施	任务分析	5			考查学生执行工作步骤的能力，并兼顾任务完成的正确性和工作质量
	建立编程坐标系	10			
	认识数控编程指令	15			
	计算刀位点坐标值	15			
	编写加工程序	5			
拓展任务完成情况		10			考查学生利用所学知识完成相关工作任务的能力
拓展知识学习效果		10			考查学生学习延伸知识的能力
技能鉴定完成情况		10			考查学生完成本工作任务后达到的技能掌握情况
小计		100			
小组互评		100			主要从知识掌握、小组活动参与度及见习记录遵守等方面给予中肯考核
表现加分		10			鼓励学生积极、主动承担工作任务
总评		100			总评成绩＝自评成绩×40%＋指导教师评价×35%＋小组评价×25%＋表现加分

任务四　回转轴粗精车程序编制

任务目标

通过本任务的实施，达到以下目标：
- 通过读回转轴类零件的工艺文件，确定工件加工方案；
- 能用循环指令编制回转轴类零件加工程序；
- 学会利用循环指令切断工件。

任务描述

一、任务内容

数控加工车间需要精加工如图 2-1-1 所示回转轴零件（见项目二任务一），要求一周内加工的工件数为 500 件。请根据提供工艺文件（表 2-1-1 和表 2-1-2）编制该工件的数控加工程序。

二、实施条件

（1）生产车间或实训基地，供学生熟悉机械加工的工作过程，了解常见的加工方法、工艺装备等。

（2）零件的零件图纸、机械加工工艺文件等资料，供学生完成工作任务。

（3）数控车床编程说明书或计算机仿真软件使用手册及数控编程的参考资料，供学生获取知识和任务实施时使用。

程序与方法

步骤一　任务分析

本任务中回转轴精加工工序是在数控加工实训基地进行的，所用设备为 CAK6140，夹具为通用三爪自定心卡盘，本工序分为车端面，粗车 $R15$ mm 圆弧面以外的外圆，精车 $R15$ mm 圆弧面以外的外圆，粗、精车 $R15$ mm 的圆弧面，切断五个工步。

回转轴毛坯为圆钢，采用工序集中的原则，在一次装夹中完成所有的加工，所以采用长棒料装夹，加工完成后切断，工件的装夹方案如图 2-4-1 所示。

为保证加工精度和圆弧加工时不产生干涉，粗、精加工刀具分开，粗加工选用 80°菱形刀片，主偏角 93°；精加工刀片选用了 35°菱形刀片，主偏角为 93°，如图 2-4-1 所示。

切断时，工件直径为 $\phi 30$ mm，采用机夹切断刀，考虑到刀片的刚度和切削性能，选用刃宽 3 mm 的切断刀，如图 2-4-2 所示。

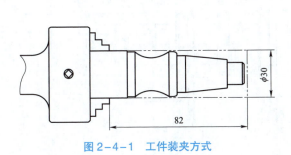

图 2-4-1 工件装夹方式

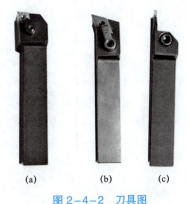

图 2-4-2 刀具图
(a) T01；(b) T02；(c) T03

想一想：

为什么粗、精车 $R15$ mm 圆弧面以外的外圆需要两个工步，而 $R15$ mm 圆弧面的粗、精车只需要一个工步？

步骤二　建立编程坐标系

做一做：

加工如图 2-4-3 所示零件，选用毛坯为 $\phi30$ mm 的圆钢，试确定零件的编程原点，写出该零件的数控加工程序。

想一想：

如果批量加工如图 2-4-3 所示零件，如何提高加工效率？

相关知识：

编程坐标系的偏置。

一、零点偏置指令（G54~G59）

FANUC 数控系统提供了 G54~G59 指令，以完成预置 6 个工件原点的功能。

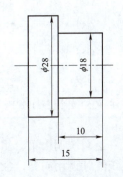

图 2-4-3 圆柱塞堵零件图

它是先测定出预置的工件原点相对于机床原点的偏置值，并把该偏置值通过参数设定的方式预置在机床参数数据库中，因而该值无论断电与否都将一直被系统所记忆，直到重新设置为止。当工件原点预置好以后，输入"G54"指令便可直接调用该预置工件坐标系。通电时，自动选择 G54 坐标系。

应用 G54~G59 坐标零点偏置的方法可以有效解决数控车床在加工小型零件装夹费时低效的难题，对于图 2-4-3 所示的零件，我们可以在一次装夹下，通过 G54~G59 设置多个编程原点，如图 2-4-4 所示，有效解决数控车床在加工小型零件装夹时低效的难题（指令功能见表 2-4-1）。

项目二　回转件数控车削加工与编程　89

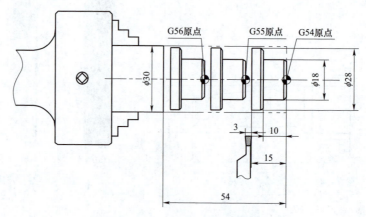

图 2-4-4 G54～G59 的应用

表 2-4-1 G54～G59 指令功能

G 指令	组别	功能	程序格式及说明
G53	14	选择机床坐标系	G53 X_ Z_;
G54▲		选择工件坐标系 1	G54;
G55		选择工件坐标系 2	G55;
G56		选择工件坐标系 3	G56;
G57		选择工件坐标系 4	G57;
G58		选择工件坐标系 5	G58;
G59		选择工件坐标系 6	G59;

注：G53 指令使刀具快速定位到机床坐标系中的指定位置上，X、Z 后的值为机床坐标系中的坐标值。

当系统调用第一工件坐标系 G54 加工完成并切断第一个工件时，刀具迅速退回换刀点，系统继续调用 G55、G56、G57 加工剩余 3 个工件，即机床每加工完成一个工件后，工件坐标系 Z 轴均往负方向累加偏移 18.5 mm（其中工件长 15 mm，切断刀刃宽 3 mm，18 mm 后的 0.5 mm 为下一件的端面加工余量，可自行设定）。

二、进行系统设置

加工前应分别设置好系统刀具参数目录下 G54～G59 的 Z 方向偏置。

先手动车平第一件右端面，并以右端面为 Z 轴的对刀平面，通过对刀把其圆心设为 G54 工件坐标系原点，如图 2-4-5 所示。

```
工件坐标系设定
(G54)
   番号        数据           番号        数据
   00    X    0.000          02    X    0.000
  (EXT)  Z    0.000         (G55)  Z   -18.500

   番号        数据           番号        数据
   01    X    0.000          03    X    0.000
  (G54)  Z    0.000         (G56)  Z   -37.000

                                      S    0    T0000
JOG  ****  ***  ***              07:18:41
[ NO检索 ][  测量  ][      ][ +输入 ][ 输入 ]
```

图 2-4-5 工件坐标系设定界面

步骤三 认识数控编程指令

相关知识:

一、切削循环指令

(一)圆锥面单一循环指令(G90)

圆锥面单一循环指令
(G90)

编程格式:G90 X(U)__Z(W)__R__F__;
程序中:X,Z——指定的终点坐标;
U,W——终点相对于起点的增量值;
F——循环切削过程中进给速度的大小;
R——圆锥面切削起点处的 X 坐标减终点处 X 坐标的 1/2。

指令功能:轴类零件圆锥面切削,该指令中如果 R 值为零,则为圆柱切削。

走刀路线:圆锥面循环切削指令循环如图 2-4-6 所示,车刀从 A 点开始运动,以 G00 方式到达 B 点,以 G01 方式、F 指定的切削速度从 B 点到 C 点,并从 C 点到 D 点,再以 G00 方式从 D 点快速返回 A 点。其中 $R = \dfrac{(X_B - X_C)}{2}$,即 B 点 X 坐标(直径值)减去 C 点 X 坐标(直径值)的 1/2,并且 R 根据 $X_B - X_C$ 的大小有正负之分。

注意事项:

由于 AB 段轨迹采用的是 G00 的速度,所以为了避免撞刀,在切削开始点的 Z 坐标值一般比圆锥右端面的 Z 值大 2 mm,这样为保证锥度的正确性,就要重新计算 R 值,如图 2-4-6(b)所示。其中 R' 的计算公式如下:

$$R' = R \times \dfrac{(W + \Delta z)}{W} = \dfrac{(X_B - X_C)}{2} \times \dfrac{(W + \Delta z)}{W}$$

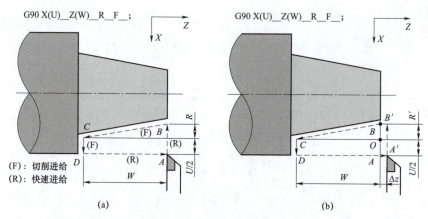

图 2-4-6 圆锥面切削循环
(a) 圆锥面切削循环轨迹；(b) 实际切削中 R 的计算

对于锥面的背吃刀量，应参照最大加工余量来确定，如图 2-4-6 中应按照 AB 处的切削长度来计算，并平均分配背吃刀量，而不应该按照 CD 处的切削长度计算，不然就会出现第一次执行循环时的背吃刀量过大。

轴向粗车循环指令（G71）

（二）轴向粗车循环指令（G71）

指令功能：系统根据精车轨迹，以及精车余量、进刀量、退刀量等数据自动计算粗加工路线，沿与 Z 轴平行的方向切削，通过多次进刀→切削→退刀的切削循环完成工件的粗加工。

编程格式：G71 U(Δd) R(e);
　　　　　G71 P(ns) Q(nf) U(Δu) W(Δw) F(f) S(s) T(t);
　　　　　N(ns)……⎫
　　　　　　　……⎬ 描述精加工路线的程序段
　　　　　N(nf)……⎭

程序中：Δd——X 向进刀量（半径量指定），不带符号且为模态值；
　　　　e——退刀量，为模态值；
　　　　ns——精车程序第一个程序段的段号；
　　　　nf——精车程序最后一个程序段的段号；
　　　　Δu——X 方向精车余量的大小和方向，用直径量指定；
　　　　Δw——Z 方向精车余量的大小和方向；
　　　　F，S，T——粗加工循环中的进给速度、主轴转速与刀具功能，如果前面已经指定，则不需要再指定。

走刀路线如下：

G71 粗车循环运动轨迹如图 2-4-6 所示，刀具从循环起点 A 点开始，快速退刀至 B 点，退刀量由 Δw 值和 $\Delta u/2$ 值确定，再快速沿 X 向进刀 Δd（半径值）至 C 点，然后按 G01 进给至 D 点后，沿 45°方向退刀至 E 点（X 方向退刀量由 e 值确定）；Z 向快速退刀至新循环的起点 F 点处，再次沿 X 向快速进刀至 G 点（进刀量为 $e+\Delta d$）进行第二次切削。如该循环至粗车完成后，再进行平行于精车加工表面的半精车，这时，刀具沿精加工表面分别留出 Δw 和 Δu 的加工余量。半精车完成后，快速退回循环起点 A，结束粗车循环所有动作。

图 2-4-7 中 A 为粗车循环起刀点与结束点，A 点 X 坐标确定切削的起始直径。在圆柱毛坯料粗车外圆时，X 值可以等于毛坯直径或比毛坯直径稍大 1～2 mm，Z 值应离毛坯右端面 2～3 mm。

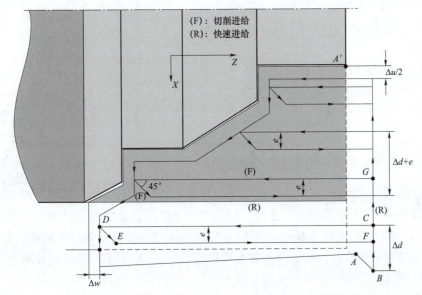

图 2-4-7　G71 指令循环轨迹

注意事项：

（1）在使用 G71 指令时，沿 Z 轴方向工件轮廓外形必须单调递增或者单调递减，否则会产生凹形轮廓不是分层切削而是在半精加工时一次性切削的情况。

（2）在使用 G71 指令时，一定要注意 Δw 和 Δu 的符号，它的符号由粗车轮廓坐标值减去精车轮廓坐标值的正负决定。

（3）ns 程序段只能是不含 Z(W) 指令字的 G00、G01 指令。

（4）ns→nf 程序段必须紧跟在 G71 程序段后编写，系统不执行在 G71 程序段与 ns 程序段之间编写的程序段。

（5）执行 G71 时，ns→nf 程序段仅用于计算粗车轮廓，程序段并未执行，ns→nf 程序段中的 F、S、T 指令在执行 G71 时无效，此时 G71 程序段的 F、S、T 指令有效，按 ns→nf 程序段，执行精加工循环时，ns→nf 程序段中的 F、S、T 指令有效。

（6）ns→nf 程序段中，不能有下列指令：

① 除 G04（暂停）外的其他 00 组 G 指令；

② 除 G00、G01、G02、G03 外的其他 01 组 G 指令；

③ 子程序调用指令（如 M98\M99）。

（三）精加工循环指令（G70）

指令功能：刀具从起点位置沿着 ns～nf 程序段给出的工件精加工轨迹进行精加工，在

G71粗加工之后，单次完成精加工余量的切除，不需要重新输入一遍精加工程序。

编程格式：N(ns)……
　　　　　……　　　　　　　　描述精加工路线的程序段
　　　　　N(nf)……
　　　　　G70 P(ns)Q(nf);

程序中：ns——精车程序第一个程序段的段号；
　　　　nf——精车程序最后一个程序段的段号。

注意事项：
（1）在P～Q顺序段中不能调用子程序。
（2）在P～Q顺序段中F、S、T有效。
（3）G70的循环一结束，刀具快速回到刀具起点的位置，准备执行下一个程序。

（四）固定形状粗车循环指令（G73）

固定形状粗车循环指令（G73）

指令功能：系统根据精车余量、退刀量、切削次数等数据自动计算粗车偏移量、粗车单次进刀量和粗车轨迹，每次切削的轨迹都是精车轨迹的偏移，切削轨迹逐步靠近精车轨迹，最后一次切削轨迹为按照精车余量偏移的精车轨迹。G73指令中，每次循环的加工形状都与精加工的形状相同，唯一不同的就是位置发生了偏移，所以也叫偏移粗加工循环。

编程格式：G73 U(Δi) W(Δk) R(d);
　　　　　G73 P(ns) Q(nf) U(Δu) W(Δw) F(f) S(s) T(t);
　　　　　N(ns)……
　　　　　……　　　　　描述精加工路线的程序段
　　　　　N(nf)……

程序中：Δi——X轴方向退刀的距离及方向半径值，带正负号，模态值；
　　　　　　　Δi = X轴粗加工余量 – 第一刀粗加工X方向背吃刀量
　　　　Δk——Z轴方向退刀的距离及方向，带正负号，模态值；
　　　　　　　Δk = Z轴粗加工余量 – 第一刀粗加工Z方向背吃刀量
　　　　d——粗加工循环的次数；
　　　　ns——精车程序第一个程序段的段号；
　　　　nf——精车程序最后一个程序段的段号；
　　　　Δu——X方向精车余量的大小和方向，用直径量指定；
　　　　Δw——Z方向精车余量的大小和方向；
　　　　F，S，T——粗加工循环中的进给速度、主轴转速与刀具功能，如果前面已经指定，则不需要再指定。

走刀路线：G73固定循环粗车循环加工轨迹如图2-4-8所示，刀具从循环起点A开始，快速退刀至B点（在X向的退刀量为$\Delta u/2 + \Delta i$，在Z向的退刀量为$\Delta w + \Delta k$）；快速进刀至C点（C点坐标值由P点坐标、精加工余量、退刀量Δi和Δk及粗加工次数确定）；沿轮廓形状偏移一定值后切削至D点；快速返回E点，准备第二次循环切削。如此分层（分层次数由循环程序中的参数 d 确定），切削至循环结束后，快速退回循环起点（A 点）。

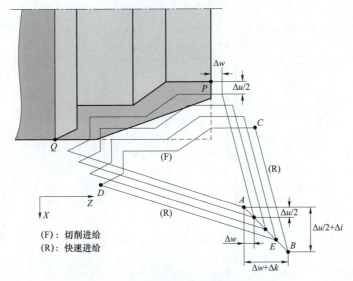

图 2-4-8　固定形状粗车循环运行轨迹

注意事项：
（1）为减少空车运行距离，G73 指令最适合于加工成形毛坯的粗车。
（2）X 轴的切削方向与 Δi 的符号相反，$\Delta i>0$，粗车时向 X 轴的负方向进给；Z 轴的切削方向与 Δk 的符号相反，$\Delta k>0$，粗车时向 Z 轴的负方向进给。

（五）径向切槽循环（G75）

指令功能：用于深槽、宽槽、多槽的加工。
编程格式：G75 R(e);
　　　　　G75 X(U)＿Z(W) P(Δi) Q(Δk) R(Δd) F(f);
程序中：X，Z——指定的终点坐标；
　　　　U，W——终点相对起点的增量值；
　　　　e——每次沿 X 方向切深一个 Δi 值后沿 X 方向的退刀量；
　　　　Δi——X 方向的每次切深量，半径值（单位为 μm）；
　　　　Δk——Z 向每次切削移动量（切槽时两槽相隔距离，单位为 μm）；
　　　　Δd——切削到 X 向终点时，沿 Z 方向的退刀量；
　　　　f——切削时的进给速度。

径向切槽循环（G75）

走刀路线：G75 循环轨迹如图 2-4-9 所示，刀具从循环起点（A 点）开始，沿径向以切削速度进刀 Δi（第一个循环进刀量为 Δi）到达 B 点，再以 G00 方式沿径向退刀 e，到达 C 点（用于断屑）再从 C 点以切削速度进刀 $\Delta i+e$（从第二个循环开始进刀量为 $\Delta i+e$）到达 D 点，退刀 e 到达 E 点，按该循环递进切削至径向终点（A′点）的 X 坐标处（F 点处），以上循环都是在 X 方向上运动。

到达 F 点后，在沿 Z 轴正向快速退刀 Δd 到 G 点，再沿径向退刀至 H 点，完成一次切削循环。

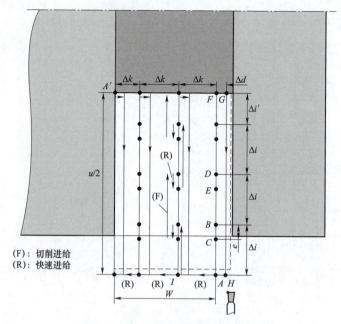

图 2-4-9　G75 外圆切槽循环轨迹

沿轴向进刀 $\Delta k + \Delta d$ 到达 I 点，进行第二个槽的切削循环。

依次循环直至刀具切削至程序终点坐标处（A' 点），沿轴向退刀 Δd，再沿径向退刀至起刀点（A 点）的 Z 坐标处，再沿轴向回到起刀点 A 点，完成整个槽的加工循环。

注意事项：

（1）使用 G75 指令，使用的刀具为切断刀或成形车刀，并且指令中 Δi 与 Δk 以 μm 为单位。

（2）如果槽的宽度与切断刀的宽度相同，则 Δd 取值为零，即在 Z 轴方向没有退刀量。

（3）当省略 Z、W、Q 时可以对工件进行切断。

步骤四　计算刀位点坐标值

利用循环指令加工该零件时，需要对相关参数进行选择和计算。

一、粗车外圆轮廓走刀计算

G71 U(Δd) R(e);
G71 P(ns) Q(nf) U(Δu) W(Δw) F(f) S(s) T(t);

由于零件直径较小，故粗车时 X 方向进刀量不宜过大，取 $\Delta d = 1.0$。

另外，为使最终尺寸精度和表面质量达到图纸要求，X、Z 方向都应留有适量的精加工余量，取 $\Delta u = 0.5$，$\Delta w = 0.2$。

二、粗车圆弧走刀计算

G73 U(Δi) W(Δk) R(d);
G73 P(ns) Q(nf) U(Δu) W(Δw) F(f) S(s) T(t);

该工件轮廓中有一非单调圆弧 $R15$ mm，需要有固定形状粗车循环指令（G73）进行粗车。使用该指令首先应该计算工件的最大余量即 $2CD$，如图 2-4-10 所示，以选择合理的相关参数。CD 的计算方法如下：

$$AD = \sqrt{AB^2 - BD^2} = \sqrt{15^2 - 10^2} = 11.18 \text{（mm）}$$

所以

$$CD = AC - AD = 15 - 11.18 = 3.82 \text{（mm）}$$

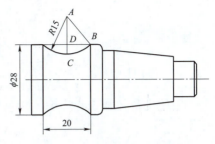

图 2-4-10　圆弧加工尺寸计算

该工件圆弧面处最大余量 $2CD = 7.64$ mm。

刀具起点设在距离外圆 X 方向 2 mm 处，若选择 $\Delta i = 2.5$，循环次数 $d = 0.003$，X 方向精加工余量仍取 $\Delta u = 0.5$ mm（该工件编程时若对 Z 方向参数进行设置，会出现过切切象，所以不予设置），最大粗加工余量为

$$2CD - \Delta u = 7.64 - 0.5 = 7.14 \text{（mm）}$$

则第一次粗车最大背吃刀量为 $2\Delta i$ 减去精加工程序起点与外圆在 X 方向的距离（2 mm）为 3 mm，剩下余量分两刀加工，每次最大背吃刀量都约为 2 mm，符合工艺要求。

三、切断走刀计算

G75 R(*e*);
G75 X(U)__Z(W) P(Δ*i*) Q(Δ*k*) R(Δ*d*) F(*f*);

使用 G75 指令进行切断，可有效解决切断过程中的排屑困难问题，该指令切断时不设置 Z 方向参数。另外由于切削力作用，切断刀在没有切到中心时工件就会掉落，而且切刀在中心附近时很容易损坏，所以 X 方向的终点坐标设为 0.5；设定切刀每切入 6 mm 便退 1 mm，以便排屑，即 $e = 1.0$，$\Delta i = 3\,000$。

步骤五　编写加工程序

填写程序清单/存储加工程序。

本例零件加工表面有锥面、圆弧等，属于难加工表面，而且零件的加工余量大，粗加工需要多次走刀，若用简单指令编程，刀具的走刀点多，坐标计算复杂，编写的程序容量大，为了计算简单、编程容易，我们采用复合循环指令编程。其加工程序清单见表 2-1-3。

新视野

数控技术的发展趋势之一：运行高速化

> 巩固与拓展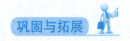

一、知识巩固

回转轴数控加工程序编制步骤如图 2-4-11 所示。

二、拓展任务

多学一点：
盘类零件切削循环指令。

（一）径向切削循环指令（G94）

指令功能：盘类零件端面切削加工。
编程格式1：G94 X(U)__Z(W)__F__；
程序中：X，Z——指定的终点坐标；
　　　　U，W——终点相对于起点的增量值；
　　　　F——循环切削过程中的切削速度，为模态值，也可沿用循环程序前已指令的 F 值。

走刀路线：走刀路线如图 2-4-12 所示，刀具从循环程序起点 A 开始以 G00 方式轴向移动至指令中的 Z 坐标处（图中的 B 点），再以 G01 的方式沿径向切削进给至终点坐标处（图中的 C 点），然后仍然以 G01 方式退至循环开始的 Z 坐标处（图中的 D 点），最后以 G00 方式返回循环起始点处，准备下一个动作。

该指令使用刀具一般为切断刀、端面车刀或者外圆车刀，但需要调整好安装的角度，如图 2-4-12 所示车刀。

编程格式2：G94 X(U)__Z(W)__R__F__；
程序中：X，Z——指定的终点坐标；
　　　　U，W——终点相对于起点的增量值；
　　　　F——循环切削过程中进给速度的大小；
　　　　R——圆锥面切削起点处的 Z 坐标减终点处 Z 坐标，即 $R=Z_{起}-Z_{终}$，R 值带正负号，如图 2-4-13（a）所示，R 等于 B 点 Z 坐标减 C 点 Z 坐标。

指令功能：盘类零件锥形端面切削加工。

走刀路线：圆锥端面循环切削指令循环如图 2-4-13 所示，车刀从 A 点开始运动，以 G00 方式到达 B 点，以 G01 方式，F 指定的切削速度从 B 点到 C 点，并从 C 点到 D 点，再

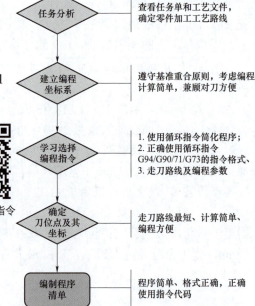

图 2-4-11　回转轴数控加工程序编制流程

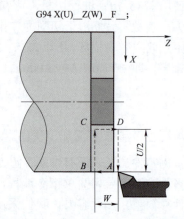

图 2-4-12　端面切削循环走刀路线

以 G00 方式从 D 点快速返回 A 点。其中 $R = Z_B - Z_C$，即 B 点 Z 坐标减去 C 点 Z 坐标，并且 R 根据 $Z_B - Z_C$ 的大小有正负之分。

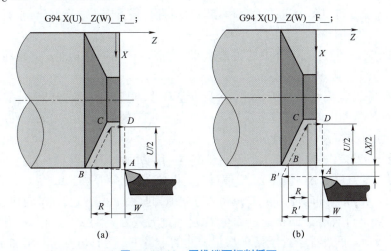

图 2-4-13 圆锥端面切削循环
(a) 圆锥端面切削循环轨迹；(b) 实际切削中 R 计算

由于 AB 段轨迹采用的是 G00 的速度，所以为了避免撞刀，在切削开始点的直径值一般要比圆锥大端处的直径值大 2 mm，如图 2-4-13（b）所示，A、B 点的 X 坐标要比圆锥大端处直径大 ΔX，这样为保证锥度的正确性，就要重新计算 R 值，如图 2-4-13（b）所示。其中 R′ 的计算公式如下：

$$R' = R \times \frac{(U/2 + \Delta X/2)}{U/2} = (Z_B - Z_C) \times \frac{(U + \Delta X)}{U}$$

对于锥面的背吃刀量，应参照最大加工余量来确定，如图 2-4-13（b）中应按照 AB 处的切削长度来计算，并平均分配背吃刀量，而不应该按照 CD 处的切削长度计算，不然就会出现第一次执行循环时背吃刀量过大的现象。

在前面讲过该零件的精加工，但在该任务中，零件的原材料为 ϕ30 mm 棒料，需要去除较大的余量，并且工件外形没有什么规律，能不能有一种方法告诉粗加工的切削深度与精加工的余量，让机床根据工件的外形自动进行工件的径向粗加工？这样就需要有根据工件精加工路线高效去除余量的方法（G71、G73 指令），以能够重复利用精加工路线进行精加工方法（G70 指令）。

（二）径向粗车循环指令（G72）

编程格式：G72 W(Δd) R(e);
　　　　　G72 P(ns) Q(nf) U(Δu) W(Δw) F(f) S(s) T(t);
　　　　　N(ns)……
　　　　　　……　}描述精加工路线的程序段
　　　　　N(nf)……

径向粗车循环指令（G72）

程序中：Δd——Z 方向进刀量，不带符号且为模态值（如果是切断刀，则 $\Delta d \leq$ 刀宽）；
　　　　e——退刀量，为模态值；

ns——精车程序第一个程序段的段号；

nf——精车程序最后一个程序段的段号；

Δu——X 方向精车余量的大小和方向，用直径量指定；

Δw——Z 方向精车余量的大小和方向；

F，S，T——粗加工循环中的进给速度、主轴转速与刀具功能，如果前面已经指定，则不需要再指定。

指令功能：系统根据精车轨迹、精车余量、进刀量、退刀量等数据自动计算粗加工路线，沿与 X 轴平行的方向切削，通过多次进刀→切削→退刀的切削循环完成工件的粗加工，适用于非成形毛坯盘类零件的成形粗车。

走刀路线：G72 粗车循环运动轨迹如图 2-4-14 所示。刀具从循环起点 A 点开始，快速退刀至 B 点，退刀量由 Δw 值和 $\Delta u/2$ 值确定，再快速沿 Z 向进刀 Δd 至 C 点，然后按 G01 进给至 D 点后，沿 45°方向退刀至 E 点（Z 方向退刀量由 e 值确定）；X 向快速退刀至新循环的起点 F 点处，再次沿 Z 向快速进刀至 G 点（进刀量为 $e+\Delta d$）进行第二次切削。如该循环至粗车完成后，再进行平行于精车加工表面的半精车，这时，刀具沿精加工表面分别留出 Δw 和 Δu 的加工余量。半精车完成后，快速退回循环起点 A，结束粗车循环所有动作。

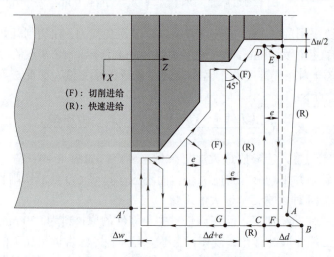

图 2-4-14 G72 切削循环轨迹

注意事项：

（1）在使用 G72 指令时，与 G71 指令同样，沿 Z 轴方向工件轮廓外形必须单调递增或者单调递减，否则会产生凹形轮廓不是分层切削而是在半精加工时一次性切削的情况。

（2）在使用 G72 指令时，一定要注意 Δw 和 Δu 的符号，它的符号由粗车轮廓坐标值减去精车轮廓坐标值的正负决定。

（3）ns 程序段只能是不含 X（U）指令字的 G00、G01 指令。

（4）ns→nf 程序段必须紧跟在 G72 程序段后编写，系统不执行在 G72 程序段与 ns 程序段之间编写的程序段。

（5）执行 G72 时，ns→nf 程序段仅用于计算粗车轮廓，程序段并未执行，ns→nf 程序段中的 F、S、T 指令在执行 G72 时无效，此时 G72 程序段的 F、S、T 指令有效，按 ns→nf

程序段执行精加工循环时，ns→nf 程序段中的 F、S、T 指令有效。

（6）ns→nf 程序段中，不能有下列指令：

① 除 G04（暂停）外的其他 00 组 G 指令；

② 除 G00、G01、G02、G03 外的其他 01 组 G 指令子程序调用指令（如 M98\M99）。

想一想：

（1）加工坯盘类零件的走刀路线与加工轴类零件的走刀路线一样吗？

（2）加工坯盘类零件的刀具安装方式与加工轴类零件一样吗？

做一做：

请根据所学代码完成任务 2-3 中图 2-3-21～图 2-3-24 所示零件的数控加工程序编制。

提示：

（1）本次任务完成该零件回转面粗、精加工加工程序的编制。

（2）编程前要考虑零件的加工顺序，即先加工右端还是先加工左端。

（3）本次任务不考虑粗、精加工分开，可完成一端粗、静加工后再完成另一端。

（4）精加工时要考虑如何保证尺寸精度，即对有公差要求的尺寸采用中值编程。

（5）编程时选用合适的编程指令，使用尽量少的程序段完成零件的加工，以减小编程工作量和程序在数控系统中所占用的内存，提高加工效率。

想一想：

（1）使用循环指令编程有何优缺点？

（2）实际生产中如何正确选用简单指令和循环指令？

班级_____　　姓名_____　　学号_____

任务名称		任务 2-4　回转轴粗精车程序编制			
考核项目		分值/分	自评得分	教师评价	备注
工作态度	信息收集	10			能够从主体教材、网络空间等多种途径获取知识，并能基本掌握关键词学习法；基本掌握主体教材的相关知识
	团队合作	5			团队合作能力强，能与团队成员分工合作收集相关信息
	工作质量	5			能够按照任务要求认真整理、撰写相关材料，字迹潦草、模糊或格式不正确酌情扣分
任务实施	任务分析	5			考查学生执行工作步骤的能力，并兼顾任务完成的正确性和工作质量
	建立编程坐标系	10			
	认识数控编程指令	15			
	计算刀位点坐标值	15			
	编写加工程序	5			
拓展任务完成情况		10			考查学生利用所学知识完成相关工作任务的能力

续表

考核项目	分值/分	自评得分	教师评价	备注
拓展知识学习效果	10			考查学生学习延伸知识的能力
技能鉴定完成情况	10			考查学生完成本工作任务后达到的技能掌握情况
小计	100			
小组互评	100			主要从知识掌握、小组活动参与度及见习记录遵守等方面给予中肯考核
表现加分	10			鼓励学生积极、主动承担工作任务
总评	100			总评成绩＝自评成绩×40%＋指导教师评价×35%＋小组评价×25%＋表现加分

任务五 螺纹轴车削程序编制

任务目标

通过本任务的实施,达到以下目标:
- 了解螺纹车削加工的工艺方法,能够确定螺纹切削时的切削用量;
- 学会计算螺纹的各参数;
- 能熟练运用各种螺纹编制指令编制螺纹加工程序;
- 学会螺纹类零件的测量与检验方法。

任务描述

一、任务内容

某数控车间拥有配置 FANUC 数控系统的 CAK4085 数控车床 8 台,工厂要求该车间在一周内加工图 2-5-1 所示回转轴 2 000 件。该零件的工艺路线已由车间工艺员编制完成。请根据所提供的零件图纸及该零件数控加工工艺文件,遵守数控编程相关原则,编制该工件的数控加工程序,上交零件数控加工程序清单,以便尽快组织生产。

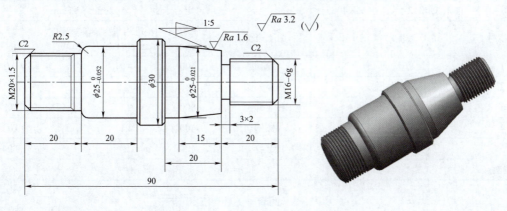

图 2-5-1 螺纹轴零件图

二、实施条件

(1)生产车间或实训基地,供学生熟悉机械加工的工作过程,了解常见的加工方法、走刀路线及工艺装备等。

(2)零件的零件图纸、机械加工工艺文件等资料,供学生完成工作任务(见表 2-5-1~表 2-5-3)。

（3）数控车床编程说明书或计算机仿真软件使用手册及数控编程的参考资料，供学生获取知识和任务实施时使用。

表2-5-1 螺纹轴数控加工工序卡一

第___页共___页

单位数控加工实训基地			零件名称	螺纹轴	材料	45钢
工序号	程序编号	设备名称	切削液	夹具名称	毛坯	车间
1	O0051	CAK4085		三爪自定心卡盘	φ32 mm×91 mm	
工步号	工步内容		加工表面	主轴转速/(r·min^{-1})	进给量/(mm·r^{-1})	切削深度/mm	刀具号
1	车端面		左端面	600	0.2	0.2	T01
2	粗车外圆		左端外圆	500	0.15	2	T01
3	精车外圆		左端外圆	800	0.1	0.5	T02
4	车螺纹		螺纹	400	1.5		T04
编制		审核		批准		日期：	

表2-5-2 螺纹轴数控加工工序卡二

第___页共___页

单位数控加工实训基地			零件名称	螺纹轴	材料	45钢
工序号	程序编号	设备名称	切削液	夹具名称	毛坯	车间
2	O0052	CAK4085		三爪自定心卡盘	φ32 mm×91 mm	
工步号	工步内容		加工表面	主轴转速/(r·min^{-1})	进给量/(mm·r^{-1})	切削深度/mm	刀具号
1	车端面		右端面	600	0.2	1	T01
2	粗车外圆		右端外圆	500	0.15	2	T01
3	精车外圆		右端外圆	800	0.1	0.5	T02
4	切槽		外槽	400	0.1	3	T03
5	车螺纹		螺纹	400	2		T04
编制		审核		批准		日期：	

表2-5-3 回转轴数控加工刀具卡

单位数控加工实训基地				程序号		O0051，O0052	
零件名称	螺纹轴		工序号		工步号		
序号	刀具号	刀具名称	加工表面	刀具规格		刀补参数		数量
				刀柄	刀片	刀号	刀补号	
1		端面、外圆粗车刀	端面；外圆			01	01	
2		外圆车刀	精车外圆			02	02	
3		切槽刀	外槽			03	03	
4		螺纹刀	螺纹			04	04	
编制		审核		批准		日期		

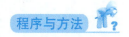

步骤一 任务分析

从任务的工序卡片中可知，所用设备为 CAK4085，夹具为通用三爪自定心卡盘。该工件根据生产纲领划分了两道工序，每个工件的加工由不同的人员在不同的机床上完成。工序一加工图纸零件的左端部分，包括车端面、粗车外圆、精车外圆及车螺纹四个工步；工序二加工图纸所示零件的右端，包括车端面、粗车外圆、精车外圆、切槽和车螺纹五个工步。

台阶轴零件毛坯一般为轧制棒料，外形较为规则，装夹时采用三爪自定心卡盘装夹，如图 2-5-2 所示。工序一，三爪卡盘直接装夹毛坯外圆表面，伸出 45 mm；工序二，垫铜皮后用三爪卡盘装夹 ϕ25 mm 外圆，加工时所选用的刀具如图 2-5-3 所示。

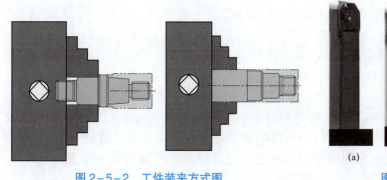

图 2-5-2 工件装夹方式图

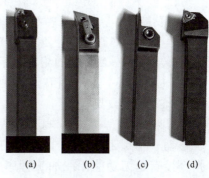

图 2-5-3 刀具图
(a) T01；(b) T02；(c) T03；(d) T04

做一做：
仔细阅读给定的图纸和工艺文件，明确工艺信息，讨论并确定该零件的加工工艺过程。

步骤二 建立编程坐标系

为了计算和对刀方便，两道工序的编程原点都选在零件装夹后的右端面与工件轴线相交处，也就是工序一编程原点选在零件图纸的左端面与轴向相交处，工序二编程原点选在零件图纸的右端面与轴线相交处。

想一想：
工序一与工序二能不能选同一个编程原点？为什么？

步骤三 认识数控编程指令

相关知识：

一、进给暂停指令

进给暂停指令

指令功能：进给运动停止，在上一个程序段结束后开始延时，不改变当前的 G 指令模态和保持的数据、状态，延时给定的时间后，再执行下一个程序段。

编程格式：G04　P__；或 G04　X__；或 G04　U__；

程序中：P，X，U——指定暂停时间，P 指定的时间单位为 0.001 s，X、U 指定的时间单位为 s。

例如："G04 P5000；"表示延时 5 s。

"G04 X4；"或"G04 U4；"都表示延时 4 s。

注意事项：

（1）G04 为非模态 G 指令。

（2）当 P、U、X 未输入时，表示程序段间准确停。

二、螺纹加工指令

（一）螺纹加工基本指令（G32）

螺纹加工基本指令
（G32）

指令功能：可以加工直螺纹、锥螺纹及端面螺纹。

编程格式：G32 X(U)__ Z(W)__ F__；

程序中：X，Z——目标点的绝对坐标；

U，W——目标点相对起点的增量值；

F——螺纹导程。

走刀路线：刀具的运行轨迹是从起点到终点的一条直线。运动过程中主轴每转一圈长轴移动一个螺距，在工件表面形成一条等螺距的螺旋切槽，实现等螺距螺纹的加工。本指令没有退刀功能，在加工程序中，每加工一刀螺纹都需要编入进刀与退刀程序段，如图 2-5-4 所示。

图 2-5-4　指令路线

加工如图 2-5-5 所示 M20×1 的螺纹，其加工程序为
……
M03 S400；
G00 X25.0 Z3.0；
G00 X19.3；
G32 Z-28.0 F1.0；
G00 X25.0；
Z3.0；
X18.9；
G32 Z-28.0 F1.0；
G00 X25.0；

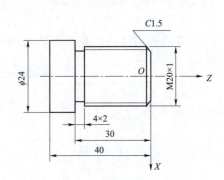

图 2-5-5　螺纹加工实例

Z3.0;
X18.7;
G32 Z-28.0 F1.0;
G00 X25.0;
X100.0 Z100.0;
……

（二）螺纹加工单一循环指令（G92）

指令功能：可以加工等螺距的直螺纹、锥螺纹。

编程格式：G92 X(U)__ Z(W)__ F__；（直螺纹切削）

或　　　　　G92 X(U)__ Z(W)__ R__ F__；（锥螺纹切削）

程序中：X，Z——指定的终点坐标；

U，W——终点相对于起点的增量值；

F——螺纹导程；

R——切削起点与切削终点 X 轴绝对坐标差值的一半（有正负之分，省略时加工直螺纹），即：

$$R = \frac{X_{起点} - X_{终点}}{2}$$

螺纹加工单一循环指令（G92）

走刀路线：加工螺纹时，刀具从程序起点 A 开始以 G00 方式沿 X 向移动至指令中的 X 坐标处（图中的 B 点），然后以导程/转的进给速度沿 Z 向切削进给至 C 点（有一个 45°的螺纹退刀），再沿 X 向以 G00 退刀至 D 点，最后返回循环起点 A，准备下一个循环。从图 2-5-6 中可以看出本指令有四个动作。

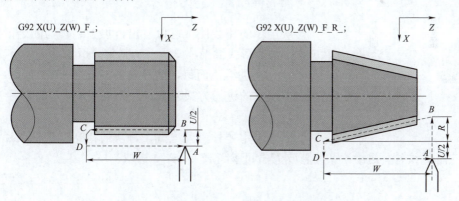

图 2-5-6　螺纹切削单一循环指令走刀路线图

加工实例：

图 2-5-5 所示 M20×1 的螺纹，用 G92 编写加工程序为

……

M03 S400;
G00 X25.0 Z3.0;
G92 X19.3 Z-28.0 F1.0;

X18.9;
X18.7;
G00 X100.0 Z100.0;
……

（三）螺纹加工注意事项

（1）车螺纹起始时有一个加速过程，结束前有一个减速过程，在这段距离中螺距不可能保持均匀，因而车螺纹时，两端必须设置足够的升速进刀阶段和降速退刀阶段。

（2）螺纹加工过程中，主轴转速必须保持为一常数，否则螺距将发生变化。所以只能使用恒转速切削，不能使用恒线速度切削。

（3）螺纹加工应分次进给，每次切削起点 Z 坐标应一致，防止产生乱牙。

想一想：

螺纹加工基本指令G32与螺纹单一循环指令G92的路线有什么不同？它们各有什么特点？

步骤四　计算刀位点坐标值

相关知识：

一、螺纹车刀的刀位点

三角螺纹车刀属于成形类刀具，其刀位点一般选在车刀的刀尖；切槽刀的刀位点选在刀的左刀尖，如图2-5-7所示。

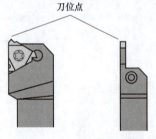

图2-5-7　车刀刀位点

二、螺纹加工走刀路线

从指令的路线图中可以看出，加工时每刀的走刀路线都一样，是矩形或梯形。但是一个完整的螺纹不可能一次成形，需要分几次进给，而每次的径向进刀量（背吃刀量）需要根据加工螺纹的进刀方式来确定，螺纹的进刀方式如图2-5-8所示。

无论采用哪种进刀方式，每次的背吃刀量都要递减，采用直进法车螺纹时，进给次数与背吃刀量可参考表2-5-4选取。

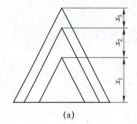 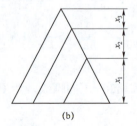

图2-5-8　螺纹加工进刀方式
（a）直进法；（b）斜进法

表 2-5-4　常用螺纹切削的进给次数与背吃刀量（直径值）　　　　　　　　mm

公制螺纹								
螺距		1.0	1.5	2.0	2.5	3.0	3.5	4.0
牙深		0.649	0.974	1.299	1.624	1.949	2.273	2.598
背吃刀量及切削次数	1 次	0.7	0.8	0.9	1.0	1.2	1.5	1.5
	2 次	0.4	0.6	0.6	0.7	0.7	0.7	0.8
	3 次	0.2	0.4	0.6	0.6	0.6	0.6	0.6
	4 次		0.16	0.4	0.4	0.4	0.6	0.6
	5 次			0.1	0.4	0.4	0.4	0.4
	6 次				0.15	0.4	0.4	0.4
	7 次					0.2	0.2	0.4
	8 次						0.15	0.3
	9 次							0.2

三、螺纹车削中的数值处理

（一）车螺纹前大径尺寸的确定

外螺纹：加工外螺纹时，由于受车刀挤压后螺纹大径尺寸膨胀，因此车螺纹前的外圆直径应比螺纹大径小。

实际车削时外螺纹大径：

$$d_{实} = d - (0.13 \sim 0.15)P$$

（二）螺纹小径的确定

螺纹小径可以按下边公式计算：

螺纹牙高：　　　　　　　　　　$h = 0.65P$

外螺纹小径：　　　　　　　　　$d_1 = d - 2h = d - 1.3P$

（三）锥度小端直径

$$d = D - CL = 25 - 1/5 \times 15 = 22 \text{（mm）}$$

想一想：

加工螺纹时，每次的背吃刀量为什么需要递减？如果采用斜进进刀法车螺纹，除每次的背吃刀量需要递减外，还需要注意哪些？

做一做：

根据以上计算方法，确定螺纹 M20×1.5 的大径、小径尺寸并确定加工走刀路线和走刀尺寸。

本例 M16-6g 螺纹加工中，螺纹大径的尺寸计算如下：

$$d_{实} = d - (0.13 \sim 0.15)P = 16 - (0.13 \sim 0.15) \times 2 = 15.74 \sim 15.7 \text{ (mm)}$$

螺纹小径的尺寸计算如下：

$$d_1 = d - 1.3P = 16 - 1.3 \times 2 = 13.4 \text{ (mm)}$$

查表 2-5-4，确定螺纹加工的走刀次数，见表 2-5-5。

表 2-5-5 螺纹加工的走刀次数

走刀次数	第一刀	第二刀	第三刀	第四刀	第五刀
直径吃刀量/mm	0.9	0.6	0.6	0.4	0.1
直径尺寸/mm	ϕ15.1	ϕ14.5	ϕ13.9	ϕ13.5	ϕ13.4

步骤五 编写加工程序

螺纹轴零件主要加工表面为螺纹面，但是在加工螺纹前要将零件表面各要素加工到尺寸要求。为减少编程工作量，本例编程中，外圆轮廓加工使用复合循环，螺纹加工使用固定循环。编程如下：左端程序号为 O0051，右端程序为 O0052。

想一想：

为什么切槽后加一暂停指令？

做一做：

根据螺纹轴右边的加工程序清单，结合给定工艺文件自己编写左端部分的程序，见表 2-5-6。

表 2-5-6 台阶轴数控加工程序清单

第___页共___页

单位（公司）		零件名称		螺纹轴	
工序号	2	工步号		程序号	O0052
程序内容			程序说明		
O0001；			程序号		
T0101；			换 1 号刀，建立 1 号刀工件坐标系		
M03 S600；			主轴正转 600 r/min		
G00 X34.0 Z2.0；			快速到循环起点		
G94 X-0.5 Z0 F0.2；			齐端面		
G00 X32.0；			进刀到粗车循环起点		
G71 U2.0 R0.5；			粗车复合循环，每次背吃刀量 2 mm，退刀量 0.5 mm；		
G71 P10 Q20 U1.0 W0.05 F0.15；			粗车后径向留 1 mm、轴向留 0.05 mm 余量		
N10 G00 X8.0 S800；			精加工轮廓程序		
G01 X15.8 Z-2.0 F0.1；					
G01 Z-20.0；					

续表

程序内容	程序说明
X21.99;	精加工轮廓程序
X24.99 W−15.0;	
Z−40.0;	
X28.0;	
N20 X32.0 W−2.0;	
G00 X100.0 Z100.0;	退刀到换刀点
T0202;	换2号刀,建立2号刀工件坐标系
G00 X32.0 Z2.0;	进刀到精加工循环起点
G70 P10 Q20;	精加工外轮廓
G00 X100.0 Z100.0;	退刀到换刀点
T0303 S400 M03;	换3号刀,建立3号刀坐标系
G00 X25.0 Z−20.0;	进刀到切槽起点
G01 X12.0 F0.1;	切槽
G04 X0.2;	进给暂停0.2 s
X18.0 F1.0;	退刀到槽外
G00 X100.0 Z100.0;	退刀到换刀点
T0404 M03 S400;	换刀
G00 X20.0 Z2.0;	进刀到螺纹循环起点
G92 X15.1 Z−19.0 F2.0;	车螺纹循环程序
X14.5;	
X13.9;	
X13.5;	
X13.4;	
G00 X100.0 Z100.0;	退刀
M30;	主轴停,程序结束
编制	审核	批准	日期

巩固与拓展

一、知识巩固

螺纹轴数控加工程序编制流程如图 2-5-9 所示。

二、拓展任务

多学一点：

螺纹加工复合循环

编程格式：G76 P(m)(r)(a) Q(Δdmin) R(d);
　　　　　G76 X(U)__Z(W)__ R(i) P(k) Q(Δd) F(l);

程序中：X，Z——指定的终点坐标；

U，W——终点相对起点的增量值；

m——精加工重复次数（规定为两位数字 01～99）；

r——斜向退刀长度，当导程由 1 表示时，可以从 0.01～9.9 设定，单位为 0.1l（两位数 01～99）；

a——刀尖角度，可选用 80°、60°、55°、30°、29° 和 0° 共六种中的任意一种，该值由两位数表示；

Δdmin——最小切入量，当每次的切削深度比 Δdmin 值还小时，则以 Δdmin 值为切削深度，单位为μm，半径值；

d——精加工余量，单位为 mm，半径值；

i——螺纹锥度，螺纹起点与螺纹终点 X 轴绝对坐标的差值，即螺纹半径差，圆柱螺纹 $i=0$，或省略；

k——螺纹牙高，半径值 $k=0.65P$，单位为μm；

Δd——第一刀切削深度，半径值，单位为μm，切削深度有规律的递减，第二次切削深度为 $(\sqrt{2}-1)\Delta d$，第三刀切削深度为 $(\sqrt{3}-\sqrt{2})\Delta d$，直到切削深度小于 Δdmin 值为止；

F——螺纹的导程，$l=P \times$ 螺纹头数，P 为螺距。

指令功能：通过多次螺纹粗车，螺纹精车完成规定牙高的螺纹加工。

走刀路线：G76 螺纹切削复合循环的运动轨迹如图 2-5-10（a）所示，刀具从循环起点 A 处，以 G00 方式沿 X 向进给至螺纹牙顶 X 坐标处（B 点，该点的 X 坐标＝小径＋2k），然后沿基本牙型一侧平行的方向进给，如图 2-5-10（b）所示，X 向切深为 Δd，再以螺纹切削方式切削至离 Z 向终点距离为 r 处，倒角退至 D 点的 Z 坐标处，再沿 X 向退刀至 E 点，最后返回 A 点，准备第二刀切削循环。如此分多刀切削循环，直至循环结束。

第一刀切削循环时，背吃刀量为 Δd，如图 2-5-10（b）所示，第二刀的背吃刀量为

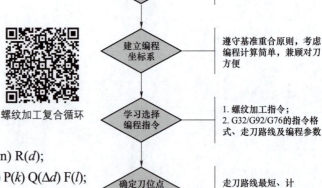

图 2-5-9　螺纹轴数控加工程序编制流程

($\sqrt{2}-1$)Δd，第 n 刀的背吃刀量为（$\sqrt{n}-\sqrt{n-1}$）Δd。因此，执行 G76 循环的背吃刀量是逐步递减的。

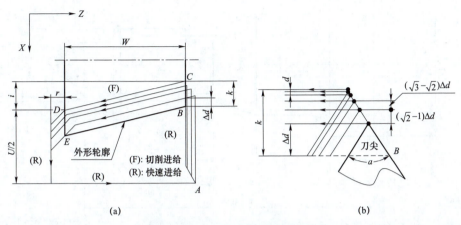

图 2-5-10 G76 螺纹循环轨迹

螺纹车刀向深度方向并沿基本牙型一侧的平行方向进刀，从而保证了螺纹粗车过程中始终用一个刀刃进行切削，减小了切削阻力，提高了刀具寿命，为螺纹的精车质量提供了保证。

注意事项：

（1）指令中最小切削深度 Q（$\Delta d \min$）、螺纹牙高 P（k）、第一刀切削深度 Q（Δd）单位为 0.001 mm。

（2）使用该指令时也要有引入长度与退刀长度 δ_1 和 δ_2。

（3）m、r、a 用同一个指令地址 P 一次输入，m、r、a 必须输入两位数字，即使值为 0 也不能省略。

加工如图 2-5-11 所示零件的 M36 螺纹，编写程序如下：
G00 X40.0 Z5.0；
G76 P011060 Q100 R0.1；
G76 X30.8 Z-35 P2600 Q400 F4.0；

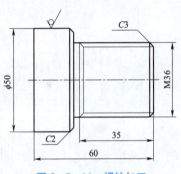

图 2-5-11 螺纹加工

想一想：

（1）加工螺纹指令 G32、G92 和 G76 有什么不同？

（2）如何选用螺纹编程指令？

做一做：

根据所学代码完成图 2-5-12～图 2-5-14 所示零件的数控加工程序编制。

提示：

（1）本次任务需要完成零件所有表面的加工，主要考虑该零件螺纹面加工程序的编制。

（2）编程时要考虑螺纹面加工尺寸关系，即螺纹加工前轴或孔的加工尺寸。

（3）编程时选用合适的编程指令，使用尽量少的程序段完成零件的加工，以减小编程工作量和程序在数控系统中所占用的内存，提高加工效率。

（4）程序编制完成后，要利用仿真软件检验程序。

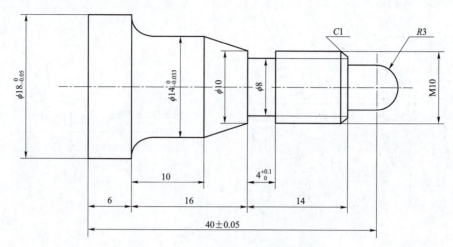

图 2-5-12 螺纹轴加工编程拓展任务一

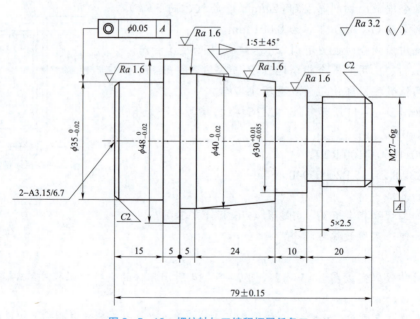

图 2-5-13 螺纹轴加工编程拓展任务二

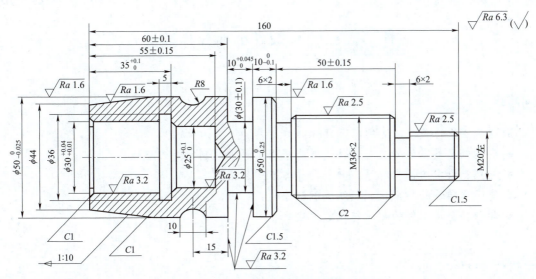

图 2-5-14 螺纹轴加工编程拓展任务三

任务考核

班级_____ 姓名_____ 学号_____

任务名称		任务 2-5 螺纹轴车削程序编制			
考核项目		分值/分	自评得分	教师评价	备注
工作态度	信息收集	10			能够从主体教材、网络空间等多种途径获取知识,并能基本掌握关键词学习法;基本掌握主体教材的相关知识
	团队合作	5			团队合作能力强,能与团队成员分工合作收集相关信息
	工作质量	5			能够按照任务要求认真整理、撰写相关材料,字迹潦草、模糊或格式不正确酌情扣分
任务实施	任务分析	5			考查学生执行工作步骤的能力,并兼顾任务完成的正确性和工作质量
	建立编程坐标系	10			
	认识数控编程指令	15			
	计算刀位点坐标值	15			
	编写加工程序	5			
拓展任务完成情况		10			考查学生利用所学知识完成相关工作任务的能力
拓展知识学习效果		10			考查学生学习延伸知识的能力
技能鉴定完成情况		10			考查学生完成本工作任务后达到的技能掌握情况
小计		100			
小组互评		100			主要从知识掌握、小组活动参与度及见习记录遵守等方面给予中肯考核
表现加分		10			鼓励学生积极、主动承担工作任务
总评		100			总评成绩=自评成绩×40%+指导教师评价×35%+小组评价×25%+表现加分

项目二 回转件数控车削加工与编程

任务六　轴套零件车削程序编制

任务目标

通过本任务的实施，达到以下目标：
- 会读轴套类零件的工艺文件，并能根据工序卡片制定走刀路线；
- 能熟练设定工件坐标系，并能计算各节点数值；
- 能运用学过的指令代码熟练编制程序；
- 学会轴套类零件的测量与检验方法。

任务描述

一、任务内容

机床厂数控加工车间需要加工如图2-6-1所示轴套10 000件，该车间拥有配置FANUC数控系统的CAK4085数控车床。该零件的工艺路线已由该厂工艺员编制完成。请根据所提供的零件图纸及该零件数控加工工艺文件，编制该工件的数控加工程序，并上交零件数控加工程序清单，见表2-6-1～表2-6-3。

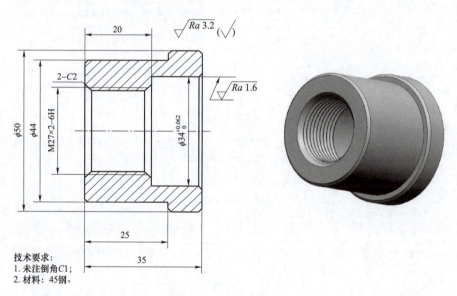

图2-6-1　轴套零件图

表2-6-1 轴套工序二数控加工工序卡一

第___页共___页

单位数控加工实训基地				零件名称	轴套	材料	45钢
工序号	程序编号	设备名称	切削液	夹具名称	毛坯		车间
1	O0061	CAK4085		三爪卡盘	$\phi52$ mm×420 mm		
工步号	工步内容		加工表面	主轴转速/ $(r \cdot min^{-1})$	进给量/ $(mm \cdot r^{-1})$	切削深度/ mm	刀具号
1	车端面		端面	500	0.2	1	T01
2	钻孔			200		11	
3	粗车外圆		外圆	400	0.15	2	T01
4	精车外圆		外圆	500	0.1		
5	粗车内孔		内孔	400	0.5	1.5	T02
7	精车内孔		内孔	450	0.1		
7	车螺纹		M27×2螺纹	400	2		T03
8	切断			300	0.08	4	T04
编制		审核		批准		日期:	

表2-6-2 轴套工序二数控加工工序卡二

第___页共___页

单位数控加工实训基地				零件名称	轴套	材料	45钢
工序号	程序编号	设备名称	切削液	夹具名称	毛坯		车间
1	O0062	CAK4085		三爪卡盘	$\phi52$ mm×420 mm		
工步号	工步内容		加工表面	主轴转速/ $(r \cdot min^{-1})$	进给量/ $(mm \cdot r^{-1})$	切削深度/ mm	刀具号
1	车端面		端面	500	0.2	1	T01
2	粗车内孔		内孔	400	0.15	1	T02
3	精车内孔		内孔	500	0.1	0.5	T03
编制		审核		批准		日期:	

表2-6-3 轴套数控加工刀具卡

单位数控加工实训基地						程序号		
零件名称		轴套	工序号			工步号		
序号	刀具号	刀具名称	加工表面	刀具规格		刀补参数		数量
				刀柄	刀片	刀号	刀补号	
1		端面、外圆粗车刀	端面、外圆			01	01	
2		内孔车刀	各内孔			02	02	
3		螺纹车刀	螺纹			03	03	
4		切断	切断			04	04	
5		$\phi22$ mm钻头	钻孔					
6		中心钻	打中心孔					
编制		审核		批准		日期		

二、实施条件

（1）生产车间或实训基地，供学生熟悉机械加工的工作过程，了解常见的加工方法、工艺装备等。

（2）零件的零件图纸、机械加工工艺文件等资料，供学生完成工作任务。

（3）数控车床编程说明书或计算机仿真软件使用手册及数控编程的参考资料，供学生获取知识和任务实施时使用。

程序与方法

步骤一　任务分析

相关知识：

一、内孔加工工艺过程

从本例题的工序卡片中可知，所用设备为 CAK4085，夹具为通用三爪自定心卡盘。该工件在一台机床加工并且划分了两个工序。工序一加工图纸零件的左端部分，包括车端面、手动钻孔、车外圆、车内孔、车螺纹和切断五个工步；工序二加工图纸所示零件的右端，包括车端面、粗车内孔和精车内孔三个工步。

此零件为一坯多件加工，每件毛坯总长为 420 mm，可加工 10 件。工序一，三爪卡盘装夹，工件每次切下后由切断刀给下个工件定位装夹，见图 2-6-2；工序二，三爪卡盘垫铜皮装夹 ϕ44 mm 外圆。加工时用的部分刀具外形如图 2-6-3 所示。

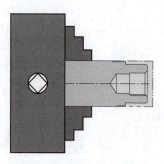

图 2-6-2　工件装夹方式图

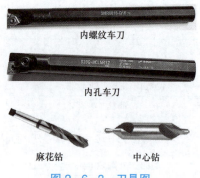

图 2-6-3　刀具图

做一做：

仔细阅读给定的图纸和工艺文件，明确工艺信息，讨论并确定该零件的加工工艺过程。

步骤二　建立编程坐标系

为了计算和对刀方便，编程原点都选在零件装夹后的右端面与工件轴线相交处。试确定出该零件的编程原点，小组间讨论，确定最合适的编程原点。

步骤三　认识数控编程指令

相关知识：

辅助功能指令

（1）程序暂停——M00。

M00 使程序停止在本段状态，不执行下段。执行完含有 M00 的程序段后，机床的进给自动停止，重新按控制面板上的"循环启动"键便可继续执行后续程序。该指令可用于自动加工过程中停车进行测量工件尺寸、工件掉头、手动变速等操作。

（2）程序计划暂停——M01。

该指令与 M00 相似，不同的是必须预先在控制面板上按下"任选停止"键，当执行到 M01 时程序才停止；否则，机床不停仍继续执行后续的程序段。该指令常用于工件尺寸的停机抽样检查等，当检查完成后，可按"启动"键继续执行以后的程序。

想一想：

M00 与准备功能的 G04 都能暂停，想一下它们的不同之处？

步骤四　计算刀位点坐标值

相关知识：

一、内孔车刀的刀位点

内孔与内螺纹车刀的刀位点也是选择在刀具的刀尖，如图 2-6-4 所示。

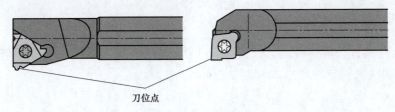

图 2-6-4　车刀刀位点

二、内孔刀具的走刀路线

加工内孔、内螺纹、内槽时，刀具是在孔内加工，在制定每工步走刀路线时，注意刀具不要与孔壁发生碰撞，尤其是在刀具进入和退出时，刀要先退出孔外后再回换刀点，如图 2-6-5 所示。

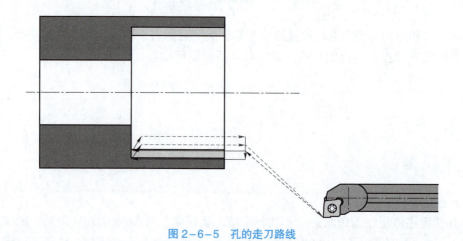

图 2-6-5 孔的走刀路线

在加工内螺纹时每次背吃刀量的确定比加工外螺纹取小些。在车通孔和螺纹时,为达到轴向尺寸要求,需要车过一段距离。

三、内孔车削编程中的数值处理

(一)加工内螺纹前孔径的确定

加工内螺纹时,由于受车刀挤压后内孔直径会缩小,所以车削内螺纹前孔径比内螺纹小径略大。实际生产中,可按下式计算:

加工塑性金属材料时:

$$D_{孔} \approx D - P$$

加工脆性金属材料时:

$$D_{孔} \approx D - 1.05P$$

式中:D——内螺纹大径;

P——螺距。

(二)内螺纹实际大径的确定

内螺纹大径要比公称直径略大,具体尺寸需要根据要求查阅有关公差手册。查手册得 M27×2-6H 螺纹大径公差尺寸为 $\phi 27^{+0.375}_{0}$ mm。

做一做:

自己画一下图 2-6-1 中孔加工工步的刀具路线图,确定本例内螺纹加工的走刀路线及尺寸。

本例螺纹小径的尺寸计算如下:

$$D_{孔} \approx D - P \approx 27 - 2 \approx 25 \text{(mm)}$$

确定螺纹加工的走刀次数及尺寸,见表 2-6-4。

表 2-6-4 走刀次数及尺寸   mm

走刀次数	第一刀	第二刀	第三刀	第四刀	第五刀
直径吃刀量	0.35×2	0.3×2	0.2×2	0.15×2	0.05×2
直径尺寸	φ25.7	φ26.3	φ26.7	φ27	φ27.1

步骤五 编写加工程序

本零件加工中，外圆为台阶轴，内孔为台阶孔，有内螺纹，根据工艺要求划分两道工序，因此需要编制两个程序。为简化加工程序，本例零件内外径加工中使用 G90 固定循环，端面使用 G94 循环，内螺纹使用 G92 指令，零件左端加工程序号为 O0061，右端加工程序为 O0062。

做一做：

根据轴套左边的加工程序清单，结合给定工艺文件自己编写左端部分的程序，见表 2-6-5。

表 2-6-5 台阶轴数控加工程序清单

第___页共___页

单位（公司）		零件名称		轴套	
工序号		工步号		程序号	O0061
程序内容			程序说明		
O0061;			程序号		
T0101;			换1号刀，建立工件坐标系		
M03 S500;			主轴正转，转速 500 r/min		
G00 X32.0 Z2.0;			快速靠近工件		
G94 X−0.5 Z0 F0.2;			齐端面		
G00 X50.0;			退刀		
M03 S200;			转速 200 r/min		
M00;			程序暂停，手动钻孔		
G00 X32.0;			进刀		
G90 X51.0 Z−40.0 F0.15 S400;			粗车外圆		
X58.0;					
X55.0;					
G00 X38.0 S500;			进刀		
G01 X44.0 Z−1.0 F0.1;			精车外圆		
Z−25.0;					
X48.0;					
X50.0 W−1.0;					
Z−40.0;					

续表

程序内容	程序说明
G00 X100.0 Z100.0;	退刀到换刀点
T0202 M03 S400;	换 2 号刀，建立坐标系
G00 X20.0 Z2.0;	进刀
G90 X24.0 Z−37.0 F0.15 S450;	粗车内孔
G00 X33.0;	进刀
G01 X25.0 Z−2.0 F0.1;	精车内孔
Z−37.0;	
G00 U−2.0 Z2.0;	车刀退出孔外
X100.0 Z100.0;	回换刀点
T0303 M03 S400;	换 3 号刀，主轴正转转速 400 r/min
G00 X20.0 Z2.0;	进刀到加工螺纹起点
G92 X25.7 Z−27.0 F2.0;	加工螺纹
X26.3;	
X26.7;	
X27.0;	
X27.1;	
G00 X100. Z100.;	回换刀点
T0404 M03 S300;	换 4 号刀，主轴正转转速 300 r/min
G00 X54.0 Z−39.5 M08;	进刀
G75 R0.5;	切断，一次切入半径 4 mm，退 0.5 mm
G75 X20.0 P4000 F0.08;	
G00 X48.0 Z0.5 M09;	退刀到装夹点
M05 M00;	程序暂停，工件装夹
G00 X100.0 Z100.0;	回换刀点
M30;	主轴停，程序结束
编制	审核	批准	日期

2−6 轴套零件车削程序编制

巩固与拓展

一、知识巩固

轴套类零件数控加工程序编制流程如图 2-6-6 所示。

二、拓展任务

多学一点：

G74——端面深孔加工循环。

编程格式：

G74 R(e);

G74 X(U)__Z(W__)P(Δi) Q(Δk) R(Δd) F(f);

程序中：X，Z——指定的终点坐标；

U，W——终点相对于起点的增量值；

e——每次沿 Z 向切削一个 Δk 值后沿 Z 轴的退刀量；

Δi——X 向每次循环的切削量，即 X 方向每次吃刀深度（半径值）；

Δk——Z 向每次切削移动量；

Δd——切削到 Z 轴终点时，X 方向的退刀量；

f——进给速度。

指令功能：端面孔加工（钻孔、扩孔），端面槽加工。

加工路线：

G74 循环轨迹如图 2-6-7 所示，刀具从循环起点（A 点）开始，沿轴向以切削速度进刀 Δk（第一个循环进刀量为 Δk）到达 B 点，再以 G00 方式沿轴向退刀 e 到达 C 点（用于断屑），再从 C 点以切削速度进刀 Δk+e（从第二个循环开始进刀量为 Δk+e）到达 D 点，退刀 e 到达 E 点，按该循环递进切削至轴向终点（A'点）的 Z 坐标处（F 点），以上循环都是在 Z 轴方向上运动。

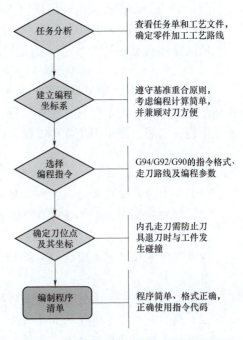

图 2-6-6 轴套零件数控加工程序编制流程

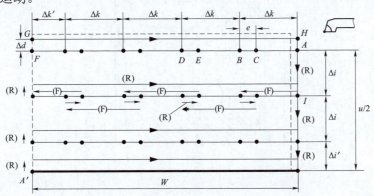

图 2-6-7 G74 端面深孔加工循环轨迹

到达 F 点后，在沿径向快速退刀 Δd 到 G 点，沿轴向退刀至 H 点，完成一次切削循环。沿径向进刀 $\Delta i + \Delta d$ 到达 I 点，进行第二层切削循环。

依次循环直至刀具切削至程序终点坐标处（A'点），再沿径向退刀 Δd，沿轴向退刀至起刀点（A 点）Z 坐标处，再沿径向回到起刀点 A 点，完成整个深孔的加工循环。

使用 G74 指令，如果是钻孔，钻头没有径向运动，参数 Δi 和 Δd 为零值。如果是多层循环车孔或镗孔，为了断屑、冷却工件，退刀量 e 可以取一个很小的值（0.02～0.05 mm）；如果不需要断屑，则退刀量 e 可以取零。

Δi 与 Δk 以 μm 为单位。

想一想：

（1）什么时候使用端面深孔加工循环指令？
（2）使用端面深孔加工循环指令时刀具如何安装？

做一做：

请根据所学代码完成图 2-6-8～图 2-6-10 所示零件的数控加工程序编制。

提示：

（1）本次任务完成零件所有表面的加工，主要考虑内、外回转面粗、精加工程序的编制。
（2）编程前要考虑零件的加工顺序，即先外后内还是先内后外。
（3）要考虑粗精加工分开，车削内孔前要先钻孔，并留有车削余量。
（4）车削内孔时，如果使用刀具补偿指令，要注意选用正确的刀尖方位号。
（5）精加工时要考虑如何保证尺寸精度，即对有公差要求的尺寸采用中值编程。
（6）在编制图 2-6-11 所示零件的数控加工程序时，对于椭圆可以用圆弧处理，学完本课程后，可以用宏程序编写其加工程序。
（7）编程时选用合适的编程指令，使用尽量少的程序段完成零件的加工，以减小编程工作量和程序在数控系统中所占用的内存，提高加工效率。
（8）程序编制完成后，要利用仿真软件检验程序。

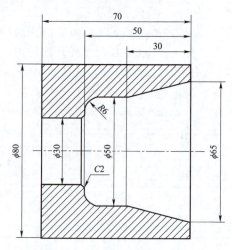

图 2-6-8 轴套加工编程拓展任务一

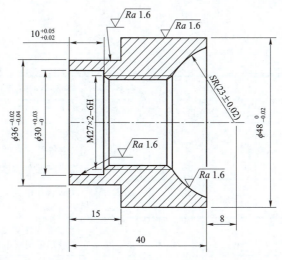

技术要求：
1. 未注倒角C1。
2. 锐边去毛刺0.5mm。
3. 不准用砂纸、磨石、锉刀等辅具抛光加工表面。
4. SR(23±0.02)mm与件3的SR(46±0.02)mm配合，用涂色法检验接触面大于70%。
5. 未注尺寸公差按GB/T 1804-f。

图2-6-9　轴套加工编程拓展任务二

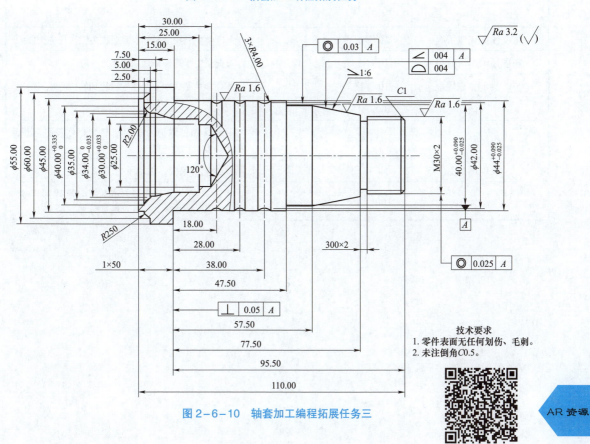

技术要求：
1. 零件表面无任何划伤、毛刺。
2. 未注倒角C0.5。

图2-6-10　轴套加工编程拓展任务三

项目二　回转件数控车削加工与编程　125

班级_____ 姓名_____ 学号_____

任务名称			任务 2-6 轴套零件车削程序编制			
考核项目		分值/分	自评得分	教师评价	备注	
工作态度	信息收集	10			能够从主体教材、网络空间等多种途径获取知识，并能基本掌握关键词学习法；基本掌握主体教材的相关知识	
	团队合作	5			团队合作能力强，能与团队成员分工合作收集相关信息	
	工作质量	5			能够按照任务要求认真整理、撰写相关材料，字迹潦草、模糊或格式不正确酌情扣分	
任务实施	任务分析	5			考查学生执行工作步骤的能力，并兼顾任务完成的正确性和工作质量	
	建立编程坐标系	10				
	认识数控编程指令	15				
	计算刀位点坐标值	15				
	编写加工程序	5				
拓展任务完成情况		10			考查学生利用所学知识完成相关工作任务的能力	
拓展知识学习效果		10			考查学生学习延伸知识的能力	
技能鉴定完成情况		10			考查学生完成本工作任务后达到的技能掌握情况	
小计		100				
小组互评		100			主要从知识掌握、小组活动参与度及见习记录遵守等方面给予中肯考核	
表现加分		10			鼓励学生积极、主动承担工作任务	
总评		100			总评成绩 = 自评成绩×40%+指导教师评价×35%+小组评价×25%+表现加分	

任务七　回转件数控车削加工工艺编制

任务目标

通过本任务的实施，达到以下目标：
- 熟悉数控车削加工的工艺特点和工艺范围，掌握数控车削加工工艺分析的方法和步骤，会编制数控车削较复杂零件的数控加工工艺文件；
- 掌握数控车削加工工艺路线拟定原则，能够根据零件技术要求和结构特点合理划分数控车削加工工序，会合理确定刀具的走刀路线；
- 熟悉数控车削加工常用的工艺装备，能够合理确定数控车削加工工艺参数；
- 熟悉数控加工工艺文件，会规范地填写数控加工工序卡、刀具卡、走刀路线图等工艺文件。

任务描述

一、任务内容

某机械厂拥有多种机械加工设备，设备明细见表2-7-1。该厂要在一周内完成10 000件图示回转轴零件的加工任务，如图2-1-1所示，要求该轴的废品率不大于0.1%，试确定该轴的加工方法。选取定位基准和加工装备，拟定工艺路线，设计加工工序，并填写加工工艺文件，以便尽快车间组织生产。

表2-7-1　某机械厂车间设备状况一览表

车间	设备名称	设备型号	设备台数	设备状况
机加工一车间（普通加工车间）	车床	C616	4	一般
		C620	4	一般
		C6140	16	正常
	铣床	X6132	2	正常
	刨床	B665	2	正常
	钻床	Z4030	2	正常
机加工二车间（数控车间）	数控车床	CAK4085	8	良好
		CAK5085	1	良好
		CDK6140	4	良好
	数控铣床	V600	4	良好
		NV600	4	良好
		NV600	4	良好

续表

车间	设备名称	设备型号	设备台数	设备状况
机加工二车间（数控车间）	3轴加工中心	V86	1	良好
	4轴加工中心	VM600	2	良好
	5轴加工中心	DMG665	1	良好
特种加工车间	线切割			良好
	电火花			良好
装配车间	台钻		8	良好
	工作台		16	良好

二、实施条件

（1）生产车间或实训基地，供学生熟悉机械加工的工作过程，了解常见的加工方法、工艺装备等；

（2）零件的零件图纸、机械加工工艺卡片等资料，供学生完成工作任务；

（3）数控车床编程说明书或计算机仿真软件使用手册及数控编程的参考资料，供学生获取知识和任务实施时使用。

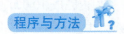
程序与方法

步骤一 任务分析

相关知识：

一、数控车削加工工艺范围

数控车床能对轴类、盘类、套类等回转体零件自动地完成内外圆柱面、圆锥表面、圆弧面等工序的切削加工，并能进行切槽、钻孔、扩孔、铰孔、车螺纹等工作。

同时，数控机床也是一种高效自动化加工设备，机床价格昂贵，工时费用高，适宜于连续批量加工，以降低单件工时费用，保证加工质量。因此，并不是所有回转件都可以用数控车床加工。数控车床的加工对象主要有以下几种。

（一）要求高的回转体零件

由于数控车床的刚性好、制造和对刀精度高，以及能方便和精确地进行人工补偿甚至自动补偿，所以它能够加工尺寸精度要求高、表面粗糙度好的零件，通过调整机床参数和刀补数值，可以获得较高形状精度和位置精度的曲线轮廓，如图2-7-1和图2-7-2所示。

图 2-7-1 高精度机床主轴

图 2-7-2 高精度机床电主轴

一般来说，数控车削可以达到七级尺寸精度，在有些场合可以以车代磨，车削淬硬的工件。超精加工的轮廓精度可达 0.1 μm，表面粗糙度可达 0.02 μm，超精加工所用数控系统的最小设定单位应达到 0.01 μm。超精车削零件的材质以前主要是金属，现已扩大到塑料和陶瓷。

（二）表面形状复杂的回转体零件

由于数控车床具有直线和圆弧插补功能，部分车床数控装置还有某些非圆曲线插补功能，所以可以车削由任意直线与平面曲线组成的形状复杂的回转体零件和难以控制尺寸的零件（图 2-7-3），如具有封闭内成形面的壳体零件。图 2-7-4 所示为壳体零件封闭内腔的成形面，"口小肚大"，在普通车床上是无法加工的，而在数控车床上则很容易加工出来。对复杂形状的回转体零件，特别是列表曲线或二次以上曲线轮廓的车削加工，就只能使用数控车床。

图 2-7-3 形状复杂回转件

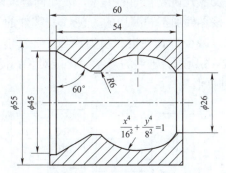
图 2-7-4 "口小肚大"零件

（三）带螺纹的零件（特别是一些特殊类型螺纹零件）

数控车床不但能车削任何等节距的直、锥和端面螺纹，而且能车削增节距、减节距，以及要求等节距、变节距之间平滑过渡的螺纹和变径螺纹，如图 2-7-5 所示。

图 2-7-5 螺纹零件

数控车床车削螺纹时主轴转向不必像传统车床那样交替变换，它可以一刀又一刀不停地循环，直到完成，所以它车削螺纹的效率很高。数控车床可以配备精密螺纹切削功能，再加上采用机夹硬质合金螺纹车刀，以及可以使用较高的转速，所以车削出来的螺纹精度较高、表面粗糙度小。可以说，包括丝杠在内的螺纹零件很适合于在数控车床上加工。

想一想：

你见过哪些轴类零件？你认为它们可以用数控机床加工吗？

二、零件数控加工工艺性审查

通过前面的数控加工过程和编制数控加工程序的体验，我们知道被加工零件的数控加工工艺十分重要，零件的工艺性是否合理、编制的加工工艺是否实用，对程序编制、机床的加工效率和零件的加工精度等都有重要影响。工艺性问题涉及面很广，工艺人员要结合编程的可能性和方便性，对零件加工图纸进行必要的分析和审查，主要内容包括以下几项。

（一）轮廓要素分析

审查几何要素完整性和准确性。在程序编制中，手工编程要计算出每个节点的坐标，自动编程要对零件轮廓的所有几何元素进行定义，无论哪一点不明确或不确定，编程都无法进行。因此，在进行零件数控加工工艺分析中，一定要仔细审查和分析构成零件轮廓的几何要素参数及各几何要素间的关系，发现问题及时与设计人员联系。

审核零件加工和编程的方便性。零件的外形、内腔最好采用统一的几何类型或尺寸，这样可以减少刀具规格和换刀次数，还可能应用控制程序或专用程序以缩短程序长度，如图2-7-6所示。零件的形状尽可能对称，便于利用数控机床的镜向加工功能来编程，以节省编程时间。

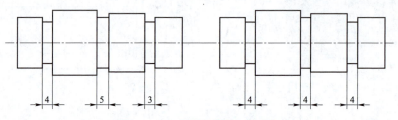

图2-7-6 零件结构统一性审查

（二）尺寸标注分析

尺寸标注应符合数控加工的特点，定位基准要统一。在数控编程中，所有点、线、面的尺寸和位置都是以编程原点为基准的。因此，零件图上最好直接给出坐标尺寸，或尽量以同一基准引注尺寸，保持设计、工艺、检测基准与编程原点设置的一致性。如果零件图上没有统一的设计基准，可以考虑在不影响精度的前提下，选择统一的工艺基准，计算简化各要素尺寸，以方便编程。

（三）精度和技术要求分析

零件精度和技术要求是确定加工方案的主要依据，仔细审查零件精度和技术要求，以便合理地确定零件加工顺序和切削参数。零件形状和位置精度要求高的表面，要尽可能在一次装夹下完成，对于精度和表面质量要求高的表面，要合理选用刀具和切削用量，甚至采用恒线速度切削。

三、数控加工内容的确定

在进行数控加工工艺分析时，要选择那些最适合、最需要进行数控加工的内容和工序，充分发挥数控加工的优势。在选择时，一般可按下列顺序考虑：

（1）普通机床无法加工的内容要首先安排进行数控加工；

（2）普通机床难加工、质量也难以保证的内容要重点考虑进行数控加工；

（3）普通加工效率低、工人手工操作劳动强度大的内容，可在数控机床具有相应加工能力的基础上安排数控加工。

一般来说，上述这些加工内容采用数控加工后，在产品质量、生产效率与综合效益等方面都会得到明显提高。相比之下，下列内容一般不宜选择采用数控加工：

（1）需要较长时间占机调整的工序内容，如粗糙毛坯的粗加工；

（2）加工余量极不稳定，且在数控机床上无法自动调整零件坐标位置的加工内容，如按某些特定的制造依据（如样板等）加工的型面轮廓；

（3）不能在一次安装中加工完成的零星分散部位的加工。

另外，还要考虑生产批量、生产周期以及本厂设备状况等，尽量做到合理安排，同时注意防止将数控机床降格为普通机床来使用。

四、数控车削加工工艺编制工作内容和步骤

（一）数控车削加工工艺内容

数控车削加工工艺过程与普通加工一样，主要由工序、工步、安装、工位、工步和走刀组成，如图2-7-7所示。普通加工中，只规定到工步的工作内容，而对于工步内每次走刀的切削深度和进退刀路径没有规定，它由机床操作者操作机床完成；但是数控机床是使用程序控制机床动作的，必须在程序中规定刀具从开始到加工终了的路线轨迹，因此，在编制零件数控加工工艺时，除了要编制数控加工工序卡外，还要画出刀具从开始到加工终了的路线轨迹示意图，即刀具的走刀路线图，同时还要列出所用刀具的编号、参数等，如图2-7-8所示。

数控加工工艺设计与通用机床加工工艺设计的主要区别在于，零件从毛坯到成品的整个过程不一定都采用数控加工，数控加工往往是其中的几道工序，所以数控加工工艺设计一般是编制零件数控加工工序卡、数控加工刀具卡和数控加工走刀路线图。

（二）数控车削加工与普通加工的衔接

在零件工艺路线设计中一定要注意到，由于数控加工工序一般都穿插于零件加工的整个工艺过程中，因而要做好数控工艺与其他加工工艺的衔接。在熟悉整个加工工艺内容的同时，要清楚数控加工工序与普通加工工序各自的技术要求、加工目的、加工特点，如要不要留加工余量、留多少；定位面与孔的精度要求及形位公差；对校形工序的技术要求；对毛坯的热处理状态等，这样才能使各工序达到相互满足加工需要，且质量目标及技术要求明确，交接验收有依据。

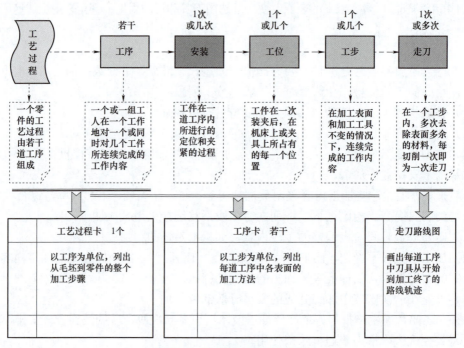

图 2-7-7 数控加工工艺内容

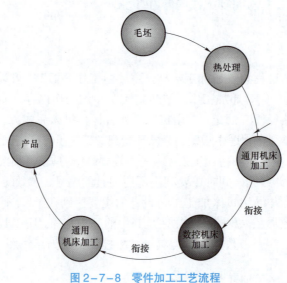

图 2-7-8 零件加工工艺流程

（三）数控车削加工工艺编制工作步骤

编制数控车削加工工艺文件的工作步骤如图 2-7-9 所示，本任务以回转轴的数控加工为例，介绍工艺编制的方法，其余零件的数控加工工艺请读者按照工作步骤自己完成。

图 2-7-9　数控加工工艺编制的工作步骤示意图

做一做：

根据本教材给定的其余 4 个轴套类零件的零件图和生产要求，分析它们的数控加工工艺性。

回转零件的数控加工工艺性分析：

一、零件结构分析

该零件为简单的轮廓回转体，是轴类零件，所以可利用车削加工完成，该零件的轮廓主要由端面、圆柱面、圆锥面和圆弧成形面等要素组成，普通车床难以保证锥面与圆弧面的加工质量和生产效率，因此选用数控车床加工。

二、尺寸标注分析

该零件的径向设计基准为中心线，轴向设计基准为零件右端面，定位基准统一，符合数控加工的尺寸标注，便于工件原点设置和对刀操作；零件上没有薄壁、沟槽等难加工部位；工件长度 70 mm，最大直径 ϕ30 mm，$L/D<3$；工艺性良好，可采用圆柱棒料，三爪卡盘装夹，加工完成后切断，然后继续加工，省去下料工序，生产效率高。

三、精度和技术要求分析

该零件材料为 45 钢，无热处理要求，切削性能良好。通过查表可知，零件的两个圆柱面尺寸精度为 IT10 级，表面粗糙度为 $Ra1.6\ \mu m$，其余表面为未注尺寸公差，而锥面表面粗糙度为 $Ra1.6\ \mu m$，圆弧凹面粗糙度为 $Ra3.2\ \mu m$，其余表面要求为 $Ra6.3\ \mu m$，因此，该零件采用粗车—精车的工艺方案可满足其加工精度要求。

经以上分析，该回转轴零件可利用数控车床加工，采用三爪卡盘装夹，其总体工艺方案为：粗车—精车—切断。

想一想：

数控加工是一种自动化的高效加工方法，为什么有的零件不适合数控加工？

步骤二　确定轴套件的装夹方案

相关知识：

一、工件装夹的基本原则

数控加工中，工件装夹的基本原则与普通机床相同，都要根据具体情况合理选择定位基准和夹紧方案，应注意以下几点：

（1）力求设计基准、工艺基准和编程计算的基准统一。

（2）尽量减少工件的装夹次数和辅助时间，即尽可能在工件的一次装夹中加工出全部待加工表面。

（3）避免采用占机人工调整时间长的装夹方案，以充分发挥数控机床的效能。

（4）夹紧力的作用点应落在工件刚性较好的部位。

在套轴类零件的数控加工中，为保证各主要表面的相互位置精度，选择定位基准时应尽可能使其与设计基准和装配基准重合并使各工序的基准统一，而且还要考虑在一次安装中尽可能加工出较多的面。

二、轴套类零件装夹方法

轴套类零件数控加工的定位基准和装夹方法有以下几种：

（一）以工件外圆表面作为定位基准，三爪自定心卡盘装夹

在短轴的加工中，零件各外圆表面及锥孔、螺纹表面的同轴度，端面对旋转轴线的垂直度是其相互位置精度的主要项目，这些表面的设计基准一般都是轴的中心线，用自定心三爪卡盘装夹（图2-7-10），符合基准重合的原则，还能够最大限度地在一次装夹中加工出多个外圆和端面，如果两头都需要加工，也可以加工完一头再掉头加工另一头轮廓，这样又符合基准统一原则。

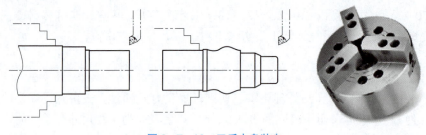

图2-7-10 三爪卡盘装夹

（二）以工件的中心孔定位，两顶尖装夹

在轴的加工中，零件各外圆表面及锥孔、螺纹表面的同轴度，端面对旋转轴线的垂直度是其相互位置精度的主要项目，这些表面的设计基准一般都是轴的中心线，若用两中心孔定位，则符合基准重合的原则。中心孔不仅是车削时的定为基准，也是其他加工工序的定位基准和检验基准，且符合基准统一原则。当采用两中心孔定位时，还能够最大限度地在一次装夹中加工出多个外圆和端面，如图2-7-11所示。

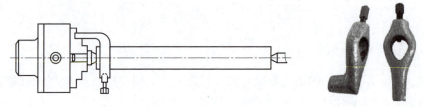

图2-7-11 两顶尖装夹

（三）以外圆和中心孔作为定位基准，一夹一顶装夹

用两中心孔定位虽然定心精度高，但刚性差，尤其是加工较重的工件时不够稳固，切削用量也不能太大。粗加工时，为了提高零件的刚度，可采用轴的外圆表面和一中心孔作为定位基准来加工。这种定位方法能承受较大的切削力矩，是轴类零件最常见的一种定位方法，如图 2-7-12 所示。

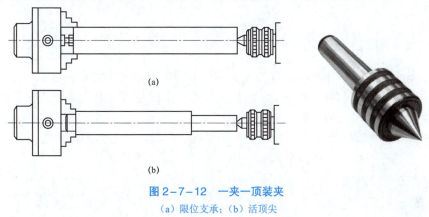

图 2-7-12　一夹一顶装夹
（a）限位支承；（b）活顶尖

（四）以带有中心孔的锥堵作为定位基准

在加工空心轴或套的外圆表面时，往往还采用代中心孔的锥堵或锥套心轴作为定位基准，如图 2-7-13 所示。

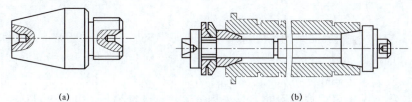

图 2-7-13　锥堵顶尖装夹

（五）以不规则外圆面或偏移轴线作为定位基准，采用四爪卡盘或者采用专用夹具装夹

在加工不规则毛坯上的回转轴或加工偏心轴、孔时，定位轴线与工件的回转中心不重合，必须采用四爪卡盘装夹调整，如图 2-7-14 所示。

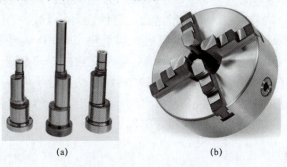

图 2-7-14　偏心件装夹方法
（a）偏心轴；（b）四爪卡盘

做一做：
试确定教材中其余各零件的定位基准和装夹方法。

步骤三　确定数控车削工艺路线

相关知识：

一、数控车削加工工序的划分

在数控车床上加工零件时，划分加工工序一般考虑以下两个因素：

（1）保证加工质量。为了保证零件的加工质量，常常是在一次安装下完成零件的粗、精加工，减少安装误差和安装次数。

（2）提高生产效率。为了提高加工效率，要考虑尽量减少刀具和工件的安装次数，在工艺处理时，尽量在一次安装中或使用同一把刀加工尽可能多的表面。

因此，数控加工常按照工序原则划分加工工序，划分工序时一般有以下几种方法。

（一）按粗、精加工划分

考虑零件加工精度要求、刚度和变形等因素来划分工序时，一般采用粗、精加工的原则，即先粗加工再精加工，这时可采用不同的机床和刀具，有利于保证零件的加工精度，同时还能及时发现毛坯缺陷与消除粗加工中的变形和残余应力等。

（二）按所用刀具划分

数控加工中，不同的表面结构需要选用不同的刀具来加工，以保证结构尺寸和加工质量，比如箱体内表面的圆弧过渡部分需要圆弧铣刀来完成、回转轴上的退刀槽需要同尺寸的切槽刀来加工，这时如果采用粗、精加工分开的方法需要多次换刀，增加了加工的辅助时间，加工效率低。这种情况下可根据使用的刀具来划分工序，进行编程。用一把刀具在一次安装中尽可能地加工出可加工的表面，然后再换刀加工其他部位。这种划分工序的方法常在需要多把刀具加工的零件上使用，比如在加工中心上加工复杂零件。

（三）按零件的装夹定位方式划分

由于零件的结构形状和技术要求的不同，要求采用不同的装夹方式来保证加工要求，在数控加工中要尽量在一次装夹中尽可能多地加工零件表面，以减少装夹次数。对于片状凸轮零件，在安排加工工序时，由于其两侧面和内孔加工较为简单，故可在普通机床上以外圆和端面为基准进行加工，其凸轮周轮廓虽然复杂，但可在数控铣床上通过一次装夹完成，所以该零件安排了两道工序：普通工序和数控工序。这种方法适合于内容不多的加工工序，而且每次装夹加工后零件即能达到待检状态。它与粗、精加工分开的划分方式不同，这种方法要求在一次装夹中即完成零件的加工，而粗、精加工分开的方式不允许一次加工完成。

（四）按零件的加工部位划分

有些零件的加工内容较多，构成零件的表面要素差异较大，可按照其结构特点将加工部位划分成几个部分，如内表面的加工、外表面的加工、曲面加工和平面加工等，以方便选择机床、切削用量和工艺装备等。

二、数控车削加工顺序的安排

数控加工顺序的安排应遵循一定的原则：

（1）基面先行原则：用作精基准的表面应优先加工出来，因为定位基准的表面越精确，装夹误差就越小。例如：轴类零件加工时，总是先加工中心孔，再以中心孔为精基准加工外圆和端面。

（2）先粗后精原则：各个表面的加工顺序按照粗加工—半精加工—精加工—光整加工的顺序依次进行，逐步提高表面的加工精度和减小表面粗糙度。

（3）先主后次原则：零件的主要工作表面、装配基面应先行，从而能及早发现毛坯中主要表面可能出现的缺陷。次要表面可穿插进行，放在主要表面加工到一定程度后、最终精加工之前进行。

（4）先近后远原则：一般情况下，离对刀点近的部位先加工，离对刀点远的部位后加工，以便缩短刀具移动距离，减少空行程时间。

三、车削进给路线的确定

（一）确定进给路线时应遵循的原则

（1）保证零件的加工精度和表面质量；
（2）保证加工效率，充分发挥数控机床的高效性能；
（3）加工路线最短，减少空行程时间和换刀次数；
（4）数值计算简单，减少编程工作量。

（二）走刀路线的确定

1. 进给路线确定中的几个特征点

在确定刀具进给路线中，实际上是确定刀具在加工进给过程中的几个具体位置的坐标值。图 2-7-15 所示为车削外圆，假定刀尖为一点，且刀尖件为刀位点（刀位点为刀具的定位基准点），其中：

（1）O 对刀点：零件或机床上一个确定的点，可以用来确定刀具与工件之间的相互位置，以确定工件坐标系与机床坐标系之间的关系。

（2）R 换刀点：更换刀具时的坐标位置，适当尽量远离工件，保证更换刀具时不碰到工件并且行程最短。

（3）A 退刀点：刀具每进行完一个工步所回到的位置，有时刀具也从此点进入加工。

（4）B 进刀点：刀具由此点开始加工，此时以工进速度移动。

（5）C 基点：工件上的结构点或工艺点。

（6）D 让刀点：刀具离开工件的点，为了保证加工完成，此点要离开已加工面一定距离。

（7）W 工件原点：编程人员为了编程方便而在工件上设定的点。

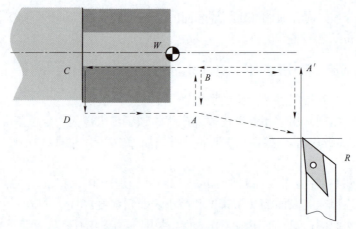

图 2-7-15 车削外圆的走刀路线

2. 合理设置对刀点和换刀点

数控加工是按照数控程序给定的路线控制机床、刀具等相互运动来完成加工的。在加工过程中要有合适的进刀路线而且数控加工能实现自动换刀,所以要设置合适的对刀点和换刀点。

对刀点是加工中刀具相对于工件运动的起点,程序也是从这一点开始执行的,有时也称其为起刀点或程序起点。对刀点可选在工件上也可选在工件外(夹具上或机床上),但必须与工件的定位基准有一定的尺寸关系,以便于确定工件坐标系与机床坐标系的关系。

为保证加工精度,对刀点应尽量选择在零件的设计基准或工艺基准上,如以孔定位的工件可选择定位孔的中心作为刀具的对刀点等。选择对刀点时一般注意以下问题:

(1)便于数学处理和简化程序编制;
(2)在机床上容易找正;
(3)在加工中便于检查;
(4)引起的加工误差小。

换刀点的设置应适当远离工件,保证更换刀具时不碰到工件并且行程最短。换刀点的位置可由程序设定也可由机床设定,如加工中心的换刀点固定,则是由机床结构决定的,而对于数控铣床、数控车床等,其换刀点是根据工序内容由编程人员或机床操作人员设定的。

3. 刀具引入、切出

加工时刀具的引进和退出要留有安全距离。如图 2-7-16 所示,加工螺纹时,必须设置升速段 δ_1 和降速段 δ_2。

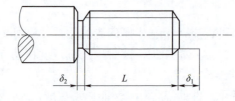

图 2-7-16 切入、切出距离

4. 确定最短的切削进给路线

为了有效地提高生产效率、降低刀具的损耗，应使切削进给路线最短。安排切削进给路线时要兼顾被加工零件的刚性及加工的工艺性等要求。

图2-7-17所示为粗车外圆轮廓两种不同切削进给路线的安排示例。

图2-7-17（a）表示利用数控系统具有的封闭式复合循环功能而控制车刀行进的走刀路线。

图2-7-17（b）表示利用矩形循环功能的"矩形"走刀路线。

分析以上两种切削进给路线可知，在同等条件下，矩形循环切削所需时间最短、刀具的损耗小，故制定加工方案时矩形循环进给路线应用较多。

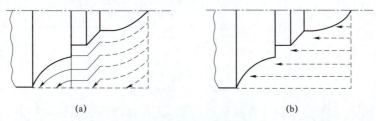

图2-7-17 粗车进给路线示例

5. 精加工最后一刀要连续进给

如果需要以一刀或多刀进行精加工，则其最后一刀要沿轮廓连续加工而成，尽量避免在连续的轮廓中安排切入、切出、换刀或停顿，以免因切削力突然变化而造成弹性变形，使光滑连接的轮廓上产生刀痕等缺陷。

做一做：

本任务回转轴数控加工工艺路线的确定：

（1）加工要求：效率高，加工表面在零件的一端，另一端不加工，加工精度不高。

（2）工序划分原则：工序集中，在一次装夹中完成零件的所有加工。

（3）加工顺序安排：遵循先粗后精、先近后远的原则，加工时先粗车再精车，先端面再外圆。其加工路线为：车端面—粗车外圆—精车外圆—切断。

（4）进给路线确定原则：遵循加工路线最短、数值计算简单的原则，该零件的走刀路线图见表2-2-3。

试按照工艺路线的确定原则，确定出本教材规定的其他4个回转零件的数控加工工艺路线。

想一想：

数控车削加工的工艺路线与普通加工有什么区别？

步骤四 数控车削刀具选择

一、数控车削刀具

数控车削用的车刀一般分为三类，即尖形车刀、圆弧形车刀和成形车刀。

（1）尖形车刀：以直线形切削刃为特征的车刀一般称为尖形车刀。这类车刀的刀尖（同时也为其刀位点）由直线形的主、副切削刃构成，如90°车刀，外圆车刀，左、右端面车刀，切断（车槽）车刀及刀尖倒棱很小的各种外圆和内孔车刀。

（2）圆弧形车刀（见图2-7-18）：圆弧形车刀是较为特殊的数控加工用车刀。其特征是：构成主切削刃的刀刃形状为一圆度误差或轮廓度误差很小的圆弧；该圆弧刃每一点都是圆弧形车刀的刀尖。因此，刀位点不在圆弧上，而在该圆弧的圆心上；车刀圆弧半径在理论上与被加工零件的形状无关。

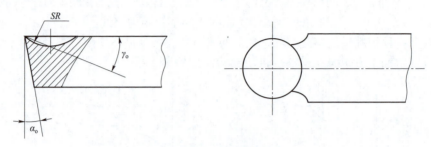

图2-7-18 圆弧车刀

（3）成形车刀：成形车刀也叫样板车刀，其加工零件的轮廓形状完全由车刀刀刃的形状和尺寸决定。

数控车削加工中，常见的成形车刀有小半径圆弧车刀、非矩形车槽刀和螺纹车刀等。在数控加工中，应尽量少用或不用成形车刀。

二、车刀的选择

刀具的选择是数控加工工艺中的重要内容之一。数控机床上所选用的刀具常采用适应高速切削的刀具材料（硬质合金、超细粒度硬质合金）并使用可转位刀片。数控车削中广泛采用机夹可转位刀具，它是提高数控加工生产率、保证产品质量的重要手段。常用外圆车刀的类型如图2-7-19所示。

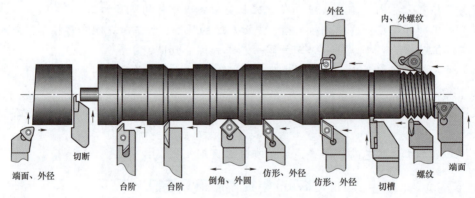

图2-7-19 常用外圆车刀的类型

可转位车刀刀片种类繁多，使用最广的是菱形刀片，其次是三角形刀片、圆形刀片及切槽刀片。菱形刀片按其菱形锐角不同有80°、55°和35°三类，常用刀具选择如下：

（一）选择外轮廓刀

因为图样有垂直面加工，故外轮廓加工刀具的主偏角必须大于90°。根据工件表面粗糙度选择合适的刀尖半径，一般表面粗糙度为 Ra1.6 μm，选择刀尖半径为 0.4 mm 的刀片；表面粗糙度 Ra3.2 μm，选择刀尖半径为 0.8 mm 的刀片。一般情况下选择主偏角 93°、刀尖角 80°、刀尖半径 0.4 mm 的硬质合金菱形刀片，用作外轮廓的粗精加工。

（二）选择切槽刀

切槽刀选择的一般原则如下：

$$切槽深度 < 8 \times W（刀片宽度）$$

即 3 mm 宽的刀片可切断半径 R24 mm 的棒料。

刀架伸出的长度应小于刀板高度，切断实体棒料时，切削刃应高出机床中心 $0.08 + 0.025W$。

（三）凹圆弧车刀的选择

为了避免加工凹圆弧时刀具干涉，外轮廓加工刀具的主偏角和副偏角受到限制，刀尖角必须小于一定的角度。35°菱形刀片因其刀尖角小、干涉现象少，多用于车削凹圆弧工件或复杂型面的工件。

做一做：

本任务端面和外圆在一道工序内加工：
（1）外圆车刀选择主偏角 93°、刀尖角 80°、刀尖半径 0.4 mm 的硬质合金菱形刀片；
（2）切断刀选择刀片宽度为 4 mm 的机夹切断刀。

步骤五　确定数控车削切削用量

相关知识：

数控加工中选择切削用量时，就是在保证加工质量和刀具使用寿命的前提下，充分发挥机床性能和刀具切削性能，使切削效率最高、加工成本最低。

（1）背吃刀量：在刚度允许的条件下，应该以最少的进给次数完成加工余量，以提高劳动生产率。

（2）切削速度：提高切削速度也是提高生产率的一个措施，但切削速度与刀具使用寿命的关系比较密切。

不同的刀具材料和刀具制造厂商都规定了刀具的最高切削速度 v_c，具体加工中主轴转速可根据零件上被加工部位的直径和加工条件等来确定。

主轴转速可按下式计算，粗加工时选择小些，精加工时可选择较大的主轴转速。数控机床的控制面板上一般备有主轴转速修调开关，可在加工过程中对主轴转速进行调整。

$$n \leqslant 1\,000 v_c / (\pi d)$$

式中：n——主轴转速（r/min）；
$\quad v_c$——刀具允许的最高切削速度（m/min）；
$\quad d$——零件待加工表面的直径（mm）。

车削螺纹时的主轴转速：车削螺纹时，车床的主轴转速将受到螺纹螺距（或导程）大小、驱动电机升降频率特性及螺纹插补运算速度等多种因素影响，故对于不同的数控系统，推荐有不同的主轴转速选择范围。大多数经济型数控系统推荐车螺纹时主轴转速的计算如下：

$$n \leqslant \frac{1\,200}{P} - K$$

式中：P——工件螺纹的螺距或导程（mm）；

K——保险系数，一般取 80。

（3）进给量：进给量应根据零件的加工精度和表面粗糙度要求以及刀具和工件材料来选择。进给速度的增加也可以提高生产效率。加工表面质量要求较高的工件时，应采用高速、小进给量的加工方法。

① 当工件质量要求能够保证时，选择较高的进给速度（0.4 mm/r 以下）。

② 切断、车削深孔或用高速钢刀具车削时，适宜选用较低的进给速度。

③ 刀具空行程应设定进给量高的进给速度。

④ 进给速度应与主轴转速和背吃刀量相适应。

总之，切削用量的具体数值应根据机床性能、相关的手册并结合实际经验用类比方法确定。同时，使主轴转速、切削深度及进给速度三者能相互适应，以形成最佳切削用量。表 2-7-2 所示为数控车削用量推荐表。

表 2-7-2 数控车削用量推荐表

工件材料	加工内容	背吃刀量 a_p/mm	切削速度 v/(m·min^{-1})	进给量 f/(mm·r^{-1})	刀具材料
碳素钢 $\sigma_b > 600$ MPa	粗加工	5～7	60～80	0.2～0.4	YT 类
	粗加工	2～3	80～120	0.2～0.4	
	精加工	0.2～0.3	120～150	0.1～0.2	
	车螺纹		70～100	导程	
	钻中心孔		500～800 r/min		W18Cr4V
	钻孔		～30	0.1～0.2	
	切断（宽度<5 mm）		70～110	0.1～0.2	YT 类
合金钢 $\sigma_b = 1\,470$ MPa	粗加工	2～3	50～80	0.2～0.4	YT 类
	精加工	0.1～0.15	60～100	0.1～0.2	
	切断（宽度<5 mm）		40～70	0.1～0.2	
铸铁 200 HBS 以下	粗加工	2～3	50～70	0.2～0.4	YG 类
	精加工	0.1～0.15	70～100	0.1～0.2	
	切断（宽度<5 mm）		50～70	0.1～0.2	
铝	粗加工	2～3	600～1 000	0.2～0.4	YG 类
	精加工	0.2～0.3	800～1 200	0.1～0.2	
	切断（宽度<5 mm）		600～1 000	0.1～0.2	
黄铜	粗加工	2～4	400～500	0.2～0.4	YG 类
	精加工	0.1～0.15	450～600	0.1～0.2	
	切断（宽度<5 mm）		400～500	0.1～0.2	

做一做：

本任务采用的加工材料为 45 钢，选用的刀具材料是 YT 类硬质合金，依据表 2-7-2，可确定各工步的切削用量：

（1）车端面：背吃刀量 1 mm，切削速度 60 m/min，进给量 0.2 mm/r。

（2）粗车：背吃刀量 3 mm，切削速度 60 m/min，进给量 0.2 mm/r。

（3）精车：背吃刀量 0.2 mm，切削速度 120 m/min，进给量 0.1 mm/r。

（4）切断：刀宽 4 mm，切削速度 70 m/min，进给量 0.1 mm/r。

试根据切削用量的选择方法，确定出本教材规定的其他 4 个回转零件数控加工中的切削用量。

想一想：

数控加工中切削用量的选择与普通加工有什么不同？

步骤六 填写数控加工工艺文件

一、填写要求

（1）编制工艺文件的主要依据是产品设计文件、工艺方案和有关专业标准；

（2）编制的工艺文件应完整、正确、统一、先进合理，能有效地指导生产；

（3）填写内容应简要明确、通俗易懂、字迹清楚、幅面整洁，并采用国家正式公布的汉字；

（4）工艺文件采用的术语、符号和计量单位应符合有关标准规定。

二、常用的数控加工工艺文件

常用的数控加工工艺文件主要有数控加工工序卡、数控加工刀具卡、数控加工走刀路线图、数控加工程序清单，各种工艺文件格式相对统一，但不同厂家各有自己的卡片格式。本教材项目一的任务一中列出了几种常用的卡片格式，读者可根据工作实际自行选用。

巩固与拓展

一、知识巩固

零件数控加工工艺编制工作流程如图 2-7-20 所示。

二、拓展任务

做一做：

根据所学知识，按照编制工艺文件的工作流程，分析图 2-7-21～图 2-7-23 所示

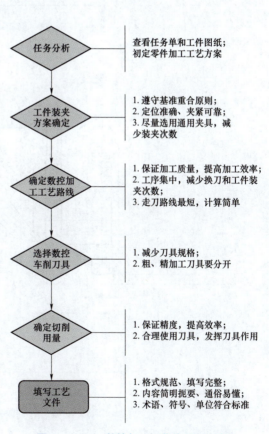

图 2-7-20 数控加工工艺编制工作流程

零件的结构特点和技术要求,确定零件的装夹方案、切削刀具、工艺路线及切削加工参数,填写相关工艺文件。

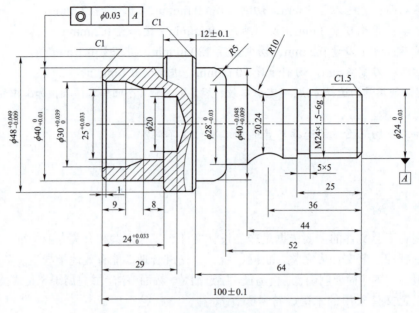

图 2-7-21 回转轴工艺编制拓展任务一

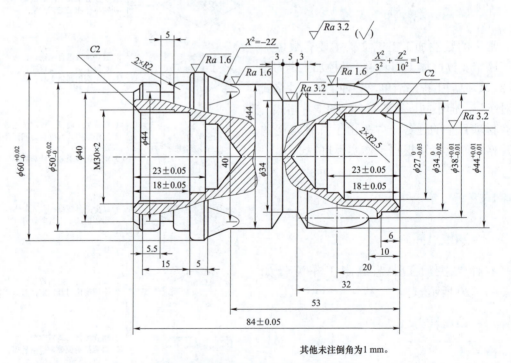

其他未注倒角为1mm。

图 2-7-22 回转轴工艺编制拓展任务二

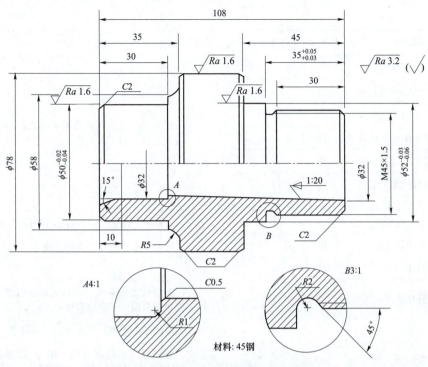

图 2-7-23 回转轴工艺编制拓展任务三

提示：
- 零件材料均为 45 钢；
- 本次任务完成图示零件加工工艺的编制；
- 确定合适的加工顺序和走刀路线；
- 粗、精加工要分开；
- 选用合适的刀具和切削用量；
- 根据前面所完成任务的经验完成。

任务考核

班级_____ 姓名_____ 学号_____

任务名称		任务 2-7 回转件数控车削加工工艺编制			
	考核项目	分值/分	自评得分	教师评价	备注
工作态度	信息收集	10			能够从主体教材、网络空间等多种途径获取知识，并能基本掌握关键词学习法；基本掌握主体教材的相关知识
	团队合作	5			团队合作能力强，能与团队成员分工合作收集相关信息
	工作质量	15			能够按照任务要求认真整理、撰写相关材料，字迹潦草、模糊或格式不正确酌情扣分

续表

考核项目		分值/分	自评得分	教师评价	备注
任务实施	任务分析	5			考查学生执行工作步骤的能力，并兼顾任务完成的正确性和工作质量
	轴套件的装夹方案	5			
	数控车削工艺路线	10			
	数控车削刀具选择	10			
	数控车削切削用量	10			
	填写数控加工工艺文件	10			
拓展任务完成情况		10			考查学生利用所学知识完成相关工作任务的能力
拓展知识学习效果		10			考查学生学习延伸知识的能力
小计		100			
小组互评		100			主要从知识掌握、小组活动参与度及见习记录遵守等方面给予中肯考核
表现加分		10			鼓励学生积极、主动承担工作任务
总评		100			总评成绩＝自评成绩×40%＋指导教师评价×35%＋小组评价×25%＋表现加分

项目三 板壳件数控铣削加工与编程

 项目目标

● 学会自觉遵守安全文明生产要求,规范地操作数控铣床;
● 熟悉数控铣削加工的工作步骤,会根据零件的技术要求,合理制定零件数控加工工艺,正确编制零件数控加工程序,具备较复杂零件数控铣削加工能力;
● 掌握数控铣削加工程序编制方法,学会应用铣削加工基本指令、子程序、宏程序、孔加工固定循环等数控指令,能编制较复杂零件数控加工程序;
● 掌握数控铣削加工工艺参数和工艺路线选择的原则,会编制数控铣削较复杂零件的工艺文件;
● 熟练掌握数控铣削产品的质量检测技术,会正确选用刀具和常用量具、夹具,掌握数控铣床日常维护保养的基本方法。

任务一 平板零件的数控铣削加工

 任务目标

通过本任务的实施,达到以下目标:
● 熟悉数控铣床开机过程;
● 会使用平口钳装夹工件,会安装和调整铣刀;
● 理解工件坐标系的基本原理,掌握数控铣床回参考点的基本操作;
● 会编辑并输入程序;
● 能够检查程序的正确性,并执行程序。

 任务描述

一、任务内容

某数控车间拥有配置 FANUC 数控系统的 V600 数控铣床 8 台,工厂要求该车间在一周内加工如图 3-1-1 所示平板 10 000 件。该零件的工艺路线已由车间工艺员编制完成，如表 3-1-1 和表 3-1-2。请根据所提供的零件图纸及工艺文件，遵守数控加工的操作规范，输入加工程序，完成该零件的数控加工生产。

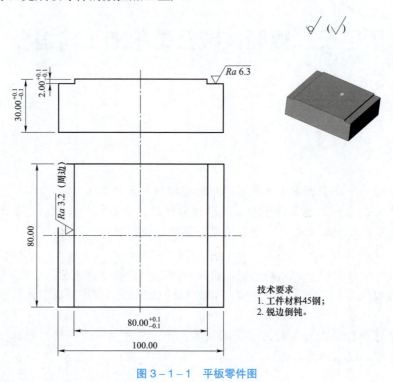

技术要求
1. 工件材料45钢；
2. 锐边倒钝。

图 3-1-1　平板零件图

表 3-1-1　平板件数控加工工序卡

第_1_页共_1_页

单位数控加工实训基地			零件名称	平板件	材料	45 钢
工序号	程序编号	夹具	切削液	设备	毛坯	车间
		平口钳		V600	100 mm×80 mm×31 mm	
工步号	工步内容	加工表面	主轴转速/(r·min⁻¹)	进给量/(mm·min⁻¹)	切削深度/mm	刀具号
1	铣上表面	上表面	1 000	400	1.0	T01
2	铣台阶面	台阶面	2 000	400	2	T02
编制		审核		批准		日期：

表 3-1-2 平板件数控加工刀具卡

单位数控加工实训基地				程序号		
零件名称	平板件	工序号		工步号		
序号	刀具号	刀具名称	加工表面	刀具规格	刀补参数	数量
				刀柄 / 刀片	刀号 / 刀补号	
1	T01	ϕ30 mm 面铣刀	上表面			1
2	T02	ϕ10 mm 圆柱铣刀	台阶面			1
编制		审核		批准	日期	

二、实施条件

(1) 生产车间或实训基地,供学生熟悉机械加工的工作过程,了解常见的加工方法、工艺装备等;

(2) 零件的图纸、机械加工工艺文件等资料,供学生完成工作任务;

(3) 数控铣床编程说明书或计算机仿真软件使用手册及数控编程的参考资料,供学生获取知识和任务实施时使用。

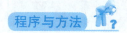
程序与方法

步骤一 加 工 准 备

一、熟悉安全生产管理制度

(1) 进入实训车间必须按要求穿工作服,否则不许进入;

(2) 禁止戴手套操作机床,若长发要戴帽子或发网;

(3) 所有操作步骤须在实训教师指导下进行,未经指导教师同意不许开动机床;

(4) 严禁在车间嬉戏、打闹,机床开动时,严禁在机床间穿梭;

(5) 启动起床前确保工件、刀具等装夹牢靠;

(6) 启动机床前应检查是否已将扳手、楔子等工具从机床上拿开;

(7) 严格按照实验指导书推荐的速度及刀具选择正确的刀具加工速度;

(8) 机床开动期间严禁离开工作岗位做与操作无关的事情;

认真阅读《数控加工车间安全生产管理制度》《数控加工车间管理制度》和《数控加工车间设备安全操作和使用规定》等规章制度,穿戴相关劳保用品。

项目三 板壳件数控铣削加工与编程

二、了解数控铣床

根据工艺要求，选用南通 V600 数控铣床进行铣削加工，下面以南通 V600 数控铣床为例认识数控铣床的结构和组成。

表 3–1–3　V600 数控铣床技术参数

技术参数		V600	
工作台	工作台面积	600×400	mm
	T 形槽	3×18H8	mm
	工作台最大承重	500	kg
行程	X 向、Y 向、Z 向行程	610×410×510	mm
	主轴端面至工作台面距离	125～635	mm
	主轴中心至立柱导轨面距离	220～630	mm
主轴	主轴转速	60～6 000	r/mim
	锥孔	7:24	
	刀柄	BT–40	—
	主电动机功率	5.5/7.5	kW
三向进给	切削进给速度	1～5 000	mm/min
	快速进给速度	X、Y: 10 000；Z: 8 000	mm/min
	进给电动机扭矩	X、Y: 7.5；Z: 16	N·m
精度	定位精度	0.02	mm
	重复定位精度	0.005	mm
一般规格	机床外形尺寸（长×宽×高）	2 600×2 000×2 400	mm
	机床重量	3 200	kg

图 3–1–2 所示为南通 V600 数控铣床及其操作面板，操作面板共分上下两部分：上方为 MDI 键盘，内容与项目二中数控车床相同；下方为数控铣床的操作面板，面板上各按钮名称如图 3–1–3 所示。

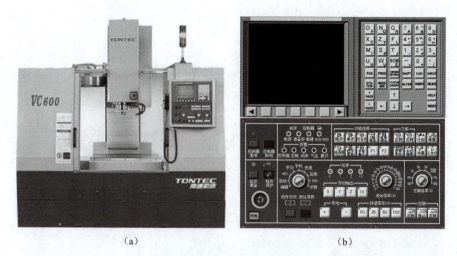

图 3-1-2 V600 立式数控铣床
（a）V600 立式数控铣床；（b）V600 立式数控铣床操作面板

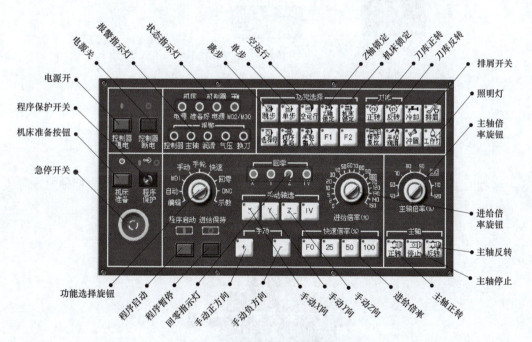

图 3-1-3 数控铣床操作面板各按钮功能

项目三 板壳件数控铣削加工与编程

步骤二　开机回参考点

一、数控铣床的开机操作（图 3-1-4）

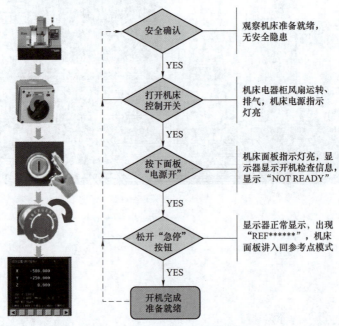

图 3-1-4　数控铣床开机操作流程

二、返回参考点操作

相关知识：

（一）数控铣床坐标系

根据右手笛卡尔确定原则，图 3-1-5 所示为数控铣床机床坐标系各坐标轴的方向。

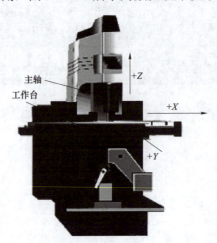

图 3-1-5　数控铣床坐标系

（二）数控铣床坐标系的坐标原点

在数控铣床上，机床原点一般取在 X、Y、Z 三个坐标轴正方向的极限位置上，如图 3-1-6 所示，图中 O 即为机床原点。

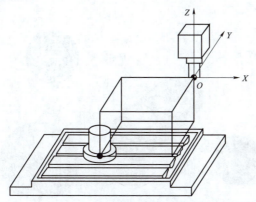

图 3-1-6　数控铣床机床参考点

（三）返回参考点操作方法（图 3-1-7）

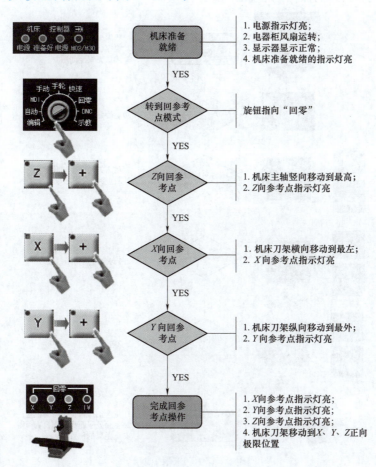

图 3-1-7　数控铣床回参考点操作流程

三、调整机床工作台姿态

机床回参考点操作结束后，工作台位于坐标轴的极限位置，不利于工件和刀具的装夹，使用"手轮"对机床进行操作，调整机床各部分的位置，利于下一步操作。图3-1-8所示为数控铣床的手轮组成。

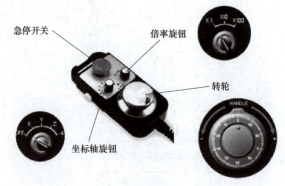

图3-1-8 手轮的组成

使用手轮调整机床的操作方法如图3-1-9所示。

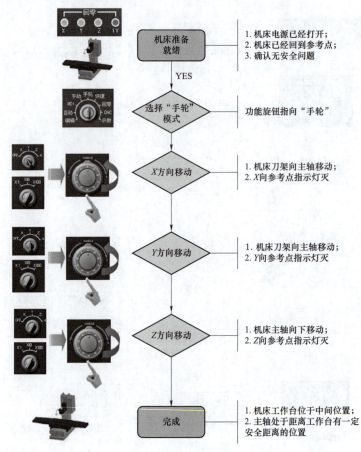

图3-1-9 手轮的使用

步骤三 安 装 工 件

根据工艺要求，选用平板类毛坯，故使用精密平口钳装夹工件。使用平口钳安装工件的过程见表 3-1-4。

表 3-1-4　使用平口钳安装工件的过程

步骤	图示
1. 安装准备 （1）机床回参考点，工作台调整到合适位置	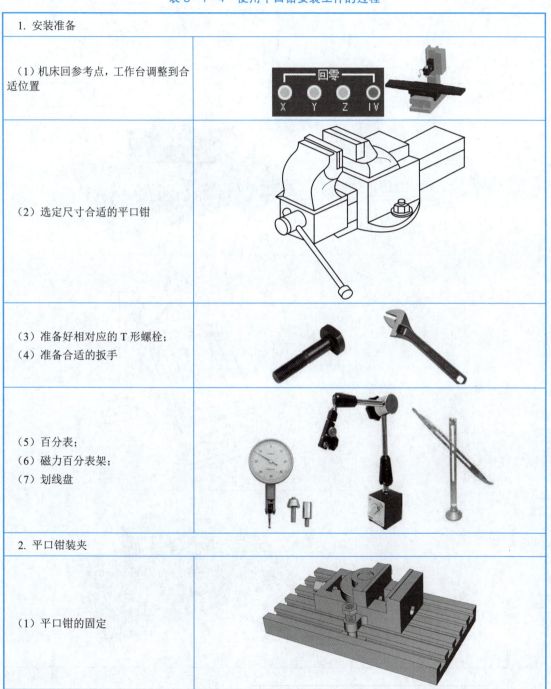
（2）选定尺寸合适的平口钳	
（3）准备好相对应的T形螺栓； （4）准备合适的扳手	
（5）百分表； （6）磁力百分表架； （7）划线盘	
2. 平口钳装夹 （1）平口钳的固定	

续表

（2）平口钳找平	
3. 工件装夹	
（1）工件固定	
（2）工件找正	

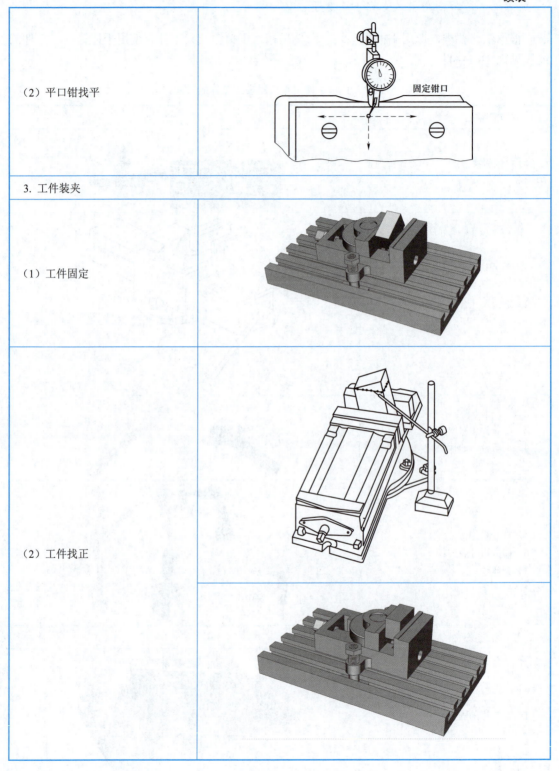

步骤四 安 装 铣 刀

数控铣刀安装过程见表 3-1-5。

表 3-1-5 数控铣床刀具安装过程

1. 刀具装夹准备	
（1）铣刀：ϕ10 mm 圆柱铣刀	
（2）刀柄	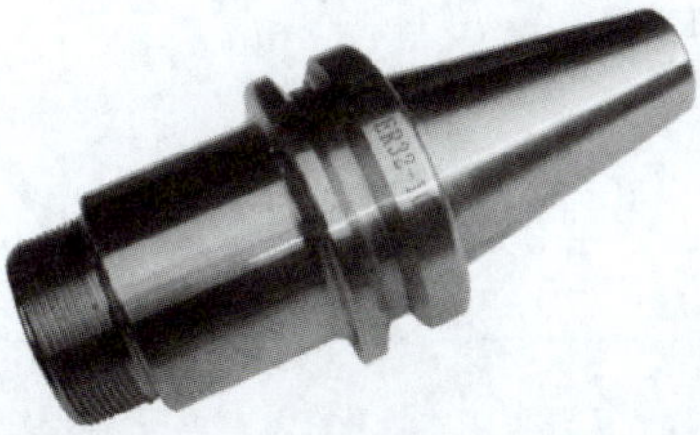
（3）刀柄拉钉、弹簧夹头、筒装螺母	
（4）开口扳手、铣刀柄扳手	
2. 铣刀组装	
（1）使用开口扳手将刀柄拉钉装配到刀柄上	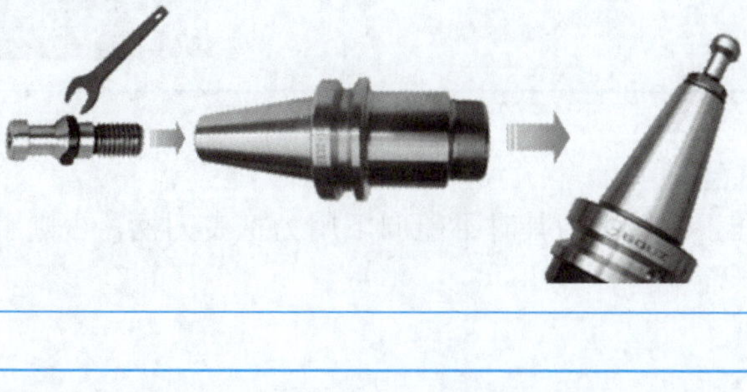

项目三 板壳件数控铣削加工与编程

续表

（2）用手将弹簧夹头、螺母及刀柄按图示顺序装夹到一起，注意不要装夹太紧	
（3）先将铣刀装夹到弹簧夹头内，再用刀柄扳手将螺母紧固	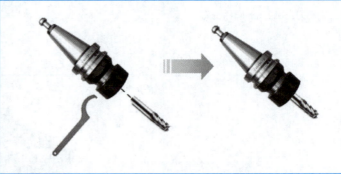

3. 手动换刀

（1）左手持铣刀螺母部位，拉钉端向上对准主轴刀柄孔，同时刀柄的定位槽对准主轴的定位块	①刀柄键槽对准主轴端面键
（2）右手按下图示换刀开关，刀柄自动被吸入主轴座孔，然后松开换刀开关，装刀结束	②右手按下换刀启动按钮

注意事项：

在手动装夹刀具时不能向下用力拖曳刀柄，否则手部会因为惯性碰撞到刀具下方的工件或夹具而受伤。

步骤五 数控铣床对刀操作

与数控车床相同,数控铣床在加工之前也需要建立工件坐标系,即进行对刀操作,详细步骤如下。

一、Z方向对刀

数控铣床Z方向对刀步骤见表3–1–6。

表3–1–6 数控铣床Z方向对刀步骤

1. 对刀准备	
(1)机床已经完成回参考点	
(2)工件已经装夹好	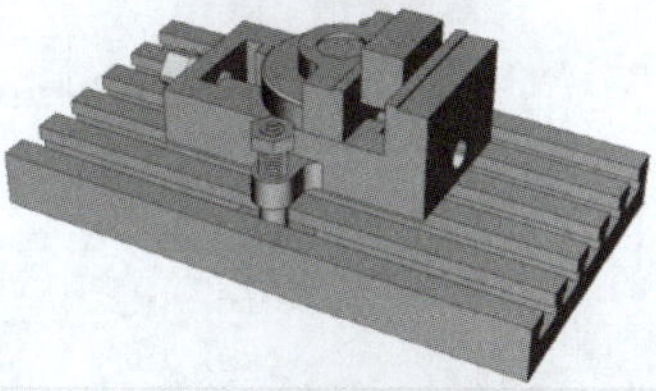
(3)铣刀已经装夹好	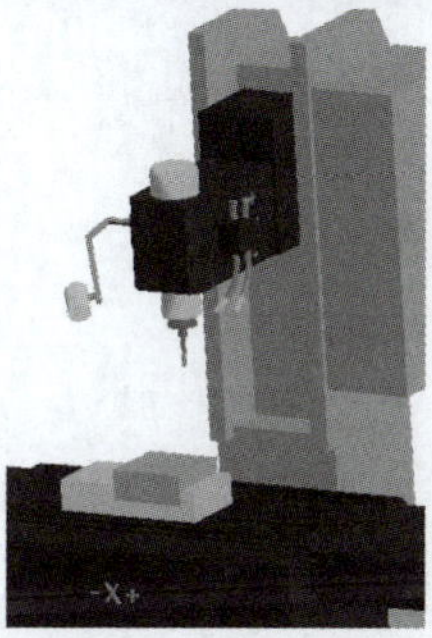
2. 启动主轴正传	
在MDI模式下输入程序"M03 S800"并执行	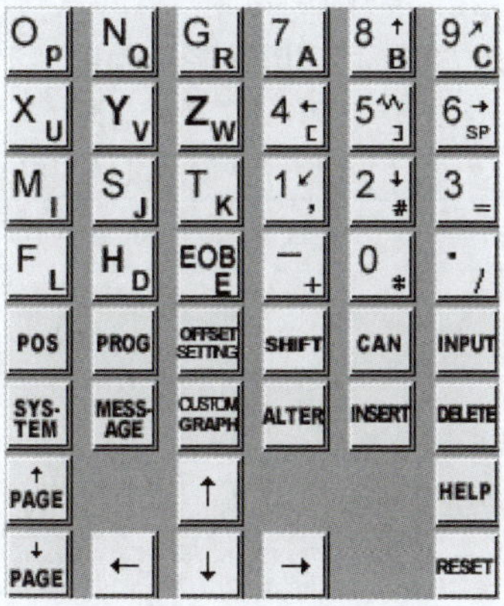

续表

3. 手动试切	
使用手轮模式调整主轴和工作台的位置，使铣刀刚刚铣削到工件上表面	
4. 参数输入	
输入刀补参数，对刀完成	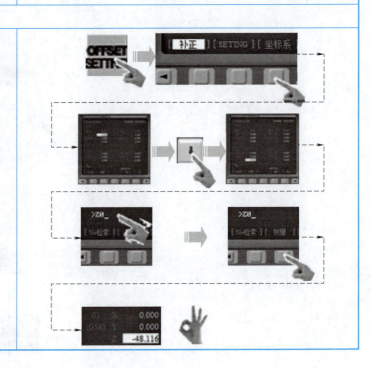

二、X 方向对刀操作过程

数控铣床 X 方向对刀步骤见表 3-1-7。

表 3-1-7　数控铣床 X 方向对刀步骤

1. 对刀准备	
（1）机床已经完成回参考点	

续表

(2) 工件已经装夹好	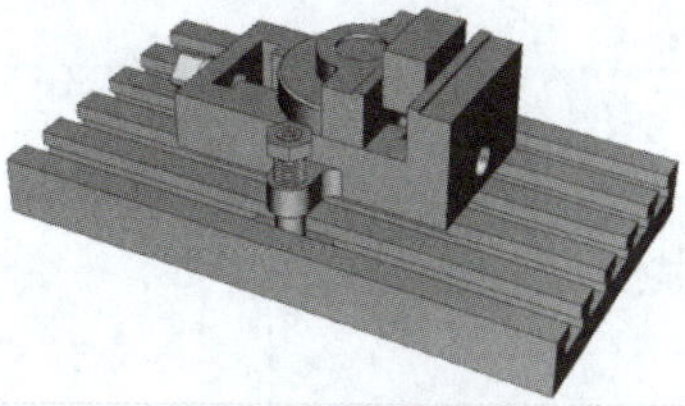
(3) 铣刀已经装夹好	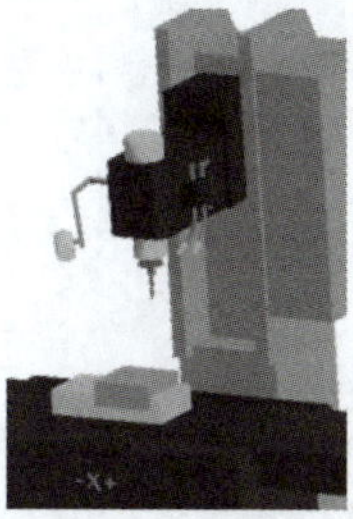
2. 主轴正转	
在 MDI 模式下输入程序"M03 S800"并执行	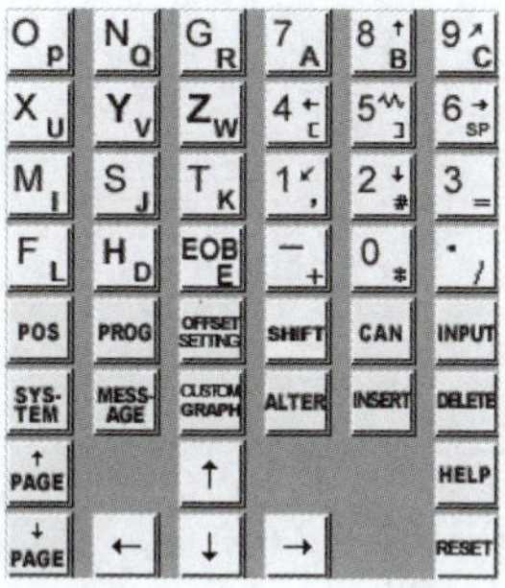
3. 单侧试切	
(1) 使用手轮,调整主轴和工作台的位置,使铣刀刚刚铣削到工件左侧	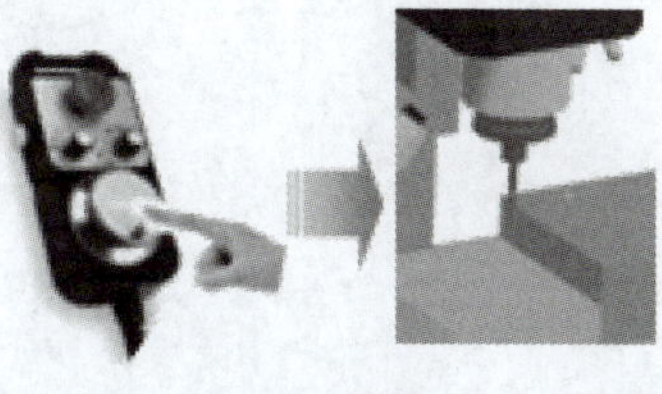
(2) 标记当前位置坐标	

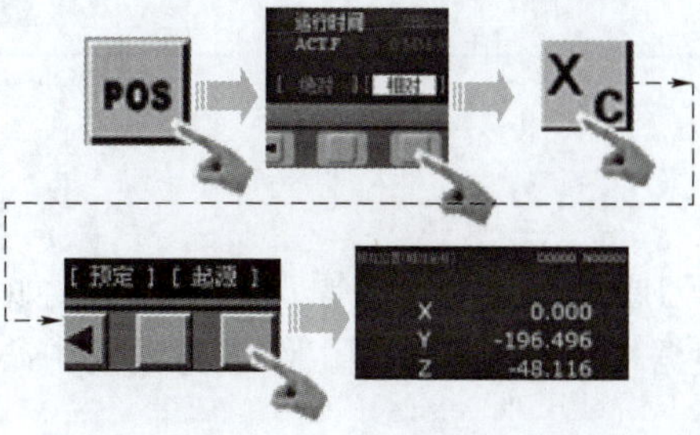

项目三 板壳件数控铣削加工与编程 161

续表

4. 试切另一侧	
（1）使用手轮调整主轴和工作台的位置，使铣刀刚刚铣削到工件右侧	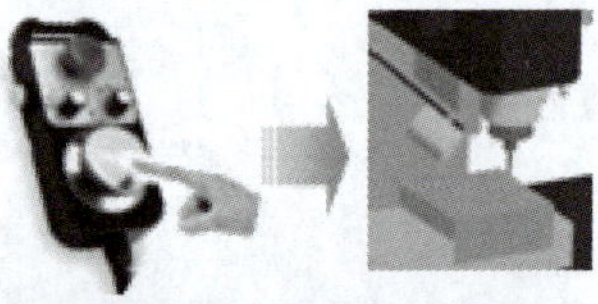
（2）观察此时 X 方向的相对坐标值，计算数值的一半为 26.596	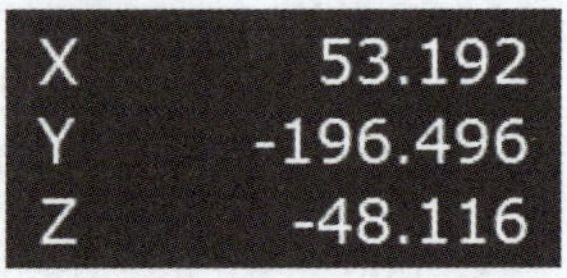 X 53.192 Y -196.496 Z -48.116
5. 主轴找中间位置	
使用手轮，调整主轴和工作台的位置，使 X 方向的相对坐标变为 26.596，同时铣刀位于工件 X 方向的中间位置	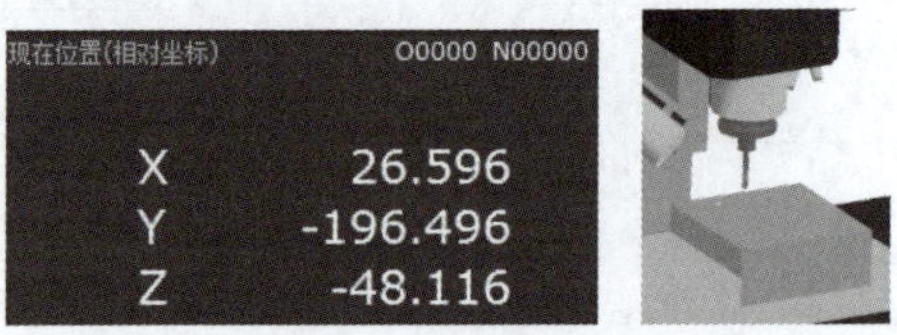 X 26.596 Y -196.496 Z -48.116
6. 参数输入	
输入刀补参数，对刀完成	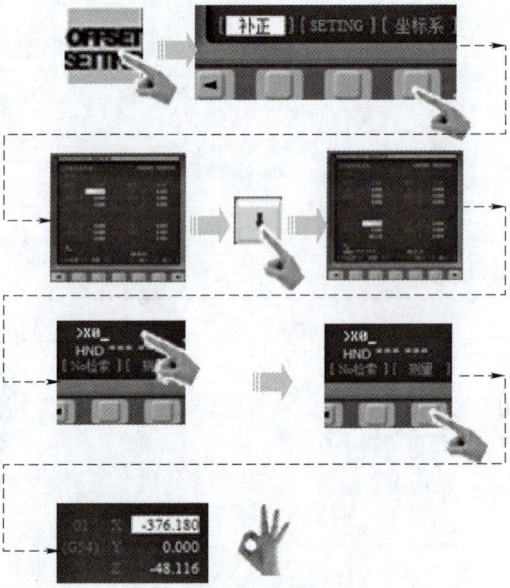

三、Y 方向对刀

Y 轴对刀原理与 X 轴对刀原理完全相同，如图 3–1–10 所示，同样是分别试切工件的两侧，然后根据相对坐标值找到工件 Y 方向的中心，具体方法参照 X 方向对刀。

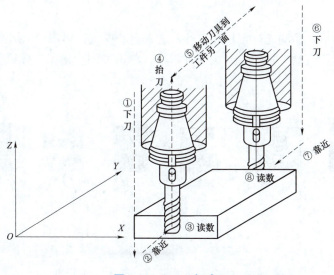

图 3-1-10　Y 向对刀

想一想：

在数控车床编程时，刀具的位置补偿是怎样调用到系统中的？在数控铣床中刀具的位置补偿又该怎样调用呢？尝试依次执行下面两段程序，对比两段程序有何区别？分别执行后主轴和工作台是如何移动的？程序 O0001 中的 G54 有何作用？（注意：在执行程序时，必须时刻准备按下"急停"按钮，防止意外发生。）

O0001;	O0002;
G54;	M03 S800;
M03 S800;	G01 X0 Y0 Z0 F200;
G01 X0 Y0 Z0 F200;	M30;
M30;	

步骤六　编辑、上传程序

数控铣床程序编辑方法与数控车床程序编辑方法相同，参照数控车床的程序输入方法将给定程序清单中的程序输入到数控机床，如图 3-1-11 所示。

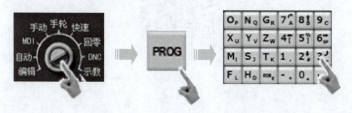

图 3-1-11　程序输入操作示意图

项目三　板壳件数控铣削加工与编程

步骤七　程序校验

程序输入完毕后,移动光标至程序首行,进入自动模式,单击"空运行""Z轴锁定"按钮,然后单击"循环启动"按钮,开始执行程序,单击"图形模拟"按钮显示刀路轨迹,如图 3–1–12 所示。

图 3–1–12　程序校验操作示意图

步骤八　自动加工

取消"空运行"和"Z轴锁定",重新执行回参考点操作,然后在编辑模式下把光标移动到首行,再次进入自动模式,最后单击"循环启动"按钮进行自动加工,如图 3–1–13 所示。

图 3–1–13　自动加工操作示意图

数控技术的发展趋势之三：控制智能化

一、知识巩固

数控铣床加工流程如图 3–1–14 所示。

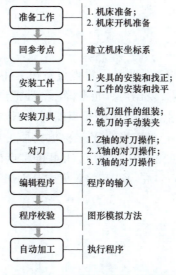

图 3-1-14　数控铣床加工流程

二、拓展任务

多学一点：

使用寻边器建立机床坐标系

寻边器在数控加工中可以代替铣刀进行 X、Y 两个坐标轴的对刀工作。相对试切对刀来讲，寻边器对刀具有无切削量的优点，尤其适合二次加工工件的对刀。

因为生产的需要，寻边器有不同的类型，如光电式（图 3-1-15）、防磁式、回转式、陶瓷式、偏置式（图 3-1-16）等，比较常用的是偏置式。

图 3-1-15　光电式寻边器

图 3-1-16　偏置式寻边器（分中棒）

光电感应式寻边器在数控铣（镗）加工中的应用。

光电感应式寻边器（以下简寻边器）结构如图 3-1-17 所示，其工作原理是利用工件的导电性，当球头接触到工件表面时电流形成回路，发出声、光报警信号。球头直径用千分尺测得为 10 mm，球头用一弹簧与本体相连，可拉出，用以防止撞坏寻边器。利用寻边器的这些特性，将其装夹在机床主轴上，就可以用它来对刀、找正和测量工件。

寻边器找正或测量工件时，机床主轴不旋转，不仅安全性高，而且也不会损伤工件表面；找正和测量的精度也高，对于保证二次装夹或返修工件的定位精度十分有效，而且方便、快捷。

一、设置工件坐标系零点

如图 3-1-18 所示，若要将工件坐标系零点设置在工件上平面的左前角 O 点，只需先在 A 点让寻边器接触工件，并刚好发出声、光报警，然后把当前机床 X 坐标值保存在零点偏置（G54~G57）的 X 值中，这里假设选用的零点偏置为 G54；再移动寻边器在 B 点接触工件并刚好发出声、光报警，然后把当前机床 Y 坐标值保存在 G54 零点偏置的 Y 值中。根据前面测得的寻边器球头直径为 10 mm 可知，当前 G54 的零点在工件实际零点 X 方向 -5 mm、Y 方向 -5 mm 的位置，直接在 G54 的 X、Y 偏置值中分别加上 5 mm，即将工件坐标系的零点设在工件的左下角处。

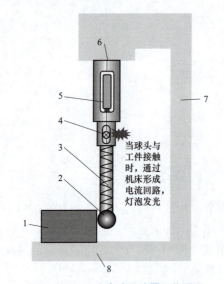

图 3-1-17 光电式寻边器工作原理

1—工件；2—球头；3—弹簧；4—灯泡；5—电池；
6—主轴；7—床身；8—工作台

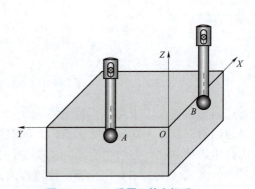

图 3-1-18 设置工件坐标系

二、寻找工件圆心

数控加工中经常把工件零点放在内孔或外圆的圆心上，为了方便、快捷地找到工件圆心，利用寻边器配合一定的程序，在内孔或外圆上找寻四点，即可将机床主轴中心移动到工件圆心位置。

如图 3-1-19 所示，分别在圆上的 A、B、C、D 四点的位置用寻边器接触工件，并刚好发出声、光报警，记下各点机床 X、Y 坐标值分别为 (X_A, Y_A)、(X_B, Y_B)、(X_C, Y_C)、(X_D, Y_D)，其中 A、B 点的 Y 坐标值相同，C、D 点的 X 坐标值相同。从图 3-1-19 中可看出，圆心的 X 坐标为 AB 连线的中点，圆心的 Y 坐标为 CD 连线的中点，根据上述四点的坐标值就可以计算出圆心坐标 (X, Y) 为：$X=(X_A+X_B)/2$，$Y=(Y_C+Y_D)/2$。利用该原理即可编制出宏程序，记录并计算出圆心点坐标值，全过程无须用笔记下各点坐标值，只需改变程序中参数就可以将各点坐标值保存在机床参数中，最后计算出圆心坐标，并将机床主轴中心移动到圆心点位置，即可将该点机床的 X、Y 坐标值保存在零点偏置的相应位置中。

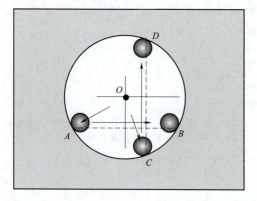 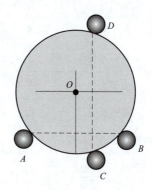

图 3-1-19　寻找工件圆心

做一做：

用已经调试好的程序完成本任务规定的生产任务，每台机床至少加工 100 件，加工完成后检验并分析产品加工质量，撰写生产报告。

想一想：

本任务中给出了加工首件零件的工作流程，当首件零件试切成功后如何进行批量加工呢？还需要对每个零件都进行对刀操作吗？

提示：

在对首件零件进行对刀操作时，已经在机床上建立了工件坐标系，数控加工过程中刀具的走刀路线就是在这个坐标系内完成的。当进行下一件零件的加工时，只需要把工件毛坯放到该坐标系的固定位置，即保证零件的装夹位置不变，刀具沿程序规定的轨迹运动就能完成同样的加工。

任务考核

班级＿＿＿＿＿＿　　姓名＿＿＿＿＿＿　　学号＿＿＿＿＿＿

任务名称			任务 3-1　平板零件的数控铣削加工			
	考核项目	分值/分	自评得分	教师评价	备注	
工作态度	信息收集	5			能够从主体教材、网络空间等多种途径获取知识，并能基本掌握关键词学习法；基本掌握主体教材的相关知识	
	团队合作	5			团队合作能力强，能与团队成员分工合作收集相关信息	
	安全防护	5			认真学习和遵守安全防护规章制度，正确佩戴劳动保护用品	
	工作质量	5			能够按照任务要求认真整理、撰写相关材料，字迹潦草、模糊或格式不正确酌情扣分	

续表

考核项目		分值/分	自评得分	教师评价	备注
任务实施	加工准备	5			考查学生执行工作步骤的能力,并兼顾任务完成的正确性和工作质量
	开机回参考点	5			
	安装工件	5			
	安装铣刀	10			
	数控铣床对刀操作	10			
	编辑、上传程序	5			
	程序校验	5			
	自动加工	5			
拓展任务完成情况		10			考查学生利用所学知识完成相关工作任务的能力
拓展知识学习效果		10			考查学生学习延伸知识的能力
技能鉴定完成情况		10			考查学生完成本工作任务后达到的技能掌握情况
小计		100			
小组互评		100			主要从知识掌握、小组活动参与度及见习记录遵守等方面给予中肯考核
表现加分		10			鼓励学生积极、主动承担工作任务
总评		100			总评成绩=自评成绩×40%+指导教师评价×35%+小组评价×25%+表现加分

任务二　平板件铣削程序编制

任务目标

通过本任务的实施，达到以下目标：
- 能查看工艺文件，了解零件加工的工艺信息；
- 学会绘制走刀路线图；
- 学会平板类零件的数控加工程序编制；
- 能采用合适的方法检验程序。

任务描述

一、任务内容

某数控车间拥有配置 FANUC 数控系统的 V600 数控铣床 8 台，工厂要求该车间在一周内加工如图 3-1-1 所示平板 10 000 件。该零件的工艺路线已由车间工艺员编制完成，见表 3-1-1 和表 3-1-2。请根据所提供的零件图纸及该零件数控加工工艺文件，遵守数控编程相关原则，编制该工件的数控加工程序，上交零件数控加工程序清单，以便尽快组织生产。

二、实施条件

（1）生产车间或实训基地，供学生熟悉机械加工的工作过程，了解常见的加工方法、工艺装备等；

（2）零件的零件图纸、机械加工工艺文件等资料，供学生完成工作任务；

（3）数控铣床编程说明书或计算机仿真软件使用手册及数控编程的参考资料，供学生获取知识和任务实施时使用。

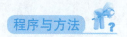

步骤一　任务分析

做一做：

查看所给的工艺文件，了解本次工作任务，确定本次工作的工作内容和使用的工艺装备。

从本任务的工艺文件中可以看出：

（1）该平板零件材料是 45 钢，毛坯是轧制钢板；

（2）零件的装夹采用精密平口钳，工件上表面高出钳口 10 mm 左右，用百分表找正，如图 3-2-1 所示。

(3)零件的加工方案分为 2 个工步,使用的刀具如图 3-2-2 所示。
① 先用 φ30 mm 面铣刀加工上表面,切削速度为 1 000 r/min,进给速度为 400 mm/min;
② 再用 φ10 mm 圆柱铣刀加工台阶面,切削速度为 2 000 r/min,进给速度 400 mm/min。

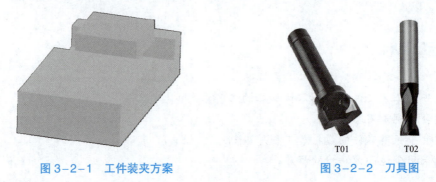

图 3-2-1 工件装夹方案　　图 3-2-2 刀具图

步骤二　建立编程坐标系

做一做:

试确定平板零件的编程坐标系,与小组同学比较,找出最合理的设置方法。
平板的编程坐标系如图 3-2-3 所示。

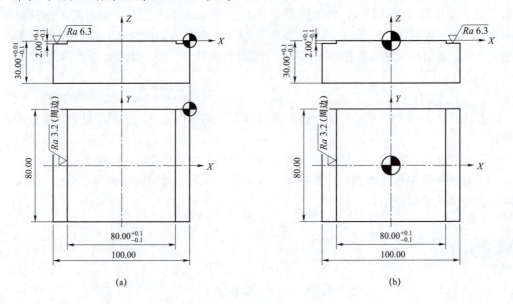

(a)　　(b)

图 3-2-3 平板的编程坐标系
(a)平板件编程坐标系(上角);(b)原点在中心

相关知识:

一、数控铣削加工编程坐标系

编程坐标系又叫工件坐标系,是编程人员为了确定刀具在加工时的走刀位置在工件图纸上建立的坐标系。工件坐标系中各轴的方向应该与机床坐标系相应的坐标轴方向一致，如图3-2-4所示。

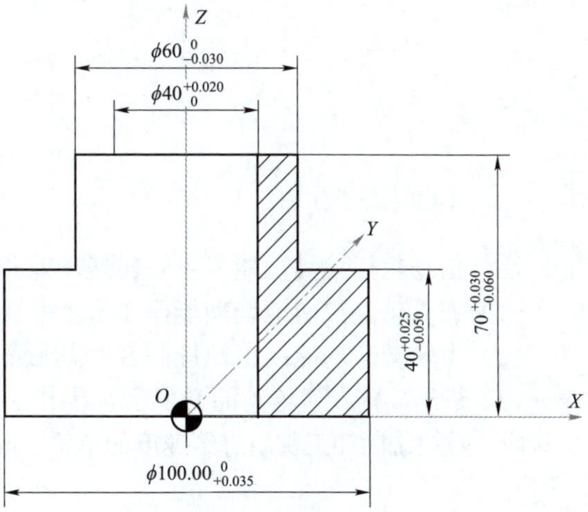

编程坐标系在工件上的具体位置是通过工件原点的位置来确定的。编程坐标系的原点（即程序原点）要选择在便于测量或对刀的基准位置，同时更便于编程计算。选择工件坐标系原点位置时应注意：

（1）编程原点应尽量选在零件图的尺寸基准上，这样便于坐标值的计算，减少错误。

（2）编程原点尽量选在精度较高的加工表面，以提高被加工零件的加工精度。

（3）对于对称零件，编程原点应设在对称中心上。

（4）对于一般原点，通常设在工件外轮廓的某一角上。

（5）Z轴方向上的原点一般设在工件表面。

图3-2-4 编程坐标系

二、编程坐标系设定方法

编程坐标系是编程人员为编程方便设定的，数控加工时的工件坐标系必须和编程坐标系一致，也就是要在加工时把编程原点设在工件上，工件坐标系的设定指令是规定工件坐标系原点的指令。数控编程时，必须先建立工件坐标系，用来确定刀具刀位点在坐标系中的坐标值。目前使用的数控铣床，绝大多数使用G54～G59来设定工件坐标系。用G54～G59可以选择六个工件坐标系，这六个工件坐标系的作用是相同的。用G54～G59设置工件坐标系时，必须预先测量出工件坐标系的零点在机床坐标系里的坐标值，并把这个坐标值存放在坐标偏置画面相应的参数中，编程时再用指令G54～G59调用。G54～G59的使用如图3-2-5所示。

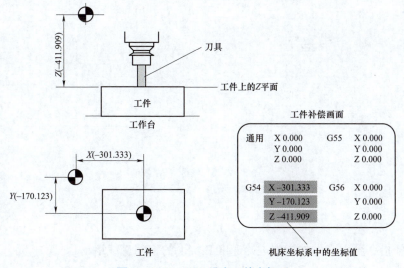

图3-2-5 G54设定工件坐标系

步骤三　认识数控编程指令

相关知识：

一、基本功能指令

功能指令包括刀具功能、主轴转速功能和进给功能。

（1）刀具功能：由地址功能码 T 和数字组成，T××，表示刀具号。

（2）主轴转速功能：由地址码 S 与其后面的若干数字组成，单位为转速单位（r/min）。

（3）进给功能：进给功能 F 表示刀具中心运动时的进给速度，由地址码 F 及后面的若干位数字构成。数控铣削加工常用进给速度的单位（mm/min）。进给速度 v_f 与每齿进给量 f_z 有关，即

$$v_f = n z f_z$$

（4）辅助功能：辅助功能 M03 表示主轴正转，M05 表示主轴停止，M30 表示程序结束。

二、基本运动指令（G）

（一）快速点定位 G00

指令刀具相对于工件以各轴预先设定的速度，从当前位置快速移动到程序段指令的目标点。

编程格式：G00 X__ Y__ Z__ ；

程序中：X，Y，Z——终点坐标。

注意事项：

（1）刀具运动轨迹不一定为直线（各轴以各自的速度移动，不能保证同时到达终点，其运动轨迹不一定是两点的连线，而有可能是一条折线）。

（2）运动速度由系统参数给定；快移速度可由机床操作面板上的进给修调旋钮修正。

（3）用此指令时不切削工件。

如图 3-2-6 所示，从 A 点到 B 点快速移动的程序段为"G00 X30 Y50；"，刀具实际运动轨迹如图 3-2-6（b）所示。

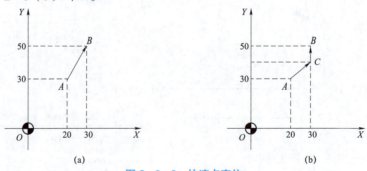

图 3-2-6　快速点定位

（a）同时到达终点；（b）单向移动至终点

（二）直线插补指令（G01）

直线插补指令用于产生按指定进给速度 F 实现的空间直线运动。

编程格式：G01 X__ Y__ Z__ F__ ；

程序中：X，Y，Z——直线终点坐标；

   F——进给速度；

说明：（1）G01 为模态指令，如果后续的程序段不改变加工的线型，则可以不再书写这个指令。

（2）程序段指令刀具从当前位置以联动的方式，按程序段中 F 指令所规定的合成进给速度沿直线（联动直线轴的合成轨迹为直线）移动到程序段指定的终点，刀具的当前位置是直线的起点，为已知点。

图 3-2-6（a）中从 A 点到 B 点的直线插补运动，其程序段为"G01 X30 Y50 F100；"，刀具实际运动轨迹也是从 A 到 B 间的直线。

（三）圆弧插补（G02/G03）

编程格式：在 XY 平面上的圆弧：

$$G17 \begin{Bmatrix} G02 \\ G03 \end{Bmatrix} X\_Y\_ \begin{Bmatrix} I\_J\_ \\ R\_ \end{Bmatrix} F\_ ;$$

在 ZX 平面上的圆弧：

$$G18 \begin{Bmatrix} G02 \\ G03 \end{Bmatrix} X\_Z\_ \begin{Bmatrix} I\_K\_ \\ R\_ \end{Bmatrix} F\_ ;$$

（三）圆弧插补

在 YZ 平面上的圆弧：

$$G19 \begin{Bmatrix} G02 \\ G03 \end{Bmatrix} Y\_Z\_ \begin{Bmatrix} J\_K\_ \\ R\_ \end{Bmatrix} F\_ ;$$

1. 坐标平面的选择

G17～G19 分别表示刀具的圆弧插补平面和刀具半径补偿平面为空间坐标系中的 XY、ZX、YZ 平面，其中，G17 指定 XY 平面，G18 指定 ZX 平面，G19 指定 YZ 平面，如图 3-2-7 所示。对于立式数控铣床，初始状态为 G17，即可以省略。

2. 移动方向

G02 为顺时针方向，G03 为逆时针方向。

圆弧顺逆方向的判别：沿着不在圆弧平面内的坐标轴，由正方向向负方向看，顺时针方向为 G02，逆时针方向为 G03，具体方向如图 3-2-8 所示。

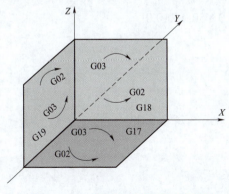

图 3-2-7　圆弧产部品面及方向辨别

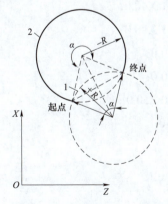

图 3-2-8　圆弧 R+、-判别

3. 圆弧的圆心

1）用半径指令圆心

由于在同一半径 R 的情况下，从圆弧的起点到终点有两种圆弧的可能性，即大于 180°和小于 180°两个圆弧，如图 3-2-9 所示。为便于区分，特规定圆心角≤180°时，用"+R"表示，如图 3-2-9 中的圆弧①；圆心角＞180°时，用"-R"。如图 3-2-9 中的圆弧②。

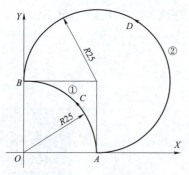

图 3-2-9 圆弧插补举例

注意：此种编程只适于非整圆圆弧插补的情况，不适于整圆加工。

2）用 I、J、K 指令圆心

G17 时为 I、J，G18 时为 I、K，G19 时为 J、K，其值为增量值，即从圆弧起点指向圆心的矢量在坐标轴上的分量，I、J、K 分别对应坐标轴 X、Y、Z。

举例，如图 3-2-9 所示，点 A 到 B 的圆弧：

小圆弧（ADB）用"G03 X0 Y25. R25. F100；"来编写；

大圆弧（ACB）用"G03 X0 Y25. R-25. F100；"来编写。

步骤四　计算刀位点坐标值

做一做：

根据下面数控铣床的加工指令，画出刀具的加工轨迹。工件切深 5 mm，起刀点在工件上方 50 mm 处，且无刀具半径补偿。要求：先建立坐标系，用虚线表示 G00 的轨迹，用实线表示 G01、G02/G03 的轨迹。

O0001；
Z50.0；
Z5.0；
Y40.0；
Y50.0；
G01 X40.0；
G01 X70.0；
Y40.0；
Y10.0；
G00 Z50.0；
M30；

G90 G54 G00 X0 Y0；
X30.0 Y10.0；
G01 Z-5.0 F100.0；
X20.0；
G02 X30.0 Y60.0 R10.0；
G03 X60.0 I10.0 J0；
G02 X80.0 Y50.0 R10.0；
X70.0；
X30.0；
X0 Y0；

相关知识：

一、数控铣刀的刀位点

刀位点是指在加工程序编制中，用以表示刀具特征的点，也是对刀和加工的基准点。加工时刀位点与工件轮廓重合，在编程中实际上是编制刀位点的运动轨迹。如图 3-2-10 所示，圆柱铣刀（立铣刀、端铣刀）的刀位点是刀具轴线与刀具底面的交点；球头铣刀的刀位点是球头的球心点或球头顶点；钻头的刀位点是钻尖或钻头底面中心。

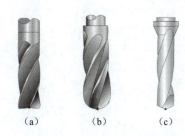

图 3-2-10 铣刀刀位点
（a）圆柱铣刀；（b）球头铣刀；（c）钻头

二、刀具的走刀路线

刀具的运动轨迹可通过阅读零件数控加工工艺文件获得，对于一般零件，工艺人员只制定数控加工工序卡，规定出工步（所有加工表面）的加工要求，编程人员根据数控机床和使用刀具的特点，按照相关工艺原则确定各工步（加工表面）的走刀方式，在编程坐标系中画出刀具的运动轨迹，即走刀路线图，然后根据加工零件的尺寸要求计算出刀具运动过程中各点的坐标值。上表面和台阶面的走刀路线见表 3-2-1 和表 3-2-2。

表 3-2-1 铣平板上表面数控加工走刀路线

第 _1_ 页共 _2_ 页

单位数控加工实训基地		零件名称	台阶轴	程序号	
工序号		工步号	1	加工内容	
					编制
符号	◐	⊗	⊙	----▶	──▶	校对
含义	编程原点	循环起点	换刀点	快进/退	工进/退	审核

表 3-2-2　铣平板侧面数控加工走刀路线

第 _2_ 页共 _2_ 页

单位数控加工实训基地		零件名称	台阶轴	程序号	
工序号		工步号	2	加工内容	
					编制
符号	◉	⊗	⊙	- - ->	——>	校对
含义	编程原点	循环起点	换刀点	快进/退	工进/退	审核

三、数控铣削编程中的数值处理

（一）绝对值尺寸 G90/增量值尺寸 G91

绝对编程：指机床运动部件的坐标尺寸值相对于坐标原点给出。
增量编程：指机床运动部件的坐标尺寸值相对于前一位置给出。
编程格式：G90/G91　G__X__Y__Z__；
功能：G90—绝对坐标尺寸编程；G91—增量坐标尺寸编程。
说明：
G90 与 G91 后的尺寸字地址只能用 X、Y、Z。
G90 与 G91 均为模态指令，可相互注销。编程时注意 G90、G91 模式间的转换，其中 G90 为机床开机的默认指令。使用 G90、G91 时无混合编程。

（二）基点、节点

1. 基点

基点含义：构成零件轮廓的几何元素的交点或切点称为基点。
特点：基点可以直接作为运动轨迹的起点或终点；相邻基点间只能有一个几何元素。
基点直接计算的内容：每条运动轨迹的起点和终点在选定坐标系中的坐标及圆弧运动轨迹的圆心坐标值。
特点：方法比较简单，一般可根据零件图样上给定的尺寸，运用代数、三角、几何或解析几何的有关知识，直接计算出数值。要注意小数点后的位数要留够，以保证足够的精度。

2. 节点

节点含义：将组成零件轮廓的曲线按照数控系统插补功能的要求，在满足允许的编程误差的条件下，用若干直线或圆弧去逼近曲线并近似代替曲线，逼近线段的交点或切点称为节点。

节点的计算：常用的有直线逼近法和圆弧逼近法。

（三）点的标注和计算

用字母或数字标出刀具路线图中的各点，并计算各点的坐标值。

上表面和台阶面走刀路线各刀位点坐标值计算见表3-2-3和表3-2-4。

表3-2-3 上表面加工刀位点坐标

刀位点		A	B	C	D	E	F	G	H	I	J
坐标值	X	-70	53	53	-53	-53	53	53	-53	-53	70
	Z	-45	-45	-22.5	-22.5	0	0	22.5	22.5	45	45

表3-2-4 台阶面加工刀位点坐标

刀位点		A	B	C	D
坐标值	X	45	47.5	-45	-45
	Z	-55	45	45	-55

步骤五 编写加工程序

想一想：
数控铣削加工编程中为什么要先调用坐标系？

做一做：
（1）编写上表面和台阶面的数控加工程序，和小组同学比较一下，然后利用仿真软件检验编写的程序。程序清单见表3-2-5和表3-2-6。

表3-2-5 上表面加工程序

第_1_页共_2_页

单位数控加工实训基地		零件名称	平面类零件3-1
工序号		工步号	程序号
程序内容		程序说明	
O3201；		程序名	
N10 G90 G54 G80 G40 G49 G00 X-70 Y-45；		建立工件坐标系，快速进给至切入点 A	
N20 M03 S1000；		启动主轴，主轴转速 1 000 r/min	
N30 Z50 M08；		主轴到达安全高度，同时打开冷却液	

续表

程序内容	程序说明
N40 G00 Z5；	接近工件
N50 G01 Z0 F200；	下到 Z0 面
N60 X53 F400；	加工上表面至 B
N70 Y−22.5；	加工上表面至 C
N80 X−53；	加工上表面至 D
N90 Y0；	加工上表面至 E
N100 X53；	加工上表面至 F
N110 Y22.5；	加工上表面至 G
N120 X−53；	加工上表面至 H
N130 Y45；	加工上表面至 I
N140 X70；	加工上表面至切出点 J
N150 G00 Z50 M09；	Z 向抬刀至安全高度，并关闭冷却液
N160 M05；	主轴停
N170 M30；	程序结束
编制	审核	批准	日期

表 3−2−6　台阶面加工程序

第 2 页共 2 页

单位数控加工实训基地		零件名称	平面类零件 3−1
工序号	工步号		程序号
程序内容		程序说明	
O3202；		程序名	
N10 G90 G54 G80 G40 G49 G00 X45 Y−55；		建立工件坐标系，快速进给至切入点 A	
N20 M03 S2000；		启动主轴，主轴转速 2 000 r/min	
N30 Z50 M08；		主轴到达安全高度，同时打开冷却液	
N40 G00 Z5；		接近工件	
N50 G01 Z−2 F200；		下刀至 Z−2	
N60 Y47.5 F400；		铣右侧台阶至 B	
N70 G00 X−45；		快进至左侧台阶起刀位置 C	
N80 G01 Y−55 F400；		铣左侧台阶至 D	
N90 G00 Z50 M05 M09；		抬刀，并关闭冷却液	
N100 M05；		主轴停	
N110 M30；		程序结束	
编制	审核	批准	日期

巩固与拓展

一、知识巩固

平板铣削加工程序编制流程如图 3-2-11 所示。

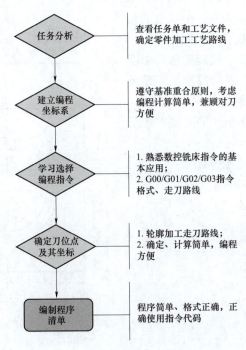

图 3-2-11 平板铣削加工程序编制流程

二、拓展任务

多学一点：
螺旋线插补方法。

螺旋线插补指令与圆弧插补指令相同，即 G02 和 G03，分别表示顺时针、逆时针螺旋线插补，顺、逆的方向要看圆弧插补平面，方法与圆弧插补相同。在进行圆弧插补时，垂直于插补平面的坐标同步运动，构成螺旋线插补运动，如图 3-2-12 所示。

格式：

$$G17 \begin{Bmatrix} G02 \\ G03 \end{Bmatrix} X\_Y\_ \begin{Bmatrix} I\_J\_ \\ R\_ \end{Bmatrix} K\_$$

$$G18 \begin{Bmatrix} G02 \\ G03 \end{Bmatrix} X\_Y\_Z\_ \begin{Bmatrix} I\_K\_ \\ R\_ \end{Bmatrix} R\_$$

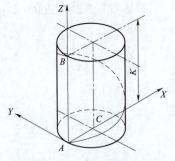

图 3-2-12 螺旋插补示意图
A—起点；B—终点；C—圆心；K—导程

$$G19 \begin{Bmatrix} G02 \\ G03 \end{Bmatrix} X\_Y\_Z\_ \begin{Bmatrix} J\_K\_ \\ R\_ \end{Bmatrix} I\_$$

程序中：X，Y，Z——螺旋线的终点坐标；

I，J，——圆心在 X 轴、Y 轴相对于螺旋线起点的坐标；

R——螺旋线在 XY 平面上的投影半径；

K——螺旋线的导程（单头即为螺距），取正值。

下面以格式 G17 为例，介绍这个参数的意义，另外两个格式中的参数意义类同。

例：如图 3-2-13 所示，螺旋槽由两个螺旋面组成，前半圆 AmB 为左旋螺旋面，后半圆 AnB 为右旋螺旋面。螺旋槽最深处为 A 点，最浅处为 B 点。要求用 φ8 mm 的立铣刀加工该螺旋槽。

（1）计算求得刀心轨迹坐标如下：

A 点：X=96，Y=60，Z=-4；

B 点：X=24，Y=60，Z=-1。

导程：K=6。

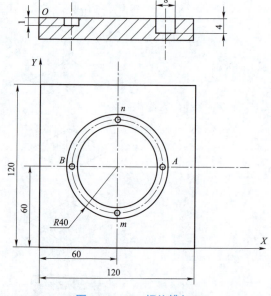

图 3-2-13 螺旋槽加工

（2）程序如下：

O0002；
N01 G54 G90 G00 X0 Y0；
N02 Z50.0；
N03 X24.0 Y60.0；
N04 Z2.0；
N05 S1500 M03；
N06 G01 Z-1.0 F50；
N07 G03 X96.0 Y60.0 Z-4.0 I36.0 J0 K6.0 F150；
N08 G03 X24.0 Y60.0 Z-1.0 I-36.0 J0 K6.0；
N09 G01 Z2.0；
N10 G00 Z50.0；
N11 X0 Y0 M05；
N12 M30；

做一做：

根据所学代码完成图 3-2-14～图 3-2-16 所示零件数控加工程序的编制。

提示：

（1）本次任务只完成图示零件平面加工程序的编制，其他结构暂不考虑；

（2）编程前要考虑零件的加工顺序；

（3）本次任务不考虑粗、精加工分开，可完成一面后再加工另一面；

（4）精加工时要考虑如何保证尺寸精度，即对有公差要求的尺寸采用中值编程；

（5）编程时选用合适的数控指令，尽量使用简便的编程方法；

（6）程序编制完成后，要利用仿真软件检验程序。

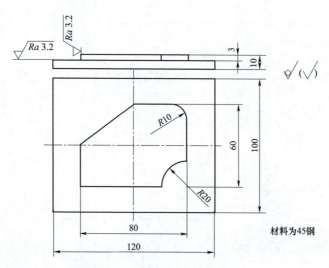

图 3-2-14　平板加工编程拓展任务一

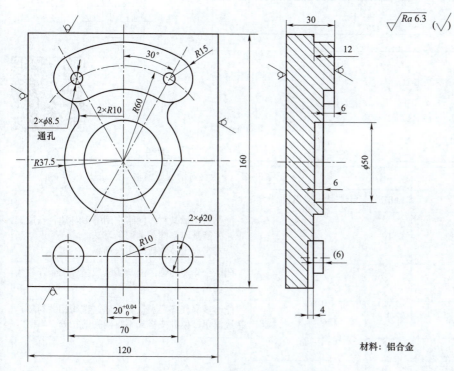

图 3-2-15　平板加工编程拓展任务二

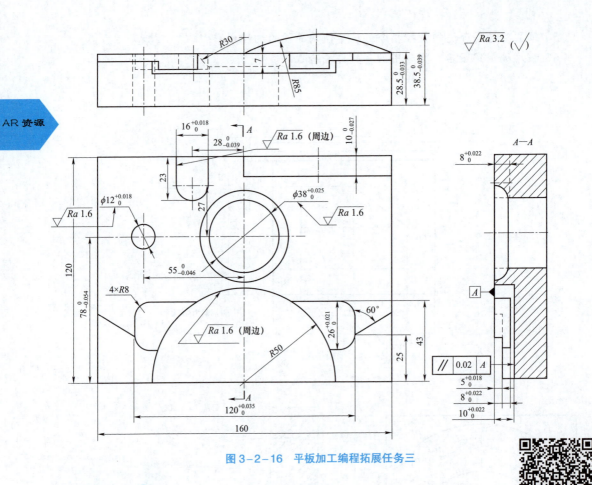

图 3-2-16 平板加工编程拓展任务三

任务考核

班级_____ 姓名_____ 学号_____

任务名称			任务 3-2 平板件铣削程序编制	
考核项目		分值/分	自评得分	教师评价	备注

	考核项目	分值/分	自评得分	教师评价	备注
工作态度	信息收集	10			能够从主体教材、网络空间等多种途径获取知识，并能基本掌握关键词学习法；基本掌握主体教材的相关知识
	团队合作	5			团队合作能力强，能与团队成员分工合作收集相关信息
	工作质量	5			能够按照任务要求认真整理、撰写相关材料，字迹潦草、模糊或格式不正确酌情扣分
任务实施	任务分析	5			考查学生执行工作步骤的能力，并兼顾任务完成的正确性和工作质量
	建立编程坐标系	10			
	认识数控编程指令	15			
	计算刀位点坐标值	15			
	编写加工程序	5			

续表

考核项目	分值/分	自评得分	教师评价	备注
拓展任务完成情况	10			考查学生利用所学知识完成相关工作任务的能力
拓展知识学习效果	10			考查学生学习延伸知识的能力
技能鉴定完成情况	10			考查学生完成本工作任务后达到的技能掌握情况
小计	100			
小组互评	100			主要从知识掌握、小组活动参与度及见习记录遵守等方面给予中肯考核
表现加分	10			鼓励学生积极、主动承担工作任务
总评	100			总评成绩=自评成绩×40%+指导教师评价×35%+小组评价×25%+表现加分

任务三 连杆轮廓铣削程序编制

任务目标

通过本任务的实施，达到以下目标：
- 能查看工艺文件，了解零件加工的工艺信息；
- 学会绘制走刀路线图；
- 学会连杆轮廓零件的数控加工程序编制；
- 能采用合适的方法检验程序。

任务描述

一、任务内容

某数控车间拥有配置 FANUC 数控系统的 V600 数控铣床 8 台，工厂要求该车间在一周内精铣加工如图 3-3-1 所示连杆 10 000 件。该零件的工艺路线已由车间工艺员编制完成，见表 3-3-1 和表 3-3-2。请根据所提供的零件图纸及该零件数控加工工艺文件，遵守数控编程相关原则，编制该工件的数控加工程序，上交零件数控加工程序清单，以便尽快组织生产。

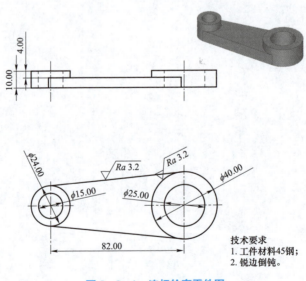

图 3-3-1 连杆轮廓零件图

二、实施条件

（1）生产车间或实训基地，供学生熟悉机械加工的工作过程，了解常见的加工方法和工艺装备等；

（2）零件的图纸、机械加工工艺文件等资料，供学生完成工作任务；

（3）数控铣床编程说明书或计算机仿真软件使用手册及数控编程的参考资料，供学生获取知识和任务实施时使用。

表 3-3-1 连杆轮廓数控加工工序卡

第 1 页共 1 页

单位	数控加工实训基地		零件名称	平板件	材料	45 钢
工序号	程序编号	夹具	切削液	设备	毛坯	车间
		平口钳		V600		
工步号	工步内容	加工表面	主轴转速/(r·min⁻¹)	进给量/(mm·min⁻¹)	切削深度/mm	刀具号
1	精铣轮廓	轮廓	2 000	400	10	T01
编制		审核		批准	日期：	

表 3-3-2 连杆轮廓数控加工刀具卡

单位	数控加工实训基地			程序号		
零件名称	平板件		工序号		工步号	
序号	刀具号	刀具名称	加工表面	刀具规格		刀补参数		数量
				刀柄	刀片	刀号	刀补号	
1	T01	∅10 mm 圆柱铣刀	轮廓					1
编制		审核		批准		日期		

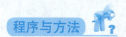
程序与方法

步骤一 任务分析

做一做：

查看所给的工艺文件，了解本次工作任务，确定本次工作的工作内容和使用的工艺装备。从本任务的工艺文件卡片中可以看出：

（1）该连杆零件材料是 45 钢，连杆的轮廓已经进行过粗加工。

（2）零件的装夹采用一面两销定位，工件上表面高出钳口 10 mm 左右，用百分表找正，如图 3-3-2 所示。

（3）使用的刀具如图 3-3-3 所示，零件的加工方案为：

用 ϕ10 mm 圆柱铣刀精铣轮廓，切削速度为 2 000 r/min，进给速度为 400 mm/min；

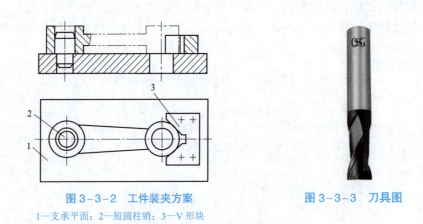

图 3-3-2 工件装夹方案　　　　　图 3-3-3 刀具图

1—支承平面；2—短圆柱销；3—V 形块

步骤二　建立编程坐标系

做一做：

试确定连杆轮廓零件的编程坐标系，与小组同学比较，找出最合理的设置方法。

连杆轮廓的编程坐标系如图 3-3-4 所示。

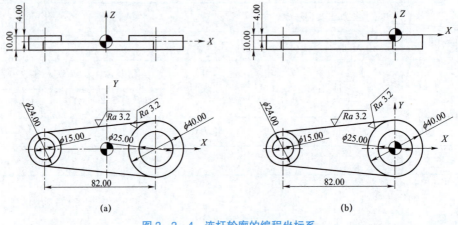

图 3-3-4　连杆轮廓的编程坐标系

(a) 连杆轮廓编程坐标系（上角）；(b) 连杆轮廓原点在中心

相关知识：

一、数控铣床坐标系

数控机床的坐标系包括机床坐标系和编程坐标系两种。

1. 机床坐标系

机床坐标系是机床上固有的坐标系,是用来确定工件坐标系的基本坐标系,是确定刀具(刀架)或工件(工作台)位置的参考系,并建立在机床原点上。

机床坐标系的原点也称机床原点或机械原点,是机床制造商设置在机床上的一个物理位置,其作用是使机床与控制系统同步,建立测量机床运动坐标的起始点。如图 3-3-5 所示的 O_1 点,它在机床装配、调试时就已确定下来,是数控机床进行加工运动的基准参考点。在数控铣床上,机床原点一般取在 X、Y、Z 坐标的正方向极限位置上。

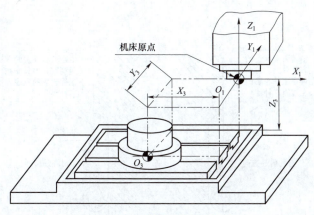

图 3-3-5 数控铣床机床原点

2. 编程坐标系

编程坐标系又称工件坐标系,是编程人员根据零件图样及加工工艺等建立的坐标系。工件装夹到机床上时,应使工件坐标系与机床坐标系的坐标轴方向保持一致。编程坐标系的原点,也称编程原点或工件原点,是由编程人员根据编程计算方便性、机床调整方便性、对刀方便性在毛坯上确定的几何基准点,一般为零件图上最重要的设计基准点,如图 3-3-5 所示的 O_3 点。

步骤三 认识数控编程指令

相关知识:

一、刀具半径补偿指令(G41,G42,G40)

(一)指令格式

建立刀具补偿指令:G00/G01 G41/G42 X_ Y_ D_ (F_);
取消刀具补偿格式:G00/G01G40 X_ Y_ (F_);
程序中:X,Y——建立补偿直线段的终点坐标值;

G41/G42——刀具半径左/右补偿（左刀补/右刀补），G41、G42 皆为模态指令；
G40——刀具半径补偿撤消；
D——刀具半径补偿寄存器地址字，后跟两位数字表示，用于存储设定补偿值。

（二）刀具补偿判断方向

假设工件不动，沿着刀具的运动方向向前看，刀具位于工件左侧的刀具半径补偿称为刀具半径左补偿，用指令 G41 表示；假设工件不动，沿着刀具的运动方向向前看，刀具位于工件右侧的刀具半径补偿称为刀具半径右补偿，用指令 G42 表示。当主轴顺时针转时，G41 为顺铣，G42 为逆铣，数控铣床上常用顺铣 G41。刀具半径补偿方向判定如图 3-3-6 所示。

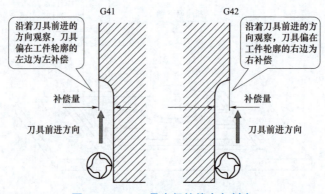

图 3-3-6 刀具半径补偿方向判定

二、子程序调用（M98、M99）

在编制加工程序的过程中，如果有一组程序段在一个程序中多次出现或者在几个程序中都要使用它，则可以将这个典型的加工程序编制成固定程序，单独命名，这种程序段称为子程序。使用子程序可以减少不必要的编程重复，从而达到简化编程的目的。

编程格式：

M98 P△△△○○○○；

前三位为子程序重复调用次数，省略时为调用一次，后四位为子程序号。

子程序格式：

O××××；

⋮

M99；

M99 为子程序结束指令或返回主程序指令。

主程序可重复调用多次，被主程序调用的子程序还可以再调用其他的子程序，称为子程序的嵌套。子程序调用最多允许嵌套 4 层，如图 3-3-7 所示。

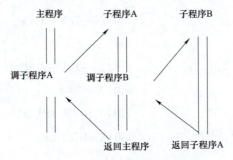

图 3-3-7 子程序的嵌套

想一想：
若 D 代码中存放的刀具半径补偿值小于刀具半径值，能否得到正确的零件？

做一做：
查看如图 3-3-8 所示零件的并行排列轮廓加工程序，已知毛坯尺寸：100 mm×70 mm×20 mm。领会子程序的应用及 G91 的使用。

分析：零件在 XY 平面具有三个轮廓形状相同的槽，深度只有 5 mm，只要编写一个子程序，且在不同的位置调用 3 次即可。选用 ϕ12 mm 的高速钢键槽铣刀进行轮廓的加工。

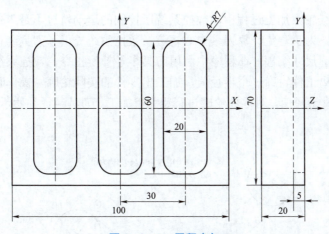

图 3-3-8 子程序加工

程序如下：

O0004；（主程序）
G54 G00 Z100.；
M03 S750；
X30. Y0；
Z5.；
G01 Z-5. F100；
M98 P0005；
G90 G00 Z5.；

O0005；（子程序）
G91 G41 Y10. D01；
G03 X-10. Y-10. R10.；
G01 Y-23.；
G03 X7. Y-7. R7.；
G01 X6.；
G03 X7. Y7. R7.；
G01 Y46.；

X0 Y0；
G01 Z-5. F100；
M98 P0005；
G90 G00 Z5.；
X-30. Y0；
G01 Z-5. F100；
M98 P0005；
G90 G00 Z50.；
M30；

G03 X-7. Y7. R7.；
G01 X-6.；
G03 X-7. Y-7. R7.；
G01 Y-23.；
G03 X10. Y-10. R10.；
G01 G40 Y10.；
M99；

步骤四 计算刀位点坐标值

相关知识：

一、刀具半径补偿原理

数控机床在连续轮廓加工过程中，数控系统所控制的运动轨迹不是零件的轮廓，而是加工刀具的中心轨迹。为了避免计算刀具中心轨迹，数控系统提供了刀具半径补偿功能。直接按零件图样上的轮廓尺寸编程，在程序中利用刀具半径补偿指令，数控系统自动计算刀心轨迹坐标，使刀具偏离工件轮廓一个半径值，加工出零件的实际轮廓。操作时还可以用同一个程序，通过改变刀具半径值，对零件轮廓进行粗、精加工。刀具半径补偿示意图如图3-3-9所示。

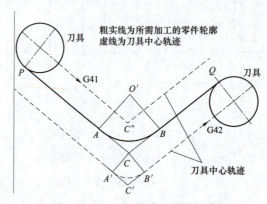

图3-3-9 刀具半径补偿示意图

（一）刀具半径补偿过程（图3-3-10）

1. 刀补建立

从起刀点运动到工件刀具半径补偿起始点的过程。

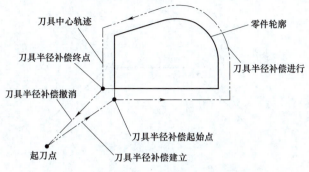

图 3-3-10　刀具半径补偿过程示意图

2. 刀补进行

控制刀具中心轨迹在工件轮廓法矢量方向上始终偏移的过程。刀具半径补偿一旦建立,便一直维持补偿状态,直到被撤销。

3. 刀补撤消

刀具撤离工件表面,取消刀具补偿并返回到起刀点的过程。

(二)使用刀补时注意事项

(1)若 D 代码中存放的刀具半径补偿值为负值,那么 G41 与 G42 指令可以相互取代。

(2)建立刀具半径补偿或撤消刀具半径补偿时,移动指令只能用 G01 或 G00,不能用 G02 或 G03。

(3)刀具半径补偿容易引起过切的情况:

① 加工半径小于刀具半径的内圆弧,如图 3-3-11 所示。

② 铣削槽底宽小于刀具直径的沟槽,如图 3-3-12 所示。

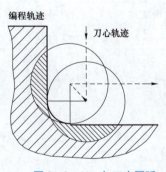
图 3-3-11　加工内圆弧

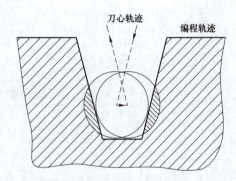
图 3-3-12　加工沟槽

(4)一般情况下,刀具半径补偿偏置代号要在刀补取消后才能变换。如果在补偿状态下变换偏置代号,则当前程序段终点的偏移向量值由该程序段所指定的补偿值决定,而当前程序段起点的偏移向量值则保持不变,如图 3-3-13 所示。

(5)采用同一加工程序可以实现用一把刀具完成工件的粗、精加工,如图 3-3-14 所示。设刀具半径为 R,精加工余量为 Δ,则粗加工的偏移量为 $R+\Delta$,精加工的偏移量为 R。

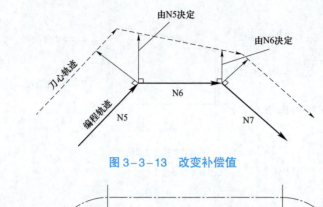

图 3-3-13 改变补偿值

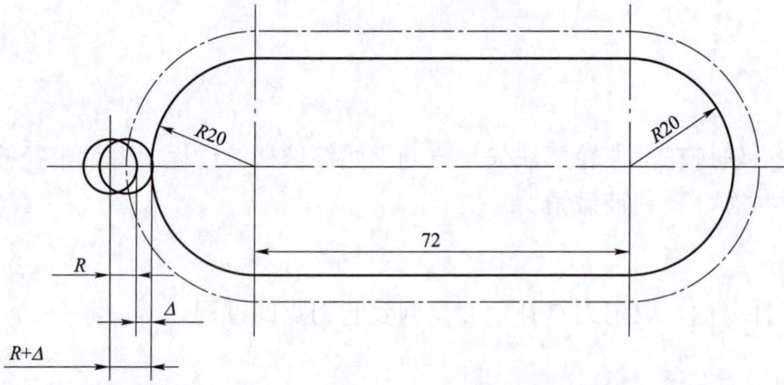

图 3-3-14 应用刀具半径补偿实现工件的粗、精加工

二、刀具的走刀路线

精铣连杆轮廓的走刀路线见表 3-3-3。

表 3-3-3 精铣连杆轮廓的走刀路线

第_1_页共_1_页

单位（公司）		零件名称	台阶轴	程序号	
工序号		工步号	1	加工内容	
					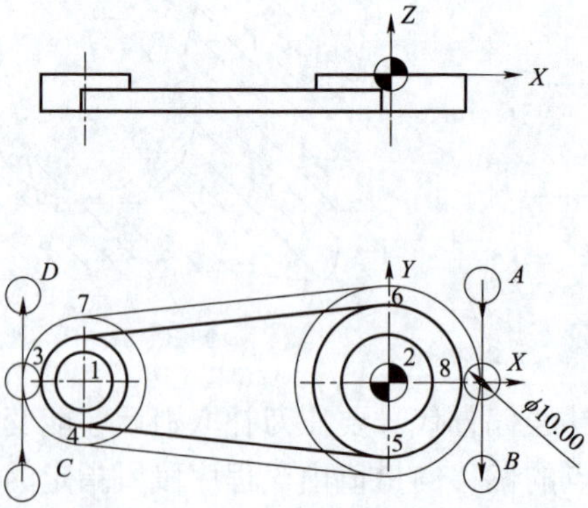 编制
符号	●	⊗	⊙	- - - →	——	校对
含义	编程原点	循环起点	换刀点	快进/退	工进/退	审核

精铣连杆轮廓的走刀路线各刀位点坐标值计算见表 3-3-4。

表 3-3-4 精铣连杆轮廓加工刀位点坐标

刀位点		1	2	3	4	5	6	7	8
坐标值	X	82	0	94	-83.165	-1.951	-1.951	-83.165	20
	Y	0	0	0	-11.943	-19.905	19.905	11.943	0

做一做：

根据图 3-3-15 所示零件图，指出程序指令中的刀补建立、刀补进行、刀补撤销程序段。
程序指令：

O0001；
N10　G90 G54 G17；
N20　G00 X0 Y0 S1000 M03；
N30　G00 Z100；
N40　G00 Z5；
N50　G41 G00 X20. Y10. D1；
N60　Y50.；
N70　X50.；
N80　Y20.；
N90　X10.；
N100　G40 G00 X0 Y0；
N110　Z100；
N120　M30；

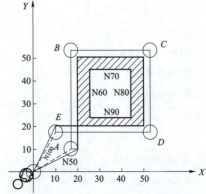

图 3-3-15 零件图

步骤五　编写加工程序

做一做：

编写精铣连杆轮廓的数控加工程序，与小组同学比较，然后利用仿真软件检验你编写的程序。程序清单见表 3-3-5 和表 3-3-6。

工艺路线安排：采用左刀补由 A 点进刀，再由 B 点退刀加工 $\phi 40$ mm 的圆；由 C 点进刀，再由 D 点退刀加工 $\phi 24$ mm 的圆；然后由 A 点进刀，再由 B 点退刀加工整个轮廓。

表 3-3-5 精铣连杆轮廓数控加工程序清单

第 1 页共 2 页

单位（公司）		零件名称	
工序号		工步号	程序号
程序内容		程序说明	
O3301；		主程序名	
N10 G90 G54 G80 G40 G49 G00 X28.0 Y20.0；		建立工件坐标系，快速移动到 A 点	

续表

程序内容	程序说明
N20 G00 Z10.0;	快进至安全高度
N30 G01 Z-4.0 F400 S2000 M03 M08;	下刀至-4 mm高度处,启动主轴和冷却液
N40 G41 X20.0 Y0 D01 F100;	刀具半径左补偿,切向进刀至8点
N50 G02 I-20.0 J0;	圆弧插补铣ϕ40 mm的圆
N60 G40 G01 X28.0 Y-20.0;	取消刀补,切向退刀至B点
N70 G00 Z10.0;	提刀至安全高度
N80 X-102.0 Y-20.0;	快速移动到C点
N90 G01 Z-4.0 F200;	下刀至-8 mm高度处
N100 G41 X-94.0 Y0 D01 F100;	刀具半径左补偿,切向进刀至3点
N110 G02 I12.0 J0;	圆弧插补铣ϕ24 mm的圆
N120 G40 G01 X102.0 Y20.0;	取消刀补,切向退刀至D点
N130 G00 Z10.0;	提刀至安全高度
N140 X28.0 Y20.0;	快速移动到A点
N150 G01 Z-6.0 F200;	下刀至-6 mm高度处
N160 M98 P3302;	调用子程序
N170 G01 Z-11.0 F200;	下刀至-11 mm高度处
N180 M98 P3302;	调用子程序
N190 G00 Z10.0 M05 M09;	提刀至安全高度,主轴停止,关冷却液
N200 M30;	程序结束
编制	审核	批准	日期

表 3-3-6 精铣连杆轮廓数控加工程序清单

第_2_页共_2_页

单位(公司)		零件名称	
工序号		工步号	程序号
程序内容		程序说明	
O3302;		子程序名	
G41 X20.0 Y0 D01 F100;		刀具半径左补偿,切向进刀至8点	
G02 X-1.951 Y-19.905 I-20.0 J0;		圆弧插补至5点	
G01 X-83.165 Y-11.943;		直线进给至4点	
G02 Y11.943 I1.165 J11.943;		圆弧插补至7点	
G01 X-1.951 Y19.905;		直线进给至6点	
N210 G02 X20.0 Y0 I1.195 J19.905;		圆弧插补至8点	
G40 G01 X28.0 Y-20.0;		取消刀补,切向退刀至B点	
M99;		子程序结束,返回主程序	
编制	审核	批准	日期

新视野

数控技术的发展趋势之四：功能复合化

巩固与拓展

一、知识巩固

连杆轮廓铣削程序编制流程如图 3-3-16 所示。

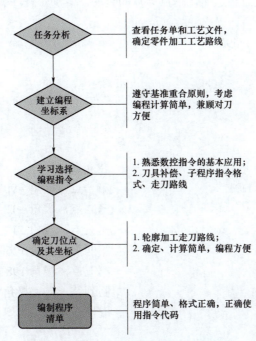

图 3-3-16　连杆轮廓铣削程序编制流程

二、拓展任务

多学一点：

简化编程功能指令

（一）极坐标指令（G15、G16）

G15：极坐标指令取消；

G16：极坐标指令有效。

极坐标角度，规定逆时针为角度的正方向、顺时针为负方向。

如图 3-3-17 所示工件，毛坯尺寸为 φ50 mm×35 mm，材料为 45 钢，试编制其加工程序。

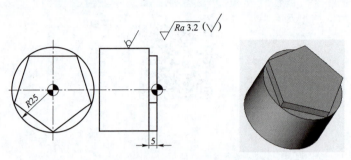

图 3-3-17 极坐标编程应用实例

加工本例工件时，由于外接正五边形顶点的基点计算很麻烦，容易出错，为此采用极坐标方式进行编程加工，从而到达简化基点计算的目的。其加工程序如下：

O5001；
G54 G40 G49 G17 G80 G90；
G00 Z50.；
X0 Y-50.；
M03 S600；
Z0；
G01 Z-5. F100；
G16；   建立极坐标
G42 G01 X25. Y-90. D01；   第一点，极角-90°
        Y-18.；   第二点，极角-18°
        Y54.；   第三点，极角 54°
        Y126.；   第四点，极角 126°
        Y198.；   第五点，极角 198°
        Y-90.；   回到第一点，极角-90°
G15；   取消极坐标
G40 G01 X0 Y-50.；
G00 Z100.；
M30；

2. 坐标旋转（G68、G69）

指令格式：G68 X_Y_R_；
G69（坐标旋转取消）

程序中：X，Y——图形旋转中心；

R——旋转角度，一般为 0°～360°，逆时针为正，顺时针为负，不足 1°用小数点表示。

加工如图 3-3-18 所示工件，毛坯尺寸为 φ50 mm×20 mm，试编制其加工程序。

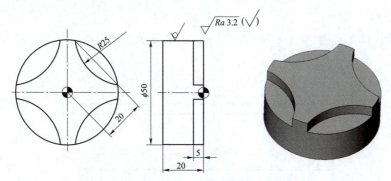

图 3-3-18 坐标旋转功能应用实例

该零件圆周上均布的 4 个圆弧形轮廓的尺寸完全一致,只是与坐标轴夹角不同,可以认为是绕着工件中心旋转。采用坐标旋转指令编程,可以省去复杂的数学计算。

O5004;	主程序
G54 G40 G49 G17 G80 G90;	
G00 Z50.;	
X50. Y0;	
M03 S600;	
Z0;	
G68 X0 Y0 R45.;	坐标逆时针旋转 45°
M98 P0004;	调用圆弧加工子程序
G69;	取消旋转
G68 X0 Y0 R135.;	坐标逆时针旋转 135°
M98 P0004;	调用圆弧加工子程序
G69;	取消旋转
G68 X0 Y0 R225.;	坐标逆时针旋转 225°
M98 P0004;	调用圆弧加工子程序
G69;	取消旋转
G68 X0 Y0 R315.;	坐标逆时针旋转 315°
M98 P0004;	调用圆弧加工子程序
G69;	取消旋转
G00 Z100.;	
M30;	
O0004;	圆弧加工子程序
G00 X50. Y0;	
G01 Z-5. F100;	
G41 X20. Y15. D01;	
G03 Y-15. R25.;	
G40 G01 X50. Y0;	
Z5.;	
M99;	

做一做：

根据所学代码完成图 3-3-19～图 3-3-22 所示零件的数控加工程序的编制。

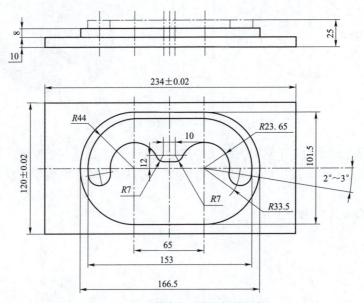

图 3-3-19 轮廓加工编程拓展任务一

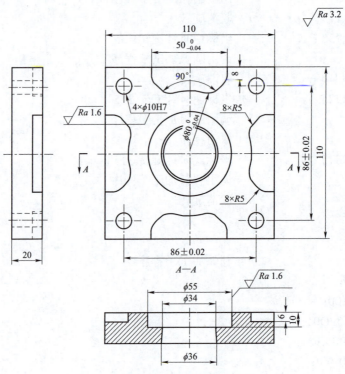

图 3-3-20 轮廓加工编程拓展任务二

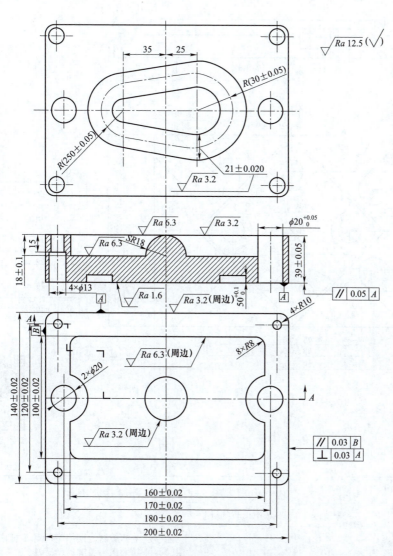

图 3-3-21 轮廓加工编程拓展任务三

提示：

（1）本次任务只完成图示零件平面和轮廓加工程序的编制，其他结构暂不考虑；
（2）编程时要考虑零件的加工顺序；
（3）本次任务不考虑粗、精加工分开，可完成一面后再加工另一面；
（4）精加工时要考虑如何保证尺寸精度，即对有公差要求的尺寸采用中值编程；
（5）程序编制完成后，要利用仿真软件检验程序。

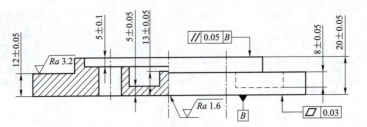

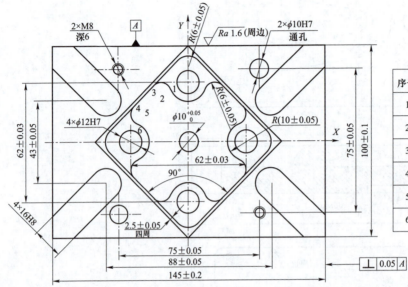

图 3-3-22　轮廓加工编程拓展任务四

序号	X	Y
1	−9.05	26.75
2	−14.48	24.20
3	−18.73	28.44
4	−28.44	18.73
5	−24.20	14.48
6	−26.75	9.05

任务考核

班级_____　　姓名_____　　学号_____

任务名称		任务3-3　连杆轮廓铣削程序编制			
考核项目		分值/分	自评得分	教师评价	备注
工作态度	信息收集	10			能够从主体教材、网络空间等多种途径获取知识，并能基本掌握关键词学习法；基本掌握主体教材的相关知识
	团队合作	5			团队合作能力强，能与团队成员分工合作收集相关信息
	工作质量	5			能够按照任务要求认真整理、撰写相关材料，字迹潦草、模糊或格式不正确酌情扣分
任务实施	任务分析	5			考查学生执行工作步骤的能力，并兼顾任务完成的正确性和工作质量
	建立编程坐标系	10			
	认识数控编程指令	15			
	计算刀位点坐标值	15			
	编写加工程序	5			

续表

考核项目	分值/分	自评得分	教师评价	备注
拓展任务完成情况	10			考查学生利用所学知识完成相关工作任务的能力
拓展知识学习效果	10			考查学生学习延伸知识的能力
技能鉴定完成情况	10			考查学生完成本工作任务后达到的技能掌握情况
小计	100			
小组互评	100			主要从知识掌握、小组活动参与度及见习记录遵守等方面给予中肯考核
表现加分	10			鼓励学生积极、主动承担工作任务
总评	100			总评成绩=自评成绩×40%+指导教师评价×35%+小组评价×25%+表现加分

任务四　平面凸轮铣削程序编制

任务目标

通过本任务的实施，达到以下目标：
- 能查看工艺文件，了解零件加工的工艺信息；
- 学会绘制走刀路线图；
- 学会具有函数曲线轮廓类零件的数控加工程序的编制。

任务描述

一、任务内容

某数控车间拥有配置 FANUC 数控系统的 V600 数控铣床 8 台，工厂要求该车间在一个月内加工如图 3-4-1 所示凸轮轴 3 000 件。该零件的工艺路线已由车间工艺员编制完成，如表 3-4-1 所示。请根据所提供的零件图纸及该零件数控加工工艺文件，遵守数控编程相关原则，编制该工件的数控加工程序，上交零件数控加工程序清单，以便尽快组织生产。

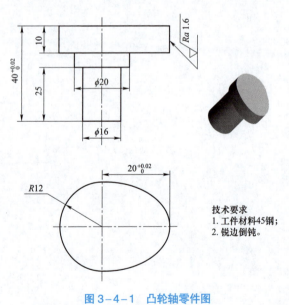

图 3-4-1　凸轮轴零件图

二、实施条件

（1）生产车间或实训基地，供学生熟悉机械加工的工作过程，了解常见的加工方法、工艺装备等。

（2）零件的零件图纸、机械加工工艺文件等资料，供学生完成工作任务，见表 3–4–1 和表 3–4–2。

（3）数控铣床编程说明书或计算机仿真软件使用手册及数控编程的参考资料，供学生获取知识和任务实施时使用。

表 3–4–1 凸轮轮廓数控加工工序卡

第_1_页共_1_页

单位数控加工实训基地		零件名称		平板件		材料		45 钢
工序号	程序编号	夹具		切削液	设备		毛坯	车间
		平口钳 V 形块			V600		工序 1 完成件	
工步号	工步内容		加工表面	主轴转速/ ($r \cdot min^{-1}$)	进给量/ ($mm \cdot min^{-1}$)		切削深度 /mm	刀具号
1	铣上表面		侧圆面	1 000	200		10	01
编制		审核		批准			日期：	

表 3–4–2 凸轮轮廓数控刀具工序卡

单位数控加工实训基地					程序号		
零件名称		平板件	工序号		工步号		
序号	刀具号	刀具名称	加工表面	刀具规格		刀补参数	数量
				刀柄	刀片	刀号	刀补号	
1	T01	φ10 mm 圆柱铣刀	侧圆面					1
编制		审核		批准		日期	

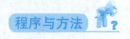

步骤一　任务分析

做一做：

根据该零件的工艺分析，主要分两个工艺过程，第一道工艺为车床加工，本次任务为第二道加工工艺。根据工序卡我们可以看出，在车床加工中，已经将零件加工为如图 3–4–2 所示结构和尺寸。

除此之外，从本例题的工艺文件中还可以看出：

（1）该零件材料是 45 钢，毛坯是轧制棒料；

（2）零件采用精密平口钳，配用 V 形块进行装夹，用百分表找正，如图 3-4-3 所示。

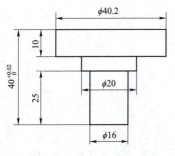

图 3-4-2　本工序毛坯图

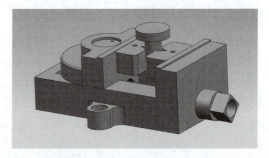

图 3-4-3　工件装夹方案

（3）零件的加工方案只有 1 个工步，使用的刀具如图 3-4-4 所示。

用 ϕ 10 mm 圆柱铣刀加工椭圆外柱面，切削速度为 2 000 r/min，进给速度为 200 mm/min。

步骤二　建立编程坐标系

做一做：

根据工艺要求，如图 3-4-5 所示，确定工件的工件坐标系，坐标原点位于上表面的中心。由于本次加工为第二道工序，故在对刀时不能使用试切法对刀，为防止对工件产生过切，必须使用寻边器等对刀工具进行对刀。

图 3-4-4　刀具图

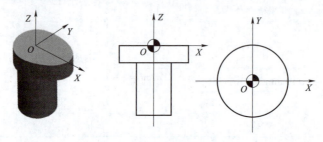

图 3-4-5　凸轮零件坐标系

步骤三　认识数控编程指令

相关知识：

一、用户宏程序

用户宏程序是以变量的组合，通过各种算术和逻辑运算及转移和循环等命令而编制的一种可以灵活运用的程序，只要改变变量的值即可以完成不同的加工和操作。用户宏程序可以简化程序的编制、提高工作效率。宏程序可以像子程序一样用一个简单的指令调用。

（一）变量

在常规程序中，总是将一个具体的数值赋给一个地址，为了使程序更具有通用性、更加灵活，在宏程序中设置了变量。

1. 变量的表示

变量由变量符号#和后面的变量号组成：#i（i=1, 2, 3, …）。例如#100，#110，#5 等。
变量序号可用表达式，但表达式必须放在 [ ] 中，如#5，#109，#［100+#5］。

2. 变量的引用

将跟随在一个地址后的数值用一个变量来代替，即引入了变量。
对于 G01 X#100 Z#101 F#102，当#100=25、#101=－30、#102=0.1 时，即表示为"G01 X25 Z－30 F0.1；"。

① 用表达式指定变量，表达式要放在方括号里：G01 X［#1+#2］F#3。
② 引用一个未定义变量时，在遇到地址字之前，该变量被忽略。
③ 要改变被引用变量的符号，在#前加负号 G01 X－#1。

3. 变量的类型

变量分为局部变量、公共变量和系统变量三种。

1）局部变量（#1～#33）

局部变量是一个在宏程序中局部使用的变量，可以服务于不同的宏程序，在不同的宏程序中局部变量可以赋不同的值，相互之间互不影响。

2）公共变量（#100～#199，#500～#999）

公共变量也叫通用变量，可在各级宏程序中被共同使用，即这一变量在不同程序级中调用时含义相同。因此，一个宏程序中经计算得到的一个通用变量的数值可以被另一个宏程序调用。

3）系统变量（#1000～）

系统变量用来读取和写入各种数控数据项，如当前位置和刀具偏置值，它的值决定于系统的状态。

4. 变量的赋值

1）直接赋值

MDI 方式直接赋值或在程序中以等式方式赋值，等号左边不能用表达式。

2）宏程序调用时赋值

宏程序以子程序的方式出现，所用变量均可在宏程序调用时赋值。

（二）运算指令

变量之间进行运算的通常表达形式是：#i=（表达式）。
常用运算指令如下：
定义替换：#i=#j；
加：#i=#j+#k；

减：#i=#j−#k;
乘：#i=#j×#k;
除：#i=#j÷#k;
正弦函数：#i=SIN [#j];
余弦函数：#i=COS [#j];
正切函数：#i=TAN [#j];
平方根：#i=SQRT [#j];
取绝对值：#i=ABS [#j];

以上算术运算和函数运算可以结合在一起使用，运算的先后顺序是：函数运算、乘除运算、加减运算。在三角函数的运算中，单位为度。

表达式中括号的运算将优先进行。连同函数中使用的括号在内，括号在表达式中最多可用 5 层。

（三）宏程序调用 G65

宏程序的简单调用是指在主程序中，宏程序可以被单个程序段单次调用。
调用指令格式：
　　G65　P（宏程序号）L（重复次数）（变量分配）；
程序中：G65——宏程序调用指令；
　　　　P（宏程序号）——被调用的宏程序代号；
　　　　L（重复次数）——宏程序重复运行的次数，重复次数为 1 时，可省略不写；
　　　　L（变量分配）——宏程序中使用的变量赋值。
宏程序与子程序相同的一点是，一个宏程序可以被另一个宏程序调用，最多可调用 4 重。

1. 变量分配类型 I

该类变量中的文字变量与数字序号变量之间有如表 3-4-3 所示的关系。

表 3-4-3　变量分配类型 I

A	#1	I	#4	T	#20
B	#2	J	#5	U	#21
C	#3	K	#6	V	#22
D	#7	M	#13	W	#23
E	#8	Q	#17	X	#24
F	#9	R	#18	Y	#25
H	#11	S	#19	Z	#26

说明：
(1) 地址 G、L、N、O、P 不能在自变量中使用。
(2) 每个字母指定一次。
(3) 不需要指定的地址可以省略，对应于省略地址的局部变量设为空。
(4) 地址不需要按字母顺序指定，但应符合字地址的格式。注意：I、J、K 需要按字母顺序指定。
(5) #1~#26 为数字序号变量。

例：G65　P1000　A1.0　B2.0　I3.0；

含义为：调用宏程序号为 1000 的宏程序运行一次，并为宏程序中的变量赋值，其中：#1=1.0，#2=2.0，#4=3.0。

2. 变量分配类型 Ⅱ

该类变量中的文字变量与数字序号变量之间有如表 3-4-4 所示的关系。

表 3-4-4　变量分配类型 Ⅱ

A	#1	K_3	#12	J_7	#23
B	#2	I_4	#13	K_7	#24
C	#3	J_4	#14	I_8	#25
I_1	#4	K_4	#15	J_8	#26
J_1	#5	I_5	#16	K_8	#27
K_1	#6	J_5	#17	I_9	#28
I_2	#7	K_5	#18	J_9	#29
J_2	#8	I_6	#19	K_9	#30
K_2	#9	J_6	#20	I_{10}	#31
I_3	#10	K_6	#21	J_{10}	#32
J_3	#11	I_7	#22	K_{10}	#33

说明：
（1）使用 A、B、C 各 1 次，I、J、K 各 10 次。
（2）I、J、K 的下标用于确定自变量指定的顺序，在实际编程中不写。
（3）程序中出现的第一个 I 为#4，第二个 I 为#7，依此类推。

例：G65 P0020 A50 I40 J-20 K15 I-17 I8；

含义为：调用宏程序 O0020 一次，并为宏程序中的变量赋值，其中：#1=50、#4=40、#5=-20、#6=15、#7=-17、#10=8。

若两种变量指定方法同时使用，则优先采用后出现的那种。

（四）控制转移指令

1. 无条件转移指令

指令格式：GOTO　n；
程序中：n——程序段号。

将程序无条件地转移到程序段为 N*n* 的地方执行：

GOTO　50；

GOTO　#5；

2. 条件转移指令

指令格式：IF［条件表达式］GOTO　*n*；

注意：

（1）如果表达式的条件得以满足，则转而执行程序中程序段号为 *n* 的相应操作，程序段号 *n* 可以由变量或表达式替代。

（2）如果表达式中条件未满足，则顺序执行下一段程序。

（3）如果程序作无条件转移，则条件部分可以被省略。

（4）表达式可按以下书写：

#*j*	EQ	#*k*	表示=
#*j*	NE	#*k*	表示≠
#*j*	GT	#*k*	表示＞
#*j*	LT	#*k*	表示＜
#*j*	GE	#*k*	表示≥
#*j*	LE	#*k*	表示≤

3. 循环语句

指令格式：

WHILE［条件表达式］DO *m*（*m*=1, 2, 3）；

……

END *m*；

注意：

（1）条件表达式满足时，重复执行 DO *m* 至 END *m* 间的程序段；

（2）条件表达式不满足时，程序转到 END *m* 后执行。

（3）如果 WHILE［条件表达式］部分被省略，则程序段 DO *m* 至 END *m* 之间的部分将一直重复执行。

提示：

（1）WHILE　DO *m* 和 END *m* 必须成对使用。

（2）DO 语句允许有 3 层嵌套。

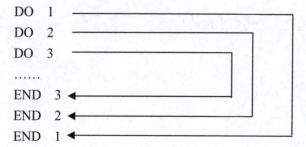

③ DO 语句范围不允许交叉，即如下语句是错误的：

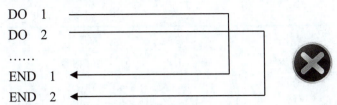

编制如图 3-4-6 所示整椭圆轨迹加工程序（假定加工深度为 2 mm）。
已知椭圆的参数方程为 $X=a\cos\theta$，$Y=b\sin\theta$。

变量数学表达式：
设定：θ =#101（0°～360°）
那么：X=#102=a*cos［#101］
　　　Y=#103=b*sin［#101］

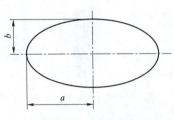

图 3-4-6　椭圆轨迹

程序：
O0001；
M03 S1000；
G90 G54 G00 Z100；
G00 Xa Y0；
G00 Z3；
G01 Z-2 F100；
#101=0；
N99　#102=a*cos［#101］；
#103=b*sin［#101］；
G01 X［#102］Y［#103］F300；
#101=#101+1；
IF［#101 LE 360］GOTO 99；
G00 Z50；
M30；

步骤四　计算刀位点坐标值

相关知识：

一、刀具的走刀路线

根据零件的技术要求和相关工艺原则，采用分层环切的方式进行走刀加工，在加工过程中刀具的运动轨迹由零件的轮廓确定，编程者需要根据工艺文件找出刀具走刀过程中的换刀点、进刀点、退刀点及零件轮廓的基点、节点等，以便于编程使用，这些点的确定方法将在本教材项目三的任务六板壳件数控铣削加工工艺编制中详细介绍。

本工序的走刀路线如表 3-4-5 所示。

表 3-4-5 数控加工走刀路线

第___页共___页

单位数控加工实训基地		零件名称	凸轮轴	程序号	
工序号		工步号	1	加工内容	
					编制
符号	◉	⊗	⊙	----→	──→	校对
含义	编程原点	循环起点	换刀点	快进/退	工进/退	审核

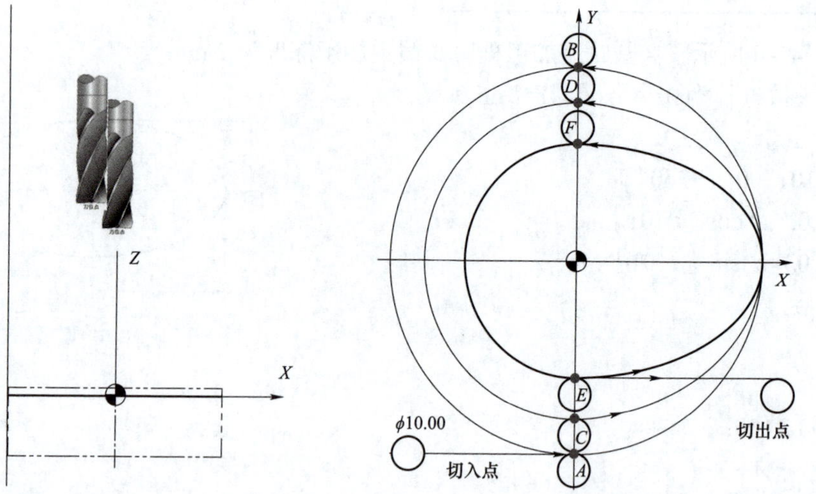

二、基点节点

用字母或数字标出刀具路线图中的各点,并计算各点的坐标值。

上表面和台阶面走刀路线各刀位点坐标值计算见表 3-4-6。

表 3-4-6 上表面加工刀位点坐标

刀位点		A	B	……	E	F
坐标值	X	0	0		0	0
	Y	−20	20		−12	12
	Z	−10	−10		−10	−10

步骤五 编写加工程序

做一做:

编程逻辑顺序图如图 3-4-7 所示。

注意:

(1)在椭圆的加工中,使用短直线插补(G01)的连线近似替代椭圆弧,故椭圆弧的精度高低取决于短直线的长度,长度越小,越接近椭圆。

（2）本道工序中，除椭圆需要步进加工外，走刀路线如图3-4-7所示，椭圆短半轴的尺寸需要逐步减小，以达到逐层铣削的目的。

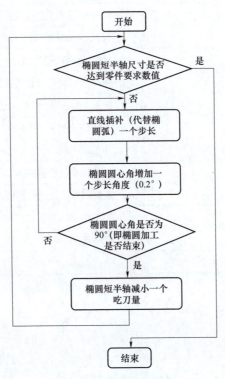

图3-4-7 宏程序编程逻辑图

本例程序清单见表3-4-7。

表3-4-7 上表面加工程序

第_1_页共_1_页

单位数控加工实训基地		零件名称		凸轮轴
工序号		工步号		程序号
程序内容		程序说明		
O3401；		程序名		
N10 G90 G54 G80 G40 G49 G00 X-25 Y-25；		建立工件坐标系，快速进给至切入点A		
N20 M03 S1000；		启动主轴，主轴转速1 000 r/min		
N30 Z50 M08；		主轴到达安全高度，同时打开冷却液		
N40 G00 Z5；		接近工件		
G01 Z-10 F200；		下到Z0面		
#101=20；		#101变量为椭圆短半轴长度，根据毛坯直径，定义为20 mm		
G42 G01 X0 Y［#101］D01；		刀具移动到切入点，同时加入刀具半径补偿		
N50 IF［#101 LT 12］GOTO200；		设定循环条件，若椭圆短半轴小于12 mm，结束循环		

续表

程序内容	程序说明
#102=-90;	设定椭圆加工角度变量起始为-90°
N100 #103=20*COS [#102];	#103 为椭圆长半轴,X 方向
#104= [#101] *SIN [#102];	#104 为椭圆短半轴,Y 方向
G01 X [#103] Y [#104];	用小段直线插补代替椭圆
#102=#102+0.2;	椭圆角度变量递增
IF [#102 LT 90] GOTO100;	判断椭圆加工是否结束
G03 X0 Y- [#101] R [#101];	加工左半圆
#101=#101-0.2;	椭圆短半轴变量递减
GOTO 50;	若椭圆短半轴未达到要求,则返回继续加工
N200 G40 G01 X50;	加工结束,刀具切出,取消半径补偿
M30;	程序结束
编制	审核	批准	日期

巩固与拓展

一、知识巩固

凸轮轮廓零件加工程序编制步骤如图 3-4-8 所示。

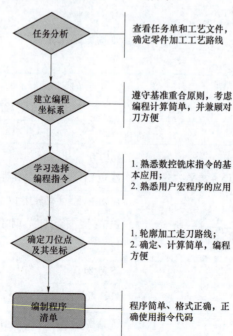

图 3-4-8　凸轮轮廓零件加工程序编制步骤

二、拓展任务

多学一点：
简化编程功能指令。

（一）比例缩放（G50、G51）

对加工程序指定的图形指令进行比例缩放，有等比例缩放和不等比例缩放两种指令格式。

1. 等比例缩放

指令格式：G51 X_Y_Z_P_；
程序中，X，Y，Z——比例缩放中心（必须为绝对值）；
　　　　P——缩放比例（小数点编程无效）。

注意：（1）小数点编程不能用于缩放比例；
（2）若坐标省略，则以刀具当前点为缩放中心；
（3）对于长度和半径补偿，比例缩放对其无效；
（4）在返回参考点或坐标设定之前，应取消缩放；
（5）固定循环中，Z轴缩放无效（主要指G17加工平面时）；
（6）刀具半径补偿程序应放在缩放程序内。

2. 不等比例缩放

指令格式：G51 X_Y_Z_I_J_K_；
程序中：X，Y，Z——比例缩放中心（必须为绝对值）；
　　　　I，J，K——各轴（X、Y、Z）的缩放比例。

3. 比例缩放取消

加工如图3－4－9所示工件，毛坯尺寸50 mm×50 mm×20 mm，材料为45钢，试编制其加工程序。

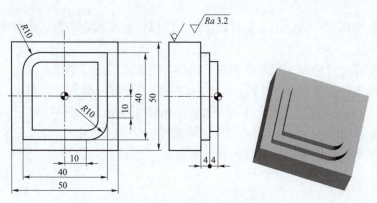

图3－4－9　缩放功能应用实例

本例的轮廓由两部分组成，这两部分尺寸成比例关系（0.6 倍）。因此，本例可采用比例缩放指令来进行编程，其加工程序如下：

O5002;　　　　　　　　　　主程序
G54 G40 G49 G17 G80 G90;
G00 Z50.;
X50.Y50.;
M03 S600;
Z0;
G01 Z－8. F100;
M98 P0001;
G01 Z－4. F100;
G51 X0 Y0 P600;　　　　　　（X0，Y0）为缩放中心，缩放比例 0.6
M98 P0001;
G50;　　　　　　　　　　　取消缩放
G00 Z100.;
M30;
O0001;　　　　　　　　　　轮廓子程序
G41 X20. D01;
Y－10.;
G02 X10. Y－20. R10.;
G01 X－20.;
Y10.;
G02 X－10. Y20. R10.;
G01 X50.;
G40 Y50.;
M99;

（二）镜像加工（G50、G51）

当各轴缩放比例为负值时，则执行镜像加工，以比例缩放中心为镜像对称中心。

说明：

（1）一般将原始像的加工程序编制成子程序，经镜像后进行调用。

（2）镜像加工可能使圆弧加工反向，也可能使刀具半径补偿方向反向。

加工如图 3-4-10 所示工件，毛坯尺寸 ϕ90 mm×20 mm，试编写加工程序。

图 3-4-10 中工件 4 个凸台两两沿中心线对称，对于这类工件，可采用坐标镜像指令来编程，从而实现简化编程的目的。其加工程序如下：

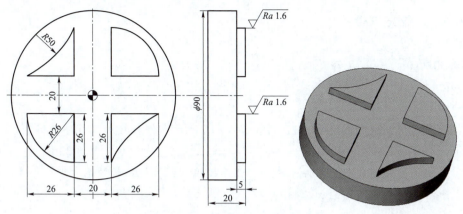

图 3-4-10 镜像功能应用实例

O5003；   主程序
G54 G40 G49 G17 G80 G90；
G00 Z50.；
X70. Y0；
M03 S600；
Z0；
G01 Z-5. F100；
X0 Y0；
M98 P0002；   调用凸圆弧子程序
M98 P0003；   调用凹圆弧子程序
G51 X0 Y0 I-1000 J-1000； 以坐标原点作为镜像中心点
M98 P0002；   调用凸圆弧子程序
M98 P0003；   调用凹圆弧子程序
G50；   取消镜像
G00 Z100.；
M30；
O0002；   凸圆弧凸台子程序
G41 G01 X10. Y0 D01；
Y36.；
G02 X36. Y10. R26.；
G01 X0；
G40 G01 Y0；
M99；
O0003；   凹圆弧凸台子程序
G41 G01 X0 Y10. D01；
X-36.；

G03 X-10. Y36. R50.;

G01 Y0;

G40 G01 X0;

M99;

做一做：

根据所学代码完成如图3-4-11～图3-4-14所示零件数控加工程序的编制。

提示：

（1）本次任务只完成图示零件轮廓加工程序的编制，其他结构暂不考虑。

（2）编程前要考虑零件的加工顺序。

（3）本次任务不考虑粗、精加工分开，可完成一面后再加工另一面。

（4）精加工时要考虑如何保证尺寸精度，即对有公差要求的尺寸采用中值编程。

（5）程序编制完成后，要利用仿真软件检验程序。

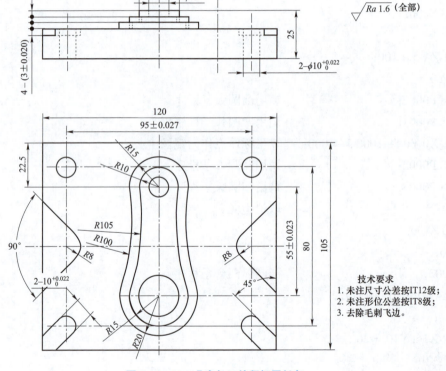

图3-4-11　凸台加工编程拓展任务一

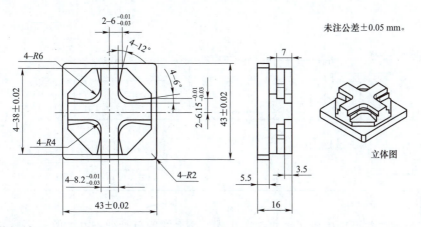

未注公差±0.05 mm。

技术要求：
1. 零件毛坯为 ϕ60 mm 的棒料，长度为30 mm，材料为铝材；
2. 刀具参数：
   T1 ϕ12 mm 高速钢端铣刀 S700 F_{xy}90 F_z50；
   T2 ϕ8 mm 高速钢端铣刀 S1100 F_{xy}130 F_z80。

图 3-4-12 凸台加工编程拓展任务二

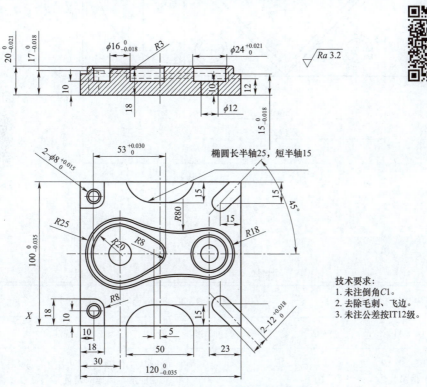

技术要求：
1. 未注倒角C1。
2. 去除毛刺、飞边。
3. 未注公差按IT12级。

图 3-4-13 凸台加工编程拓展任务三

项目三 板壳件数控铣削加工与编程

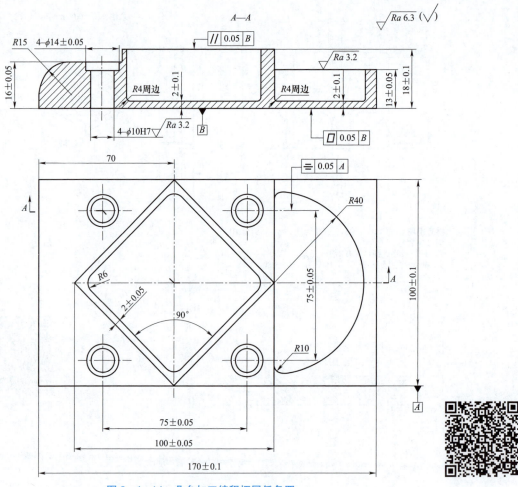

图 3-4-14 凸台加工编程拓展任务四

任务考核

班级_____ 姓名_____ 学号_____

任务名称				任务 3-4 平面凸轮铣削程序编制
考核项目		分值/分	自评得分	教师评价	备注
工作态度	信息收集	10			能够从主体教材、网络空间等多种途径获取知识，并能基本掌握关键词学习法；基本掌握主体教材的相关知识
	团队合作	5			团队合作能力强，能与团队成员分工合作收集相关信息
	工作质量	5			能够按照任务要求认真整理、撰写相关材料，字迹潦草、模糊或格式不正确酌情扣分

续表

考核项目		分值/分	自评得分	教师评价	备注
任务实施	任务分析	5			考查学生执行工作步骤的能力,并兼顾任务完成的正确性和工作质量
	建立编程坐标系	10			
	认识数控编程指令	15			
	计算刀位点坐标值	15			
	编写加工程序	5			
拓展任务完成情况		10			考查学生利用所学知识完成相关工作任务的能力
拓展知识学习效果		10			考查学生学习延伸知识的能力
技能鉴定完成情况		10			考查学生完成本工作任务后达到的技能掌握情况
小计		100			
小组互评		100			主要从知识掌握、小组活动参与度及见习记录遵守等方面给予中肯考核
表现加分		10			鼓励学生积极、主动承担工作任务
总评		100			总评成绩=自评成绩×40%+指导教师评价×35%+小组评价×25%+表现加分

任务五　端盖孔加工程序编制

任务目标

通过本任务的实施,达到以下目标:
- 能查看工艺文件,了解零件加工的工艺信息;
- 学会绘制走刀路线图;
- 学会端盖孔零件的数控加工程序编制;
- 能采用合适的方法检验程序。

任务描述

一、任务内容

某数控车间拥有配置 FANUC 数控系统的 V600 数控铣床 8 台,工厂要求该车间在一周内采用固定循环方式加工如图 3-5-1 所示端盖各孔 10 000 件。该零件的工艺路线已由车间工艺员编制完成,见表 3-5-1 和表 3-5-2。请根据所提供的零件图纸及该零件数控加工工艺文件,遵守数控编程相关原则,编制该工件的数控加工程序,上交零件数控加工程序清单,以便尽快组织生产。

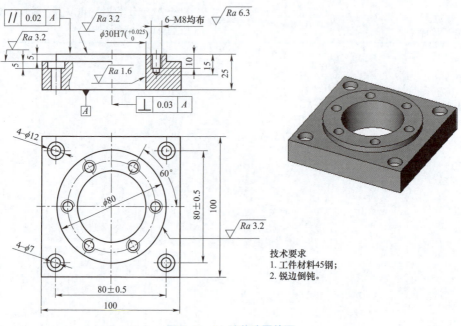

图 3-5-1　端盖孔零件图

二、实施条件

（1）生产车间或实训基地，供学生熟悉机械加工的工作过程，了解常见的加工方法、工艺装备等；

（2）零件的图纸、机械加工工艺文件等资料，供学生完成工作任务；

（3）数控铣床编程说明书或计算机仿真软件使用手册及数控编程的参考资料，供学生获取知识和任务实施时使用。

端盖孔数控加工工序卡见表 3-5-1。

表 3-5-1　端盖孔数控加工工序卡

第 1 页共 1 页

单位（公司）		零件名称		平板件		材料	45 钢
工序号	程序编号	夹具	切削液	设备	毛坯		车间
		平口钳		V600	10 mm × 80 mm × 31 mm		
工步号	工步内容	加工表面	主轴转速/ (r·min⁻¹)	进给量/ (mm·min⁻¹)		切削深度/ mm	刀具号
1	点孔	所有孔	1 000	120			T01
2	钻孔	φ7 mm 孔、M8 螺纹孔	650	100			T02
3	钻孔	φ12 mm 孔	550	80			T03
4	钻孔	φ30 mm 孔	350	40			T04
5	扩孔	φ30 mm 孔	150	20			T05
6	攻丝	M8 螺纹孔					T06
7	粗镗	φ30 mm 孔	850	80			T07
8	精镗	φ30 mm 孔	1 000	40			T08
编制		审核		批准		日期	

端盖孔数控加工刀具卡见表 3-5-2。

表 3-5-2　端盖孔数控加工刀具卡

单位（公司）						程序号		
零件名称		平板件	工序号			工步号		
序号	刀具号	刀具名称	加工表面	刀具规格		刀补参数		数量
				刀柄	刀片	刀号	刀补号	
1	T01	φ3 mm 中心钻	所有孔					1
2	T02	φ7 mm 麻花钻	φ7 mm 孔、M8 螺纹孔					1
3	T03	φ12 mm 麻花钻	φ12 mm 孔					1
4	T04	φ20 mm 麻花钻	φ30 mm 孔					1

续表

序号	刀具号	刀具名称	加工表面	刀具规格		刀补参数		数量
				刀柄	刀片	刀号	刀补号	
5	T05	φ25 mm 麻花钻	φ30 mm 孔					1
6	T06	8 mm×1.25 mm 机用丝锥	M8 螺纹孔					1
7	T07	φ27.5 mm 粗镗刀	φ30 mm 孔					1
8	T08	φ28 mm 精镗刀	φ30 mm 孔					1
编制		审核		批准		日期		

程序与方法

步骤一 任务分析

做一做：

查看所给的工艺文件，了解本次工作任务，确定本次工作的工作内容和使用的工艺装备。

从本例题的工艺文件中可以看出：

（1）该端盖孔零件材料是 45 钢，外形及总厚度不需要加工，零件加工面主要有 φ50 mm 孔、4-φ12 mm 孔、4-φ7 mm 孔、6-M8 的螺纹孔。

（2）零件的装夹采用平口钳，工件上表面高出钳口 10 mm 左右，用百分表找正，如图 3-5-2 所示。

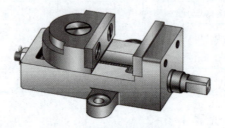

图 3-5-2 工件装夹方案

（3）使用的刀具如图 3-5-3 所示，零件的加工方案见表 3-5-3。

图 3-5-3 刀具

表 3-5-3

加工内容	加工方法	选用刀具
φ7 mm 孔	点孔—钻孔	φ3 mm 中心钻，φ6.8 mm 麻花钻
φ12 mm 孔	点孔—钻孔	φ3 mm 中心钻，φ12 mm 麻花钻
φ30 mm 孔	点孔—钻孔—扩孔—粗镗—精镗加工	φ3 mm 中心钻，φ20、φ25 mm 麻花钻，φ27.5 mm 粗镗刀，φ28 mm 精镗刀
M8 螺纹孔	点孔—钻孔—攻丝	φ3 mm 中心钻，φ7 mm 麻花钻，8 mm×1.25 mm 机用丝锥

步骤二　建立编程坐标系

做一做：

试确定端盖孔零件的编程坐标系，与小组同学比较，找出最合理的设置方法。端盖孔的编程坐标系如图 3-5-4 所示。

据工艺要求，如图 3-5-4 所示，确定工件的工件坐标系，坐标原点位于上表面的中心。由于本次加工为第二道工序，故在对刀时不能使用试切法对刀，防止对工件产生过切，必须使用寻边器等对刀工具进行对刀。

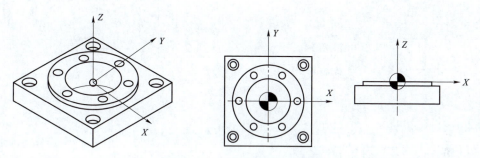

图 3-5-4　端盖孔的编程坐标系

步骤三　认识数控编程指令

相关知识：

一、孔加工固定循环指令

（一）固定循环六个动作

常用的固定循环指令能完成的工作有：钻孔、攻螺纹和镗孔等，这些循环通常包括下列六个基本操作动作（见图 3-5-5）：

（1）在 XY 平面定位。
（2）快速移动到 R 点平面。
（3）孔的切削加工。

固定循环六个动作

(4)孔底动作。
(5)返回到 R 点平面。
(6)返回到起始点。

(二)固定循环的几个平面

使用固定循环时,通常要设定几个平面,固定循环的几个平面如图 3-5-6 所示。

(1)初始平面:为安全进刀规定的一个平面,不与夹具、工具发生干涉。

(2)R 平面(参考平面):刀具下刀时,由快进转为切削进给的高度平面,也是 Z 方向的进刀面。

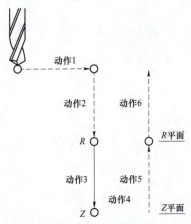

图 3-5-5 固定循环动作

(3)孔底平面:加工不通孔时,孔底平面就是孔底的 Z 轴高度。而加工通孔时,除要考虑孔底平面的位置外,还要考虑刀具的超越量,以保证所有孔深都加工到尺寸。

循环过程中,刀具返回点由 G98、G99 设定,G98 返回到初始平面,G99 返回到 R 平面,如图 3-5-7 所示。

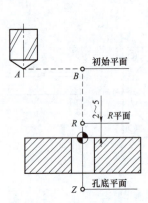

图 3-5-6 固定循环的几个平面

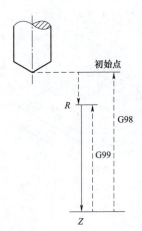

图 3-5-7 孔加工的返回方式

(三)常用的固定循环指令及应用(表 3-5-4)

表 3-5-4 固定循环功能

G 代码	钻削(-Z 方向)	在孔底的动作	回退(+Z 方向)	应用
G73	间歇进给	—	快速移动	高速深孔钻循环
G74	切削进给	停刀—主轴正转	切削进给	左旋攻丝循环
G76	切削进给	主轴定向停止	快速移动	精镗循环
G80	—	—	—	取消固定循环
G81	切削进给	—	快速移动	钻孔、点钻循环

续表

G 代码	钻削（-Z 方向）	在孔底的动作	回退（+Z 方向）	应用
G82	切削进给	暂停	快速移动	钻孔、锪镗循环
G83	间歇进给	—	快速移动	深孔钻循环
G84	切削进给	暂停—主轴反转	切削进给	攻丝循环
G85	切削进给	—	切削进给	镗孔循环
G86	切削进给	主轴停止	快速移动	镗孔循环
G87	切削进给	主轴正转	快速移动	背镗循环
G88	切削进给	暂停—主轴停止	手动移动	镗孔循环
G89	切削进给	暂停	切削进给	镗孔循环

1. 孔循环取消（G80）

指令格式：G80

作用：取消所有孔加工固定循环模态。

2. 钻孔加工循环（G81、G82、G73、G83）

1）钻孔、点钻循环（G81）

钻孔、点钻循环（G81）

G81 循环主要用于钻浅孔、通孔和中心孔，即钻头不需要在 Z 轴深度位置暂停，该指令循环动作如图 3-5-8 所示。G81 如果用于镗孔，将在退刀时刮伤内圆柱面。

编程格式：G81 X_ Y_ Z_ R_ F_ ；

例：编写如图 3-5-9 所示孔的加工程序（设 Z 轴开始点距工作表面 5 mm 处，切削深度为 20 mm）。

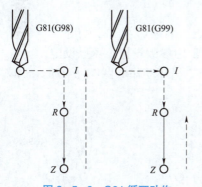

图 3-5-8 G81 循环动作　　　　图 3-5-9 G81 编程举例

课题分析：本例工件的 5 个孔精度较低，故可直接采用钻孔方式进行加工。由于加工的是通孔，故可以用 G81 编程，其加工程序如下：

（1）用 G81 及绝对方式编程程序如下：

O2001；
G54 G40 G49 G80 G90；
M03 S800；

```
G00 Z100. M08;
G98 G81 X10. Y-10. Z-22. R5. F100;    钻孔固定循环
            Y20.;
        X20. Y10.;
        X30.;
G99 X40. Y30.;
G80 M09;
M30;
```

(2)用G81及增量方式编程程序如下：

```
O0002;
N1 G54 G00 Z100.;
N2 M03 S600;
N3 G99 G81 X10.0 Y-10.0 Z-22.0 R5.0 F150;  用G99指令提刀到R点
N4 G91Y30.0 Z-27.R0;
N5 X10.0 Y-10.0;
N6 X10.0;
N7 G98 X10.0 Y20.0;   用G98指令刀具返回初始点
N8 G80 G90 Z50.;  G80取消固定循环
N9 M30;
```

2）带停顿的钻孔循环（G82）

该指令除了要在孔底暂停外，其他动作与G81相同，暂停时间由地址P给出。此指令主要用于加工盲孔，以提高孔深精度。循环动作如图3-5-10所示。

编程格式：G82 X_Y_Z_P_R_F_；

3）断屑式深孔加工循环（G73）

每次切深为Q值，快速后退d值，变为切削进给继续切入，直至孔底。Z轴方向间断进给，有利于断屑和排屑。退刀量d由参数设置，可以设定为微小量，以提高工效。此指令主要用于加工深孔，循环动作如图3-5-11所示。

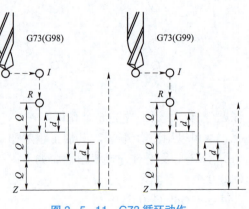

断屑式深孔加工循环（G73）

图3-5-10　G82循环动作　　　　图3-5-11　G73循环动作

编程格式：G73 X_ Y_ Z_ Q_ R_ F_；

4）排屑式深孔加工循环（G83）

G83 与 G73 都是深孔加工指令，略有不同的是 G83 每次钻头间歇进给后回退到 R 平面，排屑更彻底。Q 为每次进给深度；d 为每次退刀后，再次进给时，由快速进给转换为切削进给时距上次加工面的距离。该循环动作如图 3-5-12 所示。

排屑式深孔加工循环（G83）

编程格式：G83 X_ Y_ Z_ R_ Q_ F_；

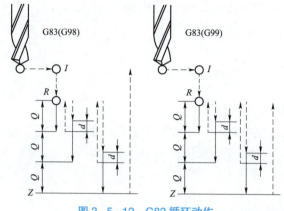

图 3-5-12　G83 循环动作

3. 攻螺纹循环（G74、G84）

攻丝循环指令 G84 的循环动作如图 3-5-13 所示。从 R 点到 Z 点攻丝时，刀具正向进给，主轴正转；到孔底部时，主轴反转，刀具以反向进给速度退出。G84 指令中进给倍率不起作用，进给保持只能在返回动作结束后执行。

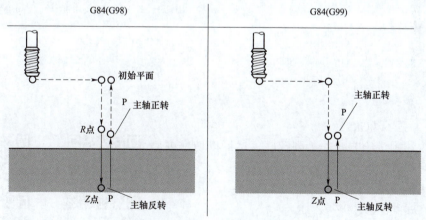

图 3-5-13　G84 循环动作

1）右旋螺纹加工循环（G84）

编程格式：G84 X_ Y_ Z_ R_ F_；

注意事项：

进给速度＝转速（r/min）×螺距（mm）

例：编写如图 3-5-14 所示螺纹孔（右旋螺纹）的加工程序（设 Z 轴开始点距工作表面 10 mm 处，切削深度为 20 mm）。

课题分析：加工本例工件时，采用钻孔方式加工 3 个底孔，直径为 ϕ11.8 mm，然后对 3 个孔进行攻丝加工。其精加工程序如下：

O2002；
N10 G54 M03 S100；
N20 G00 Z50. M08；
N30 G99 G84 X30.0 Y40.0 Z-22.0 R10.0 F150；
N40 X90.0；
N50 X60.0 Y90.；
N70 G80 Z50.；
N80 M30；

左旋螺纹加工循环（G74）

2）左旋螺纹加工循环（G74）

G74 指令用于切削左旋螺纹孔，主轴反转进刀、正转退刀，正好与 G84 指令中的主轴转向相反，其他动作均与 G84 指令相同。该循环中机床动作如图 3-5-15 所示。

编程格式：G74 X_ Y_ Z_ R_ F_；

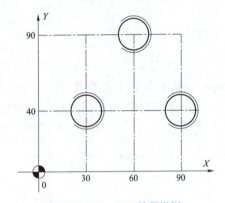

图 3-5-14　G84 编程举例

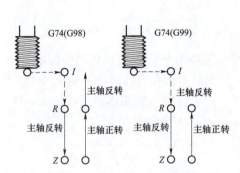

图 3-5-15　G74 循环动作

4. 镗孔循环（G85、G76）

1）粗镗循环（G85）

刀具以切削进给方式加工到孔底，然后以切削进给方式返回到 R 平面，可以用于镗孔、铰孔、扩孔等，刀具在孔底不停留。该循环动作如图 3-5-16 所示。

编程格式：G85 X_ Y_ Z_ R_ F_；

2）精镗循环（G76）

精镗时，主轴在孔底定向停止后，向刀尖的反方向移动，然后快速退刀。这种带有让刀的退刀不会划伤已加工平面，保证了镗孔精度。程序格式中，Q 表示刀尖的偏移量，一般为正数，移动方向由机床参数设定。循环动作如图 3-5-17 所示。

编程格式：G76 X_ Y_ Z_ R_ Q_ F_；

精镗循环（G76）　　粗镗循环（G85）

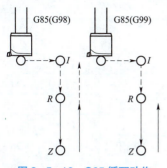
图 3-5-16　G85 循环动作

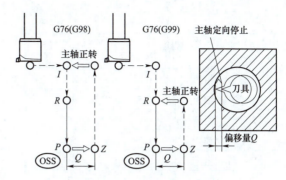
图 3-5-17　G76 循环动作

做一做：

试根据上面所讲的孔加工指令，确定加工图 3-5-18 中 4 个 $\phi 10$ mm 所使用的指令各有什么不同。

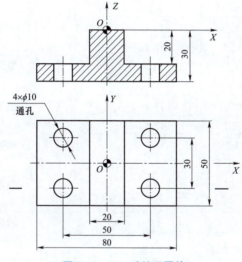

图 3-5-18　孔练习零件

步骤四　计算刀位点坐标值

一、公制螺纹钻底孔用钻头直径尺寸

M8：粗牙螺距 1.25 mm 对应钻头直径为 $\phi 6.7$ mm；细牙螺距 1 mm、0.75 mm 对应钻头直径分别为 $\phi 7$ mm 和 $\phi 7.2$ mm。公制螺纹钻底孔用钻头直径尺寸如表 3-5-5 所示。

表 3-5-5　公制螺纹钻底孔用钻头直径尺寸表　　　　　　　　　　　　　　　mm

公称直径 d	螺距 t	钻头直径 ϕ	公称直径 d	螺距 t	钻头直径 ϕ
1	粗牙	0.25	0.75	3	粗牙	0.5	2.5
	细牙	0.2	0.8		细牙	0.35	2.65
2	粗牙	0.4	1.6	4	粗牙	0.7	3.3
	细牙	0.25	1.75		细牙	0.5	3.5

项目三　板壳件数控铣削加工与编程

续表

公称直径 d	螺距 t		钻头直径 ϕ	公称直径 d	螺距 t		钻头直径 ϕ
5	粗牙	0.8	4.2	27	粗牙	3	23.9
	细牙	0.5	4.5		细牙	2	24.9
6	粗牙	1	5			1.5	25.5
	细牙	0.75	5.2			1	26
8	粗牙	1.25	6.7	30	粗牙	3.5	26.3
	细牙	1	7		细牙	3	26.9
		0.75	7.2			2	27.9
10	粗牙	1.5	8.5			1.5	28.5
		1.25	8.7			1	29
	细牙	1	9	33	粗牙	3.5	29.3
		0.75	9.2		细牙	3	29.9
12	粗牙	1.74	10.2			2	30.9
	细牙	1.5	10.5			1.5	31.5
		1.25	10.7	36	粗牙	4	31.8
		1	11		细牙	3	32.9
14	粗牙	2	11.9			2	33.9
	细牙	1.5	12.5			1.5	34.5
		1.25	12.7	39	粗牙	4	34.8
		1	13		细牙	3	35.9
16	粗牙	2	13.9			2	36.9
	细牙	1.5	14.5			1.5	37.5
		1	15	42	粗牙	4.5	37.3
18	粗牙	2.5	15.4		细牙	4	37.8
	细牙	2	15.9			3	38.9
		1.5	16.5			2	39.9
		1	17			1.5	40.5
20	粗牙	2.5	17.4	45	粗牙	4.5	40.3
	细牙	2	17.9		细牙	4	40.9
		1.5	18.5			3	41.9
		1	19			2	42.9
22	粗牙	2.5	19.4			1.5	43.5
	细牙	2	19.9	48	粗牙	5	42.7
		1.5	20.5		细牙	4	43.8
		1	21			3	44.9
24	粗牙	3	20.9			2	45.9
	细牙	2	21.9			1.5	48.5
		1.5	22.5	52	粗牙	5	46.7
		1	23		细牙		从略

步骤五 编写加工程序

做一做：

根据表 3-5-1 端盖孔数控加工工序卡，编写端盖孔的数控加工程序，与小组同学比较一下，然后利用仿真软件检验你编写的程序。程序清单如表 3-5-6 所示。在表 3-5-6 中只列出了第 1 个工步的加工程序，请同学们按照学习的指令，编写第 2~8 工步的加工程序。

表 3-5-6 端盖孔数控加工程序清单

第 1 页共 8 页

单位数控加工实训基地		零件名称			
工序号		工步号	1	程序号	
程序内容			程序说明		
O3501；			程序名		
N10　G90　G54　G80　G40　G49　G00　X0　Y0.0；			建立工件坐标系，快速移动到 A 点		
N20　G00　Z50.0；			快进至安全高度		
N30　S1000　M03　M08；			启动主轴和冷却液		
N40　G81　G99　X32.5　Y0　Z-3　R3　F120；			自右侧第一个加工 M8 螺纹孔底孔		
N50　X16.25　Y28.15；			逆时针依次加工 6 个 M8 螺纹孔底孔		
N60　X-16.25　Y28.15；			逆时针依次加工 6 个 M8 螺纹孔底孔		
N70　X-32.5　Y0；			逆时针依次加工 6 个 M8 螺纹孔底孔		
N80　X-16.25　Y-28.15；			逆时针依次加工 6 个 M8 螺纹孔底孔		
N90　X16.25　Y-28.15；			逆时针依次加工 6 个 M8 螺纹孔底孔		
N100　X40　Y-40；			自右下角第一个加工沉孔的底孔		
N110　Y40；			逆时针依次加工 4 个沉孔的底孔		
N120　X-40；			逆时针依次加工 4 个沉孔的底孔		
N130 G98　Y-40；			逆时针依次加工 4 个沉孔的底孔，返回初始平面		
N140 G80；			取消孔加工循环		
N150 G00　Z50.0　M05　M09；			提刀至安全高度，主轴停止，关冷却液		
N160 M30；			程序结束		
编制		审核		批准	日期

数控技术的发展趋势之五：交互网络化

一、知识巩固

端盖类零件加工程序编制工作流程如图3-5-19所示。

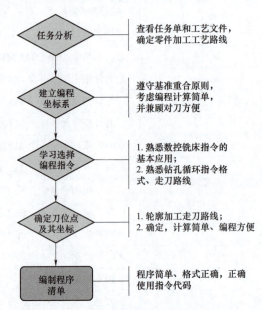

图3-5-19 端盖类零件加工程序编制工作流程

二、拓展任务

多学一点：

（一）镗孔循环（G89、G86、G88、G76、G87）

1. 镗锪孔、阶梯孔循环（G89）

G89动作与G85动作基本相似，不同的是，G89动作在孔底增加暂停，因此，该指令常用于阶梯孔的加工。

指令格式：G89 X_ Y_ Z_ R_ P_ F_；

2. 快速退刀的粗镗循环（G86）

G86 指令与 G81 相同，但在孔底时主轴停止，然后快速退回。该循环动作如图 3-5-20 所示。

指令格式：G86 X_ Y_ Z_ R_ F_；

3. 背镗孔（G87）

背镗孔（G87）

刀具运动到孔中心位置后，主轴定向停止，向刀尖的相反方向偏移 Q 值，然后快速运动到孔底位置，接着返回前面的位移量回到孔中心，主轴正转，刀具向上进给运动到 Z 点，主轴又定向停止，然后向刀尖的相反方向偏移 Q 值，快退。刀具返回到初始平面，再返回一个位移量，回到孔中心，主轴正转，继续执行下一段程序。G87 循环动作如图 3-5-21 所示。

指令格式：

G87 X_ Y_ Z_ R_ Q_ F_；

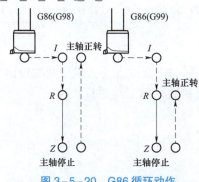

图 3-5-20　G86 循环动作

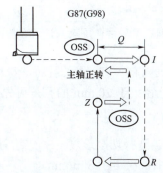

图 3-5-21　G87 循环动作

4. 镗循环，手动退回（G88）

G88 指令在镗孔到底后主轴停止，通过手动方式返回，所以可使刀具做微量的水平移动（刀尖离开孔壁）后沿轴向上升，克服了 G86 指令在镗孔结束返回时镗刀刀尖在孔壁划出刻痕的问题，适用于对孔壁质量要求较高的场合。该循环动作如图 3-5-22 所示。

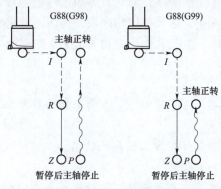

图 3-5-22　G88 循环动作

指令格式：G88 X_ Y_ Z_ R_ F_；

（二）铰孔方法

1. 铰削余量

铰孔前所留的铰削余量是否合适，将直接影响到铰孔后的精度和粗糙度。余量过大，铰削时吃刀太深，孔壁不光，而且铰刀容易磨损；余量太小，上道工序留下的刀痕不易铰去，达不到铰孔的要求。一般情况下的铰削余量见表3-5-7。

表 3-5-7 铰孔余量   mm

铰刀直径	铰削余量
≤6	0.05～0.1
6～18	一次铰：0.1～0.2；二次铰精铰：0.1～0.15
18～30	一次铰：0.2～0.3；二次铰精铰：0.1～0.15
30～50	一次铰：0.3～0.4；二次铰精铰：0.15～0.25
注：二次铰时，粗铰余量可取一次铰余量的较小值	

通常对于IT9～IT8级的孔可一次性铰出；对IT7级以上的孔应分两次铰出（粗铰和精铰）；对于孔径大于20 mm的孔，可先钻孔，再扩孔，然后再进行铰孔。

2. 机铰孔的要点

（1）适当选择切削速度v_c和进给量f，并注意冷却，切削速度应尽量小，一般用高速钢铰刀铰削钢件：v_c=4～8 m/min。

（2）铰完孔后，必须把铰刀退出孔后再停车，否则会把孔壁拉毛。铰通孔时，铰刀的校准部分不能伸出孔外，否则孔的下端会被刮坏。

（3）机铰时，要注意机床主轴、铰刀和工件上要铰的孔三者之间的同轴误差是否符合要求。

3. 铰孔时的切削液

铰孔时，为了减少铰刀与孔壁摩擦并降低刀刃和工件的温度，同时将粘在刀刃以及孔壁和铰刀刃带之间的切屑及时冲掉，必须使用切削液，其切削液可根据铰孔的材料选用，工件材料为钢，切削液可选择10%～20%乳化液、30%工业植物油加70%浓度为3%～5%的乳化液或者工业植物油。

做一做：

根据所学代码完成图3-5-23～图3-5-26所示零件数控加工程序的编制。

操作提示：

（1）本次任务只完成图示零件孔加工程序的编制。

（2）编程时要考虑孔的加工顺序，以减小位置误差。

（3）精加工时要考虑如何保证尺寸精度，即对有公差要求的尺寸采用中值编程。

（4）程序编制完成后，要利用仿真软件检验程序。

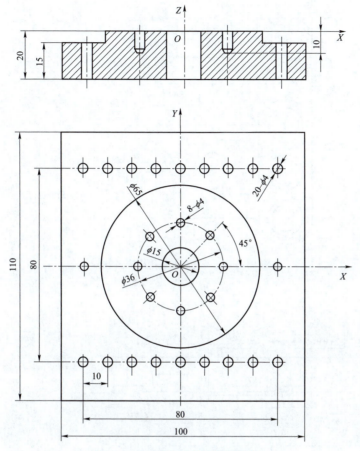

图 3-5-23 孔加工编程拓展任务一

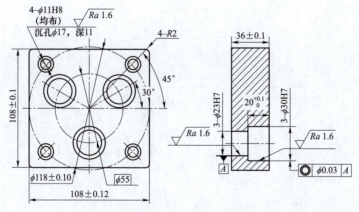

图 3-5-24 孔加工编程拓展任务二

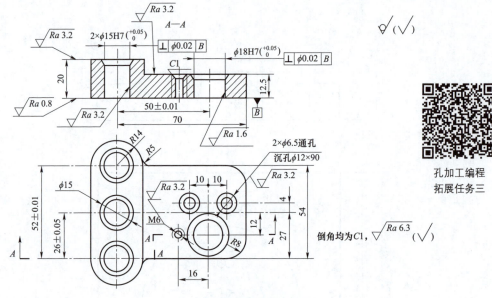

图 3-5-25 孔加工编程拓展任务三

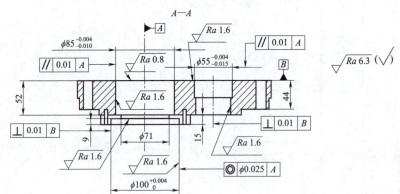

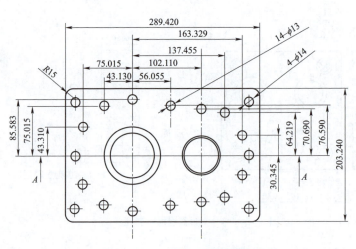

图 3-5-26 孔加工编程拓展任务四

任务考核

班级_____　　　姓名_____　　　学号_____

任务名称		任务3-5　端盖孔加工程序编制			
考核项目		分值/分	自评得分	教师评价	备注
工作态度	信息收集	10			能够从主体教材、网络空间等多种途径获取知识,并能基本掌握关键词学习法;基本掌握主体教材的相关知识
	团队合作	5			团队合作能力强,能与团队成员分工合作收集相关信息
	工作质量	5			能够按照任务要求认真整理、撰写相关材料,字迹潦草、模糊或格式不正确酌情扣分
任务实施	任务分析	5			考查学生执行工作步骤的能力,并兼顾任务完成的正确性和工作质量
	建立编程坐标系	10			
	认识数控编程指令	15			
	计算刀位点坐标值	15			
	编写加工程序	5			
拓展任务完成情况		10			考查学生利用所学知识完成相关工作任务的能力
拓展知识学习效果		10			考查学生学习延伸知识的能力
技能鉴定完成情况		10			考查学生完成本工作任务后达到的技能掌握情况
小计		100			
小组互评		100			主要从知识掌握、小组活动参与度及见习记录遵守等方面给予中肯考核
表现加分		10			鼓励学生积极、主动承担工作任务
总评		100			总评成绩=自评成绩×40%+指导教师评价×35%+小组评价×25%+表现加分

任务六　板壳件数控铣削加工工艺编制

任务目标

通过本任务的实施，达到以下目标：
● 熟悉数控铣削加工的工艺特点和工艺范围，掌握数控铣削加工工艺分析的方法和步骤，会编制数控铣削较复杂零件的数控加工工艺文件；
● 掌握数控铣削加工工艺路线拟定原则，能够根据零件技术要求和结构特点合理划分数控铣削加工工序，会合理确定刀具的走刀路线；
● 熟悉数控铣削加工常用的工艺装备，能够合理确定数控铣削加工工艺参数；
● 熟悉数控加工工艺文件，会规范地填写数控加工工序卡、刀具卡、走刀路线图等工艺文件。

任务描述

一、任务内容

某机械厂拥有多种机械加工设备，设备明细见表 2-7-1。该厂要在一周内完成 10 000 件图示平板的加工任务，如图 3-1-1 所示，要求该零件的废品率不大于 0.1%。试确定该零件的加工方法，选取定位基准和加工装备，拟定工艺路线，设计加工工序，并填写加工工艺文件，以便尽快在车间组织生产。

提示：
本任务的零件图纸见项目三中任务一。

二、实施条件

（1）生产车间或实训基地，供学生熟悉机械加工的工作过程，了解常见的加工方法、工艺装备等；
（2）零件的零件图纸、机械加工工艺卡片等资料，供学生完成工作任务；
（3）数控铣床编程说明书或计算机仿真软件使用手册及数控编程的参考资料，供学生获取知识和任务实施时使用。

步骤一　任务分析

相关知识：

一、数控铣削加工工艺范围

（一）平面类零件

平面类零件是指加工面平行或垂直于水平面，以及加工面与水平面的夹角为一定值的零件，这类加工面可展开为平面，如图 3-6-1 所示。

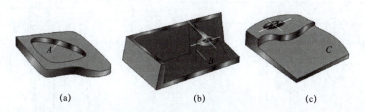

图 3-6-1　平面类零件
（a）轮廓面 A；（b）轮廓面 B；（c）轮廓面 C

（二）直纹曲面类零件

直纹曲面类零件是指由直线依某种规律移动所产生的曲面类零件，如图 3-6-2 所示。直纹曲面类零件的加工面不能展开为平面。当采用四坐标或五坐标数控铣床加工直纹曲面类零件时，加工面与铣刀圆周接触的瞬间为一条直线。这类零件也可在三坐标数控铣床上采用行切加工法实现近似加工。

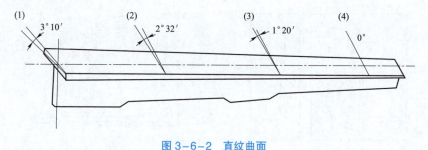

图 3-6-2　直纹曲面

（三）立体曲面类零件

加工面为空间曲面的零件称为立体曲面类零件。这类零件的加工面不能展成平面（图 3-6-3），一般使用球头铣刀切削，加工面与铣刀始终为点接触，若采用其他刀具加工，易产生干涉而铣伤邻近表面。加工立体曲面类零件一般使用三坐标数控铣床。

想一想：

你见过哪些板壳类零件？你认为它们可以用数控铣床加工吗？

二、零件数控铣削加工工艺性审查

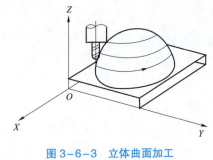

图 3-6-3 立体曲面加工

（1）尽量统一轮廓内圆弧的有关尺寸，光孔和螺纹孔的尺寸规格尽可能少且标准化，以便使用标准刀具，减少刀具使用数量和换刀次数。

（2）零件上凸台之间及凸台与侧壁之间、孔与深壁之间的间距应保证足够刚性的刀具能够切入（见图 3-6-4、图 3-6-5）。

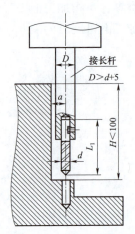

| 图 3-6-4 凸边间距要求 | 图 3-6-5 孔的位置要求 |

（3）对于需要多次装夹的零件，应设有统一的定位基准，如果没有，可以设置专门的工艺孔或工艺凸台，加工完成后再去除，如图 3-6-6 所示。

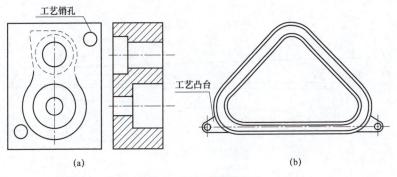

图 3-6-6 工艺基准设定

(a) 增设工艺销孔定位；(b) 增设工艺凸台

做一做：

请同学们按照以下提示，对平板零件的数控加工进行工艺性分析。

1. 零件结构分析

该零件为简单的平板类零件，零件的轮廓主要为平面和侧面，零件结构简单，普通铣床也可完成，但是由于要求的生产任务量大，必须采用高效的加工方法，所以选用数控铣床加工。

2. 尺寸标注分析

该零件的水平设计基准为工件中心，垂直设计基准为工件上表面，定位基准统一，符合数控加工的尺寸标注，便于工件原点设置和对刀操作，零件上没有薄壁、沟槽等难加工部位，工艺性良好，可采用钢板毛坯、平口钳装夹，生产效率高。

3. 精度和技术要求分析

该零件材料为 45 钢，无热处理要求，切削性能良好。通过查表可知，零件的尺寸精度低，表面粗糙度为 $Ra6.3\ \mu m$，其余表面为未注尺寸公差，因此，该零件采用粗铣的工艺方案可满足其加工精度要求。

结论：

经以上分析，该平板零件可利用数控铣床加工，采用平口钳装夹，其总体工艺方案为：铣上表面—铣侧面。

想一想：

数控加工是一种自动化的高效加工方法，为什么有的零件不适合数控加工？

步骤二　板壳件的装夹方案确定

数控铣床工件的安装与普通铣床相同，应根据工件的形状、尺寸等选择合适的装夹方法，一般常用精密平口钳装夹工件。

常用夹具种类：万能组合夹具、专用铣切夹具、多工位夹具、气动或液压夹具、真空夹具、永磁夹具等。

除上述几种夹具外，数控铣削加工中也经常采用虎钳、分度头和三爪卡盘等通用夹具。

相关知识：

一、选择夹具的原则

数控加工的特点对夹具提出了两点要求：一是要保证夹具的坐标方向与机床的坐标方向相对固定不变；二是要协调零件和机床坐标系的尺寸关系。除此之外，还应该考虑以下几点：

（1）当零件加工批量不大时，应该尽量采用组合夹具、可调式夹具或其他通用夹具，以缩短生产准备时间、节省生产费用。

（2）在成批生产时才考虑使用专用夹具。

（3）零件的装卸要快速、方便、可靠，以缩短数控机床的停顿时间。

（4）夹具上各零部件应该不妨碍机床对零件各表面的加工。夹具要敞开，其定位夹紧机构的元件不能影响加工中的走刀运行。

二、数控铣削加工常用夹具类型

（一）万能组合夹具（图3-6-7）

万能组合夹具适用于小批量生产或研制时，中、小型工件在数控铣床上进行的铣削加工。

 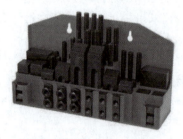

图3-6-7　万能组合夹具

（二）专用铣切夹具

专用铣切夹具是特别为某一项或类似的几项工件设计制造的夹具，一般在批量生产或研制中必要时采用。

（三）多工位夹具

多工位夹具可以同时装夹多个工件，可减少换刀次数，也便于一面加工、一面装卸工件，有利于缩短准备时间、提高生产效率，较适宜于中批量生产。

（四）气动或液压夹具（图3-6-8）

气动或液压夹具适用于生产批量较大，采用其他夹具又特别费工、费力的工件，能减轻工人劳动强度和提高生产效率，但此类夹具结构较复杂，造价往往较高，而且制造周期较长。

（五）真空夹具

真空夹具适用于有较大定位平面或具有较大可密封面积的工件。有的数控铣床（如壁板铣床）自身带有通用真空平台，在安装工件时，对形状规则的矩形毛坯，可直接用特制的橡胶条（有一定尺寸要求的空心或实心圆形截面）嵌入夹具的密封槽内，再将毛坯放上，开动真空泵，就可以将毛坯夹紧。对形状不规则的毛坯，橡胶条已不太适用，须在其周围抹上腻子（常用橡皮泥）密封，这样做不但很麻烦，而且占机时间长、效率低。为了克服这种困难，可以采用特制的过渡真空平台，将其叠加在通用真空平台上使用。

（六）永磁夹具（图3-6-9）

永磁夹具包括电控永磁夹具和组合永磁夹具单元，是新一代夹具产品。电控永磁夹具根据不同永磁材料的特性，通过电控系统对内部磁路的分布进行控制与转换，使永磁磁场在系统内部自身平衡，达到对外励磁（夹紧状态）或退磁（放松状态）的作用。该系统只在励、退磁的瞬间（1~2 s）用电，工作和非工作状态均须供电；具有节能环保、安全可靠、高效实用、定位方便和应用广泛的特点。组合永磁夹具单元采用磁性能优异的新一代稀土永磁材料设计而成。结合组合夹具的结构特点，不同规格的永磁夹具单元可单独使用，也可组合使用，适用于导磁材料的机械加工。

图 3-6-8　气动夹具

图 3-6-9　磁力工作台

想一想：

为提高加工效率，加工平板零件还可采用什么装夹方法？

步骤三　确定数控铣削工艺路线

相关知识：

一、数控铣削加工工序的划分

在数控铣床上加工零件时，划分加工工序一般考虑以下两个因素：

（1）保证加工质量。为了保证零件的加工质量，常常是在一次安装下完成零件的粗、精加工，减少安装误差和安装次数。

（2）提高生产效率。为了提高加工效率，要考虑尽量减少刀具和工件的安装次数，在工艺处理时，尽量在一次安装中或使用同一把刀加工尽可能多的表面。

因此，数控加工常按照工序原则划分加工工序，划分工序时一般有以下几种方法。

（一）按粗、精加工划分

考虑零件加工精度要求、刚度和变形等因素来划分工序时，一般采用粗、精加工的原则，即先粗加工再精加工。这时可采用不同的机床和刀具，有利于保证零件的加工精度，同时还能及时发现毛坯缺陷及消除粗加工中的变形和残余应力等。

（二）按所用刀具划分

数控加工中，不同的表面结构需要选用不同的刀具来加工，以保证结构尺寸和加工质量，比如箱体内表面的圆弧过渡部分需要用圆弧铣刀来完成，回转轴上的退刀槽需要用同尺寸的切槽刀来加工。这时如果采用粗、精加工分开的方法则需要多次换刀，增加了加工的辅助时间,加工效率低,这种情况下可根据使用的刀具来划分工序进行编程。用一把刀具在一次安装中尽可能地加工出可能加工的表面,然后再换刀加工其他部位。这种划分工序的方法常在需要多把刀具加工的零件上使用,比如在加工中心上加工复杂零件。

(三) 按零件的装夹定位方式划分

由于零件的结构形状和技术要求的不同,要求采用不同的装夹方式来保证加工要求,在数控加工中要尽量在一次装夹中尽可能多地加工零件表面,以减少装夹次数。

(四) 按零件的加工部位划分

有些零件的加工内容较多,构成零件的表面要素差异较大,可按照其结构特点将加工部位划分成几个部分,如内表面的加工、外表面的加工、曲面加工和平面加工等,以方便选择机床、切削用量和工艺装备等。

二、数控铣削加工顺序的安排

数控加工顺序的安排应遵循一定的原则:

(1) 基面先行原则:用作精基准的表面应优先加工出来,因为定位基准的表面越精确,装夹误差就越小。例如:轴类零件加工时,总是先加工中心孔,再以中心孔为精基准加工外圆和端面。

(2) 先粗后精原则:各个表面的加工顺序按照粗加工—半精加工—精加工—光整加工的顺序依次进行,逐步提高表面的加工精度和减小表面粗糙度。

(3) 先主后次原则:零件的主要工作表面、装配基面应先行,从而能及早发现毛坯中主要表面可能出现的缺陷;次要表面可穿插进行,放在主要表面加工到一定程度后、最终精加工之前进行。

(4) 先近后远原则:一般情况下,离对刀点近的部位先加工,离对刀点远的部位后加工,以便缩短刀具移动距离,减少空行程时间。

三、铣削进给路线的确定

(一) 确定进给路线时应遵循以下原则

(1) 保证零件的加工精度和表面质量;
(2) 保证加工效率,充分发挥数控机床的高效性能;
(3) 加工路线最短,减少空行程时间和换刀次数;
(4) 数值计算简单,减少编程工作量。

(二) 走刀路线的确定

1. 进给路线确定中的几个特征点

在确定刀具进给路线中,实际上是确定刀具在加工进给过程中几个具体位置的坐标值。在铣削如图 3-6-10 所示零件轮廓及钻孔加工中,假定刀尖为一点,且刀尖即为刀位点(刀位点为刀具的定位基准点），其中：

（1）O：对刀点，零件或机床上一个确定的点，可以用来确定刀具与工件之间的相互位置，以确定工件坐标系与机床坐标系之间的关系。

（2）R：换刀点，更换刀具时的坐标位置，应适当远离工件，保证更换刀具时不碰到工件并且行程最短。

（3）A：退刀点，刀具每进行完一个工步所回到的位置，有时刀具也从此点进入加工。

（4）B：进刀点，刀具由此点开始加工，此时以工进速度移动。

（5）C：基点，工件上的结构点或工艺点。

（6）D：让刀点，刀具离开工件的点，为了保证加工完成，此点要离开已加工面一定距离。

（7）W：工件原点，编程人员为了编程方便而在工件上设定的点。

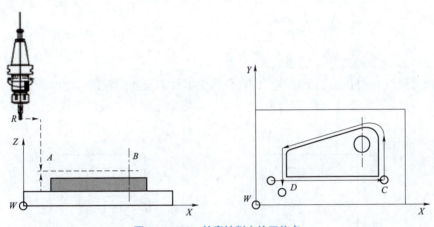

图3-6-10　轮廓铣削中的刀位点

2. 合理设置对刀点和换刀点

数控加工是按照数控程序给定的路线控制机床、刀具等相互运动来完成加工的。在加工过程中要有合适的进刀路线而且数控加工能实现自动换刀，所以要设置合适的对刀点和换刀点。

对刀点是加工中刀具相对于工件运动的起点，程序也是从这一点开始执行的，有时也称其为起刀点或程序起点。对刀点可选在工件上也可选在工件外（夹具上或机床上），但必须与工件的定位基准有一定的尺寸关系，以便于确定工件坐标系与机床坐标系的关系。

为保证加工精度，对刀点应尽量选择在零件的设计基准或工艺基准上，如以孔定位的工件，可选择定位孔的中心作为刀具的对刀点等。选择对刀点时一般注意以下问题：

（1）便于数学处理和简化程序编制；

（2）在机床上容易找正；

（3）在加工中便于检查；

（4）引起的加工误差小。

换刀点的设置应适当远离工件，保证更换刀具时不碰到工件并且行程最短。换刀点的位置可由程序设定，也可由机床设定。如加工中心的换刀点固定，则是由机床结构决定的，而对于数控铣床、数控车床等，其换刀点是根据工序内容由编程人员或机床操作人员设定的。

1）加工路线的确定原则

（1）铣削轮廓时刀具要沿切向引进和退出，避免法向产生切痕，如图3-6-11和图3-6-12所示。

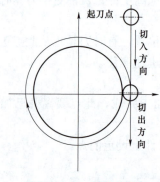
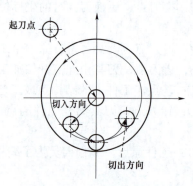

图3-6-11　铣削外轮廓　　　　　　图3-6-12　铣削内轮廓

（2）消除反向间隙对加工的影响。

相互位置精度高的孔系加工路线，应避免将坐标轴的反向间隙带入。如图3-6-13所示，加工1-2-3-4四个孔时，X方向方向间隙会使定位误差增加。最佳路线为：1-2-3-A-4。

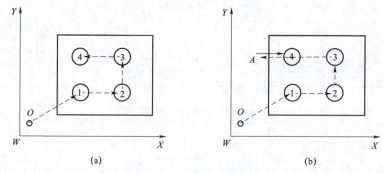

图3-6-13　孔加工消除间隙方法

（3）凹槽类工件的加工路线，根据不同的场合选用行切、环切或复合走刀法。

① 行切法：路线最短，效率最高，质量不高，如图3-6-14（a）所示。

② 环切法：质量高，路线最长，效率最低，如图3-6-14（b）所示。

③ 复合法：先行切，最后环切，如图3-6-14（c）所示。

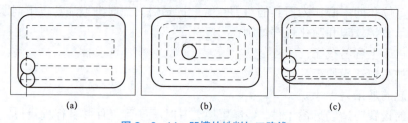

图3-6-14　凹槽的铣削加工路线
（a）行切法；（b）环切法；（c）先行切再环切

（4）为提高加工效率，应使加工路线最短。

在如图 3-6-15 所示孔系的加工中，有两种加工路线，采用图 3-6-15（b）所示的加工路线比图 3-6-15（a）所示的加工路线缩短一倍。

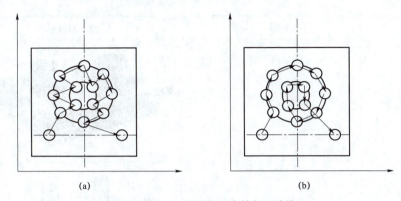

图 3-6-15　孔系加工中的加工路线

（5）起刀点和退刀点必须离开零件加工上表面，保证有一个安全高度。

对于铣削加工，起刀点和退刀点必须离开加工零件上表面有一个安全高度，保证刀具在停止状态时不与加工零件和夹具发生碰撞。在安全高度位置时，刀具中心所在的平面称为安全高度，如图 3-6-16 所示。

刀具从安全高度下降到切削高度时，应离开毛坯边缘一定距离，不能紧贴理论轮廓直接下刀，如图 3-6-17 所示。对于型腔粗加工，要先钻底孔，并从工艺孔进刀。

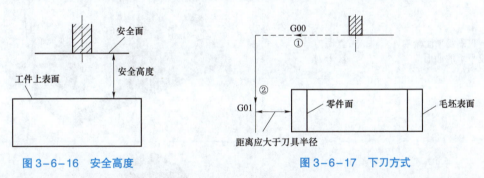

图 3-6-16　安全高度　　　　图 3-6-17　下刀方式

做一做：

试按照工艺路线的确定原则，确定出本项目任务二至任务五 4 个板壳零件的数控加工工艺路线。

想一想：

数控铣削加工的工艺路线与普通加工有什么区别？

步骤四　数控铣削刀具选择

一、数控铣削刀具

数控铣床上所采用的刀具种类繁多，要根据被加工零件的材料、几何形状、表面质量要求、热处理状态、切削性能及加工余量等，选择刚性好、耐用度高的刀具。

其中被加工零件的几何形状是选择刀具类型的主要依据，见表3-6-1。

表 3-6-1　铣床加工刀具类型的选择

表面形状	刀具类型	加工示例
大平面	面铣刀	
小平面	通用铣刀	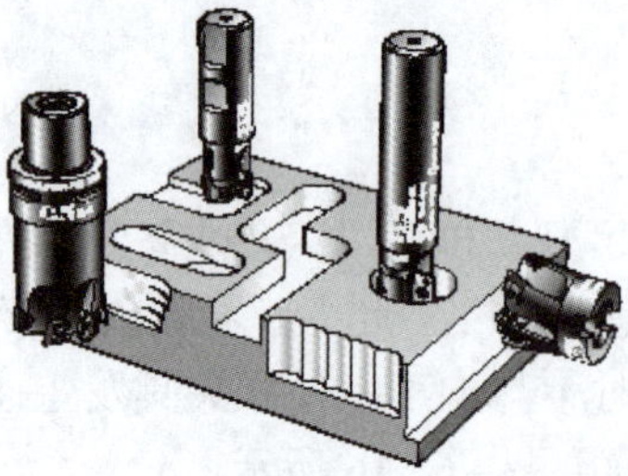
凸台、凹槽及平面轮廓较平坦的曲面	立铣刀 环形刀	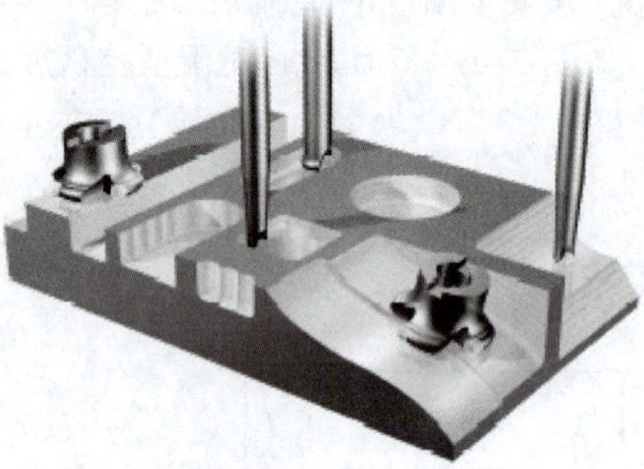
曲面	球头铣刀 粗加工用两刃铣刀 半精加工和精加工用四刃铣刀	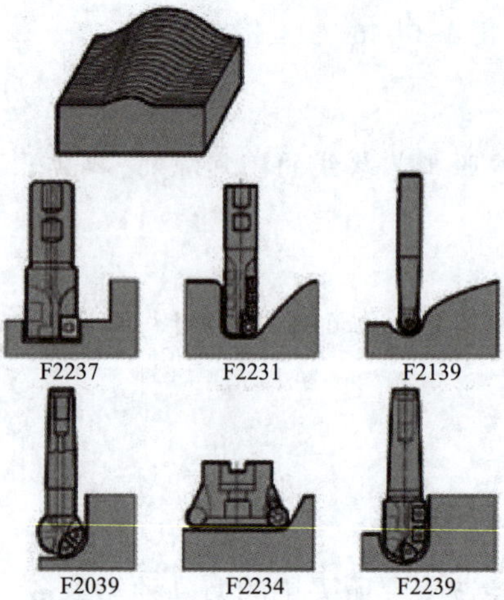 F2237　F2231　F2139 F2039　F2234　F2239

续表

表面形状	刀具类型	加工示例
孔	钻头 铰刀 镗刀	

步骤五　确定数控铣削切削用量

一、轮廓铣削切削参数的确定

（一）铣刀每齿进给量的选取

每齿进给量参考值见表 3-6-2。

表 3-6-2　铣刀每齿进给量参考值

工件材料	f_z/mm			
	粗铣		精铣	
	高速钢铣刀	硬质合金铣刀	高速钢铣刀	硬质合金铣刀
钢	0.10～0.15	0.10～0.25	0.02～0.05	0.10～0.15
铸铁	0.12～0.20	0.15～0.30		

（二）切削速度 v_c 的确定

铣削加工的切削速度 v_c 可参考表 3-6-3 选取，也可参考有关切削用量手册中的经验公式通过计算选取。

表 3-6-3　铣削加工的切削速度参考值

工件材料	硬度/HBS	v_c/(m·min^{-1})	
		高速钢铣刀	硬质合金
钢	<225	18～42	66～150
	225～325	12～36	54～120
	325～425	6～21	36～75
铸铁	<190	21～36	66～150
	190～260	9～18	45～90
	260～320	4.5～10	21～30

（三）孔加工方法与切削用量的选取

1. 孔加工方法的选择

在数控铣床上加工孔的方法很多，根据孔的尺寸精度、位置精度及表面粗糙度等要求，一般有点孔、钻孔、扩孔、锪孔、铰孔、镗孔及铣孔等，常用孔的加工方法见表 3-6-4。

表 3-6-4 常用孔的加工方法

序号	加工方案	精度等级	表面粗糙度/μm	适用范围
1	钻	11~13	50~12.5	加工未淬火钢及铸铁的实心毛坯，也可用于加工有色金属（但粗糙度较差），孔径<15~20 mm
2	钻—铰	9	3.2~1.6	
3	钻—粗铰（扩）—精铰	7~8	1.6~0.8	
4	钻—扩	11	6.3~3.2	加工未淬火钢及铸铁的实心毛坯，也可用于加工有色金属（但粗糙度较差），孔径>15~20 mm
5	钻—扩—铰	8~9	1.6~0.8	
6	钻—扩—粗铰—精铰	7	0.8~0.4	
7	粗镗（扩孔）	11~13	6.3~3.2	除淬火钢外各种材料，毛坯有铸出孔或锻出孔
8	粗镗（扩孔）—半精镗（精扩）	8~9	3.2~1.6	
9	粗镗（扩）—半精镗（精扩）—精镗	6~7	1.6~0.8	

2. 孔加工切削用量的选用（见表 3-6-5）

表 3-6-5 孔加工切削用量

刀具名称	刀具材料	切削速度/(m·min^{-1})	进给量/(mm·r^{-1})	背吃刀量/mm
中心钻	高速钢	20~40	0.05~0.10	0.5D
标准麻花钻	高速钢	20~40	0.15~0.25	0.5D
	硬质合金	40~60	0.05~0.20	0.5D
扩孔钻	硬质合金	45~90	0.05~0.40	≤2.5
机用铰刀	硬质合金	6~12	0.3~1	0.10~0.30
机用丝锥	硬质合金	6~12	P	0.5P
粗镗刀	硬质合金	80~250	0.10~0.50	0.5~2.0
精镗刀	硬质合金	80~250	0.05~0.30	0.3~1

做一做：

试根据切削用量的选择方法，确定出本项目任务二到任务五的 4 个板壳零件数控加工的切削用量。

想一想：

数控加工中切削用量的选择与普通加工有什么不同？

步骤六　填写数控加工工艺文件

一、填写要求

（1）编制工艺文件的主要依据是：产品设计文件、工艺方案和有关专业标准。
（2）编制的工艺文件应完整、正确、统一、先进合理，能有效地指导生产。
（3）填写内容应简要明确、通俗易懂、字迹清楚、幅面整洁，采用国家正式公布的汉字。
（4）工艺文件采用的术语、符号和计量单位应符合有关标准规定。

二、填写工艺文件

常用的数控加工工艺文件主要有数控加工工序卡、数控加工刀具卡、数控加工走刀路线图、数控加工程序清单，各种工艺文件格式相对统一，但不同厂家有各自的卡片格式，本教材项目一任务一中列出了几种常用的卡片格式，读者可根据工作实际自行选用。

提示：

工艺文件的格式见本项目任务一。

智能化数控系统

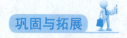

一、知识巩固

零件数控加工工艺编制工作流程如图 3-6-18 所示。

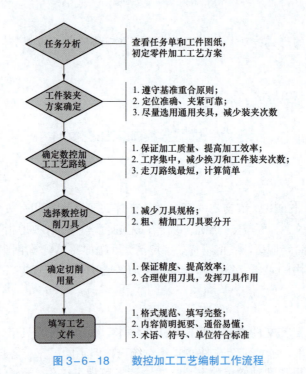

图 3-6-18 数控加工工艺编制工作流程

二、拓展任务

做一做：

根据所学知识，按照编制工艺文件的工作流程分析下列零件结构特点和技术要求，确定零件的装夹方案、切削刀具、工艺路线及切削加工参数，填写相关工艺文件，如图 3-6-19～图 3-6-22 所示。

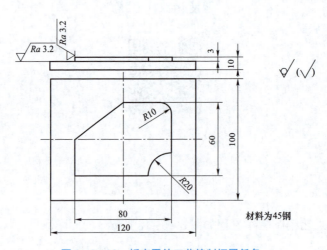

图 3-6-19 板壳零件工艺编制拓展任务一

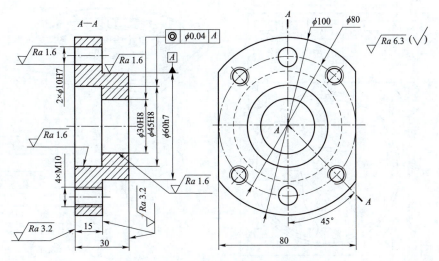

图 3-6-20　板壳零件工艺编制拓展任务二

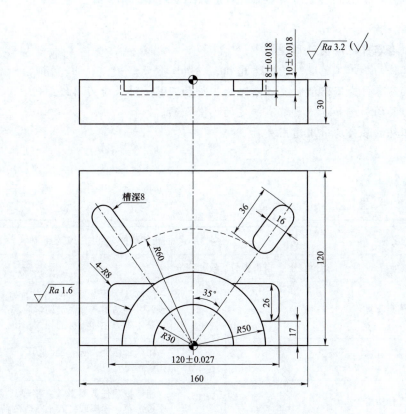

图 3-6-21　板壳零件工艺编制拓展任务三

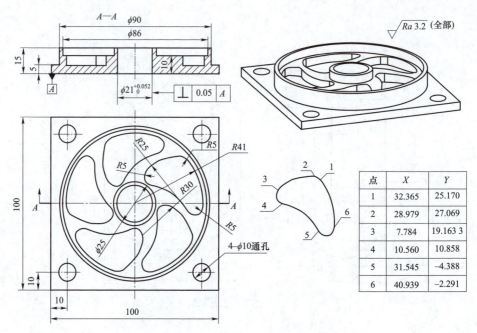

图 3-6-22　板壳零件工艺编制拓展任务四

提示：
（1）所有零件毛坯均选用型材。
（2）零件的加工工艺顺序均需考虑粗、精加工分开。
（3）确定零件走刀路线时要注意防止工件和刀具干涉及走刀路线最短。
（4）刀具的引进和退出要留有一定的安全距离。
（5）工件的装夹均采用通用夹具。

任务考核

班级_____　　姓名_____　　学号_____

任务名称			任务 3-6　回转件数控车削加工工艺编制		
考核项目		分值/分	自评得分	教师评价	备注
工作态度	信息收集	10			能够从主体教材、网络空间等多种途径获取知识，并能基本掌握关键词学习法；基本掌握主体教材的相关知识
	团队合作	5			团队合作能力强，能与团队成员分工合作收集相关信息
	工作质量	15			能够按照任务要求认真整理、撰写相关材料，字迹潦草、模糊或格式不正确酌情扣分
任务实施	任务分析	5			考查学生执行工作步骤的能力，并兼顾任务完成的正确性和工作质量
	板壳件的装夹方案	5			

续表

考核项目		分值/分	自评得分	教师评价	备注
任务实施	数控铣削工艺路线	10			考查学生执行工作步骤的能力，并兼顾任务完成的正确性和工作质量
	数控铣削刀具选择	10			
	数控铣削切削用量	10			
	填写数控加工工艺文件	10			
拓展任务完成情况		10			考查学生利用所学知识完成相关工作任务的能力
拓展知识学习效果		10			考查学生学习延伸知识的能力
小计		100			
小组互评		100			主要从知识掌握、小组活动参与度及见习记录遵守等方面给予中肯考核
表现加分		10			鼓励学生积极、主动承担工作任务
总评		100			总评成绩＝自评成绩×40%＋指导教师评价×35%＋小组评价×25%＋表现加分

项目四　组合件的数控加工

项目目标

● 掌握数控加工的工作特点、工作流程及职业要求；
● 熟悉数控车床、数控铣床的工艺范围，能够根据组合体组成零件的特点正确选择加工方法和加工方案；
● 熟悉数控加工的工艺分析方法，能根据组合件的装配要求正确确定零件数控加工工艺路线；
● 熟悉数控手工编程的方法和相关指令的应用，能够应用手工编程编制中等复杂装配体组成零件的数控加工程序；
● 熟悉数控加工常用的工艺装备，能正确选择和使用刀具、夹具、量具等，完成中等复杂装配体组成零件的数控加工和组合件的装配检验；
● 学会正确执行操作规范，遵守工艺守则，进行安全文明生产。

 轴套组合件的数控加工

任务目标

通过本任务的实施，达到以下目标：
● 了解数控加工车间的生产环境及安全文明作业规范；
● 熟悉数控车间主要加工设备的名称和技术要求等；
● 明确零件数控加工的工作过程、生产技术文件、工作岗位和岗位职责要求。

任务描述

一、任务内容

某数控车间拥有配置 FANUC 数控系统的 CAK4085 数控车床 8 台，数控铣床 8 台，工厂要求该车间在一周内加工如图 4-1-1 所示组合件 1 000 套。请根据所提供的零件图纸，遵守数控加工的操作规范，分析零件加工工艺，编制零件加工程序，完成该组合件的加工生产任务。

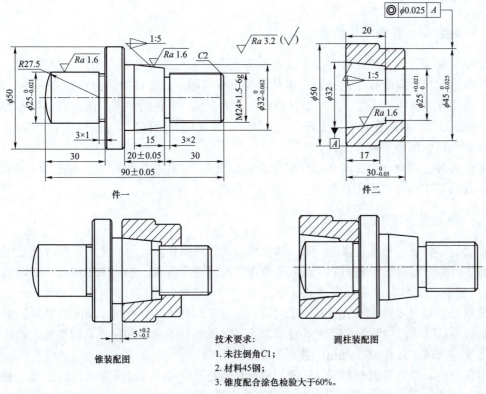

技术要求：
1. 未注倒角C1；
2. 材料45钢；
3. 锥度配合涂色检验大于60%。

图4-1-1 组合件零件图

二、实施条件

（1）生产车间或实训基地，供学生熟悉机械加工的工作过程，了解常见的加工方法、工艺装备等；

（2）零件的零件图纸、机械加工工艺文件等资料，供学生完成工作任务；

（3）数控车床编程说明书或计算机仿真软件使用手册及数控编程的参考资料，供学生获取知识和任务实施时使用。

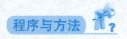
程序与方法

步骤一 任务分析

零件是机械中的最小单位，零件的配合组成了机构，机构之间的配合组成了机械，一部机器要能正常工作，零件与零件之间的配合是关键。如今，随着机电一体化技术的迅速发展，数控机床已经日趋普及，加之对配合的零件之间的要求，零件表面的粗糙度、位置度等要求不断提高，普通机床很难达到，那么就需要在数控机床上完成。

项目四 组合件的数控加工

做一做：

小组讨论，确定本任务中配合件的结构组成，分析组成零件的技术要求，初步确定组合件的加工方案。

一、轴套配合件的结构组成

轴与套配合在一起以组合件的形式在机器设备中应用非常普遍，由于其功能不同，轴套类零件结构和尺寸有着很大的差别，但其结构仍有共同点，零件的结构一般由外圆、端面、孔、沟槽及内螺纹和外螺纹、内外锥面和内外型面组成，零件的主要表面为同轴度要求较高的内、外圆表面，套的零件壁厚度较薄且易变形。常见的有圆柱配合、圆锥配合、螺纹配合、曲面配合、端面配合等组合形式。

本任务轴套组合件为锥面和螺纹配合的轴套组合件。组成零件的表面有曲面、螺纹、锥面等，普通车床难以完成零件的加工，所以选用数控车床加工。

二、轴套组合件的技术要求

轴套类零件表面精度要求除尺寸、形状精度外，轴颈和内孔一般要作为配合和装配的基准，轴的尺寸精度等级一般为IT7级，孔的直径尺寸精度等级一般为IT7级，精密轴套可以取IT6，轴孔的形状精度应控制在孔径公差内，一些精密套筒控制在孔公差的1/2～1/3。对于长度较长的轴套零件，除了圆度要求以外，还应注轴孔面的圆柱度、端面对轴线的圆跳动度和垂直度，以及两端面的平行度等要求，为了保证零件的功用和提高其耐磨性，轴孔的表面粗糙度值可达 Ra1.6～0.16 μm，甚至更高。

本任务中，组合件的材料为45钢，零件无热处理要求，可选用圆钢棒料毛坯。通过查表可知，轴的加工精度为g6，孔的加工精度为H7，两者配合精度达到g6/H7；锥度配合涂色法检验接触面积不小于60%；套件右端外圆的轴线与内锥体轴线的同轴度要求为 ϕ0.025 mm。

三、轴套组合件的加工方案

由于本任务组合件为回转件的配合，有配合精度要求，组成零件的表面粗糙度低、位置度要求高，普通机床很难达到，所以选用数控车床加工。为保证配合精度和零件间的位置精度要求，按照加工套的内部—轴的左端—轴的右端—配合加工套的外部的顺序加工。

步骤二 工 艺 分 析

一、确定装夹方案

该组合体组成零件轴的外廓尺寸为ϕ50 mm×90 mm，套的外廓尺寸为ϕ50 mm×30 mm，套内锥度的轴线与外圆轴线之间有同轴度要求，若采用掉头加工不容易保证，且容易产生装夹变形。而采用一次装夹又完不成全部加工，故可采用轴零件加工完后两件用螺母配合加工，这样就可以用通用夹具三爪卡盘装夹工件，减少了工件的装夹次数，也无须用专用夹具防止套加工中的变形。

零件的装夹方案如图4-1-2所示。

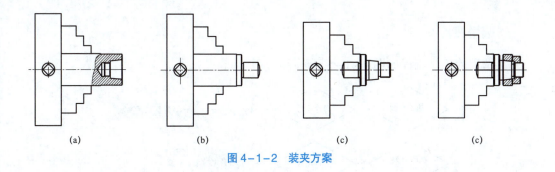

图 4-1-2 装夹方案

二、拟定工艺路线

拟定工艺路线的工作流程如图 4-1-3 所示。

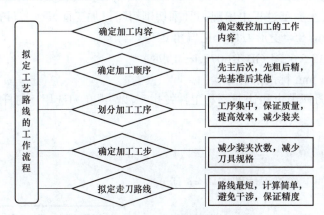

图 4-1-3 拟定工艺路线的工作流程

按照以上工作流程，遵循工序集中及按零件装夹定位的方式划分加工工序，安排工序内容时依照先近后远、先内后外的原则，尽量减少换刀次数。

零件的加工工艺过程如图 4-1-4 所示。

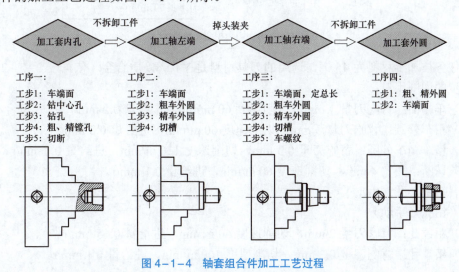

图 4-1-4 轴套组合件加工工艺过程

项目四 组合件的数控加工　259

三、选用刀具

刀具选用的工作流程如图 4–1–5 所示。

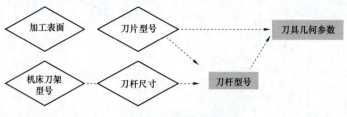

图 4–1–5 刀具选用的工作

由于零件轮廓有锥面、成形面，为了减少刀具规格和换刀次数，粗车外圆和端面时用同一把车刀，同时为防止加工过程中出现刀具副切削刃与已加工面发生干涉，故外圆车刀选用：刀杆 25 mm×25 mm，85°菱形刀片，主偏角 $\kappa_r=93°$。

中心钻选用：A2.5/6.3　GB/T 6078.1—1998。

预钻孔使用 ϕ21 mm 标准麻花钻。

为保证镗孔时刀杆进出和让刀不与工件发生干涉，镗孔刀选用：刀杆 ϕ12 mm，55°菱形刀片。

四、确定切削用量

确定切削用量的工作流程如图 4–1–6 所示。

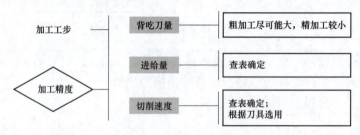

图 4–1–6 切削用量工作流程

本任务被加工材料为 45 钢，选用的刀具材料是 YT 类硬质合金，依据表 2–7–2，可确定各工步的切削用量：

（1）车端面：背吃刀量 1 mm，切削速度 60 m/min，进给量 0.2 mm/r。

（2）粗车外圆：背吃刀量 3 mm，切削速度 60 m/min，进给量 0.2 mm/r。

（3）精车精车外圆：背吃刀量 0.3 mm，切削速度 120 m/min，进给量 0.1 mm/r。

（4）切断：刀宽 4 mm，切削速度 60 m/min，进给量 0.1 mm/r。

（5）钻中心孔（手动）。

（6）钻孔（手动）。

（7）粗镗孔：背吃刀量 2 mm，切削速度 60 m/min，进给量 0.15 mm/r。

（8）精镗孔：背吃刀量 0.3 mm，切削速度 100 m/min，进给量 0.1 mm/r。

五、编制工艺文件

根据工艺文件的填写要求填写零件加工的工序卡、刀具卡等。

步骤三 程序编制

根据拟定的零件加工工艺,选用适当的加工指令,编写出组成零件的数控加工程序,并利用仿真软件校验程序的正确性。

编制零件数控加工程序的工作步骤如图4-1-7所示。

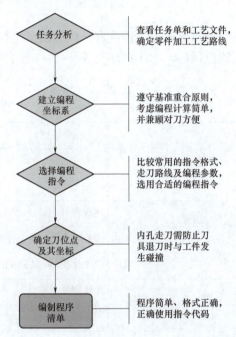

图4-1-7 编制零件数控加工程序的工作步骤

一、刀位点坐标计算

程序中一些基点的坐标可以从图中直接读出,另外圆弧的基点坐标和螺纹、锥度参数需要计算。

工序一:

锥度小径:

$$d = D - CL = 32 - \frac{1}{5} \times 20 = 28 \text{(mm)}$$

内螺纹的底径:

$$D_{孔} = d - P = 24 - 1.5 = 22.5 \text{(mm)}$$

工序二:

计算图4-1-8中点A坐标。

$$A_X = \phi 25.01$$

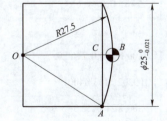

图4-1-8 刀位点坐标计算

$$A_Z = 27.5 - \sqrt{27.5^2 - 12.5^2} = 3$$

工序三：

锥度小径：

$$d = D - CL = 32 - \frac{1}{5} \times 15 = 29 \text{（mm）}$$

外螺纹小径：

$$d_1 = d - 1.3P = 24 - 1.3 \times 1.5 = 22.2 \text{（mm）}$$

二、编写加工程序

本例中零件内外轮廓均符合单调递增，镗孔和外圆加工采用复合循环指令，较为简单；端面加工走刀次数少，使用固定循环，加工程序见表4–1–1和表4–1–2。

表4–1–1 套左端加工程序

第___页共___页

单位（公司）		零件名称		轴套	
工序号		工步号		程序号	O0061
程序内容			程序说明		
O0061;			程序号		
T0101;			换1号刀，建立工件坐标系		
M03 S600;			主轴正转 600 r/min		
G00 X54.0 Z2.0;			快速靠近工件		
G94 X–0.5 Z0 F0.2;			齐端面		
G00 X80.0;			退刀		
M03 S120;			转速 120 r/min		
M00;			程序暂停，手动钻孔		
G00 X44.0;			进刀		
G01 X51.0 Z–1.5 F0.2;			粗车外圆		
Z–35.0;					
X53.0;					
G00 X100.0 Z100.0;			退刀到换刀点		
T0202 M03 S400;			换2号刀，建立坐标系		
G00 X21.0 Z2.0;			进刀		
G71 U2.0 R0.5;			粗车内轮廓参数		
G71 P10 Q20 U–0.3 W0.05 F0.15;					

续表

程序内容	程序说明
N10 G41 G00 X32.0 S500；	精加工路线
G01 Z0；	
G01 X28.0 Z−20.0 F0.1；	
X27.0；	
X25.015 W−1.0；	
N20 G40 Z−35.0；	
G70 P10 Q20；	精车内轮廓
G00 X100.0 Z100.0；	回换刀点
T0404 M03 S400；	换 4 号刀，主轴正转 400 r/min
G00 X54.0 Z−34.5 M08；	进刀到切断起点
G75 R0.5；	切断，一次切入半径 4 mm，退刀 0.5 mm
G75 X20.0 P3000 F0.08；	
G00 X100.0 Z100.0；	回换刀点
M30；	程序结束
编制		审核		批准		日期	

表 4-1-2 轴右端加工程序

第___页共___页

单位（公司）		零件名称	台阶轴
工序号		工步号		程序号	O0001
程序内容	程序说明
O0001；	程序号
T0101；	换 1 号刀，建立工件坐标系
M03 S600；	主轴正转 600 r/min
G00 X54.0 Z3.0；	快速靠近工件
G94 X−0.5 Z0 F0.2；	齐端面
G00 X52.0 Z1.0；	退刀到粗车外圆起点
G71 U2.0 R0.5；	粗车外圆参数
G71 P10 Q20 U0.3 W0.05 F0.2；	

续表

程序内容	程序说明
N10 G42 G00 X20.0 S800;	外轮廓精加工程序
G01 X23.8 Z－1.0 F0.1;	
Z－30.0;	
X28.97.0;	
X31.97 W－15.0;	
W－5.0;	
X48.0;	
N10 X52.0 W－2.0;	
G00 X100.0 Z100.0;	退刀到换刀点
T0202 M03 S800;	换2号刀,建立坐标系
G00 X52.0 Z2.0;	进刀到精车起点
G70 P10 Q20;	精车外轮廓
G00 X100.0 Z100.0;	退刀到换刀点
T0303 S400 M03;	换3号刀,建立坐标系
G00 X30.0 Z－30.0;	进刀
G01 X20.0 F0.1;	切槽
G04 X0.2;	暂停
X25.0 F0.5;	退刀到槽外
G00 X100.0 Z100.0;	退刀到换刀点
T0404 M03 S400;	换4号刀,建立坐标系
G00 X28.0 Z2.0;	进刀到加工螺纹起点
G76 P011060 Q50 R0.05;	加工螺纹
G76 X22.1 Z－28.0 P950 Q400 F1.5;	
G00 X100.0 Z100.0;	退刀
M30;	程序结束
编制	审核	批准	日期

本部分只列出套内廓和轴外廓程序,其余由学生自己编写。

步骤四 数控加工

组合件加工工作流程如图4-1-9所示。

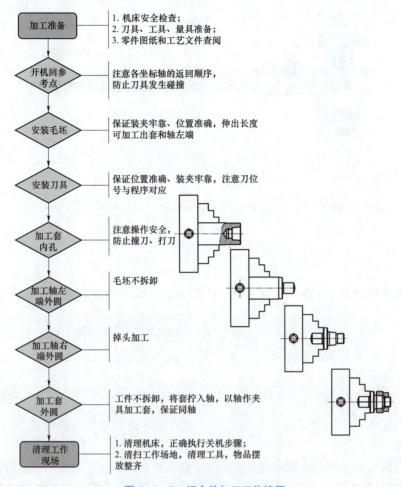

图 4-1-9 组合件加工工作流程

步骤五 装配检查

一、零件检查

检验轴套类零件的常用量具有游标卡尺、外径千分尺、内径千分尺和内径百分表等。根据本零件的精度要求,选择游标卡尺、外径千分尺测量工件的内、外径及长度,选择螺纹环规测量外螺纹。

(一)游标卡尺

游标卡尺由主尺和副尺(又称游标)组成。主尺与固定卡脚制成一体;副尺与活动卡脚制成一体,并能在主尺上滑动。图 4-1-10 所示为测量精度为 0.02 mm 的游标卡尺,其游标尺上 50 个分度只有 49 mm 长,比主尺上的 50 个分度短 1 mm,则游标上的每个分度比主尺上的每个分度短 1/50 mm=0.02 mm,即它的测量精度为 0.02 mm。

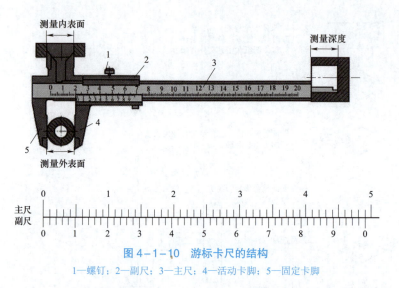

图 4-1-10 游标卡尺的结构
1—螺钉；2—副尺；3—主尺；4—活动卡脚；5—固定卡脚

游标卡尺读数分为三个步骤，图 4-1-11 所示为 0.02 游标卡尺的某一测量状态。

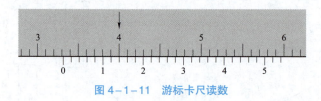

图 4-1-11 游标卡尺读数

（1）在主尺上读出副尺零线以左的刻度，该值就是最后读数的整数部分，图 4-1-11 所示为 33 mm。

（2）找到副尺与主尺刻线对齐的位置，图中箭头所示，在刻尺上读出该刻线距副尺的格数，将其与刻度间距 0.02 mm 相乘，就得到最后读数的小数部分。图 4-1-11 所示为 0.14 mm。

（3）将所得到的整数和小数部分相加，就得到总尺寸为 33.14 mm。

游标卡尺的使用方法如图 4-1-12 所示。

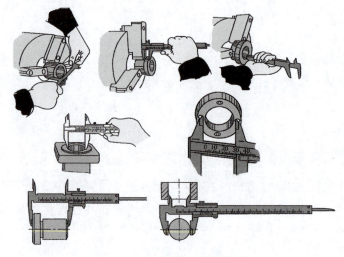

图 4-1-12 游标卡尺使用方法

（二）外径千分尺

外径千分尺的结构如图 4-1-13 所示。

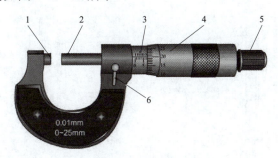

图 4-1-13 千分尺结构
1—测砧；2—测微螺杆；3—固定套筒；4—微分筒；5—棘轮；6—锁紧装置

外径千分尺的读数方法，图 4-1-14 所示为外径千分尺的某一测量状态，其读数步骤如下：

（1）读出固定套筒上露出的整数刻线尺寸，但要注意不能漏掉应读出的 0.5 mm 刻度值，图 4-1-14 所示为 5 mm。

（2）要读微分筒的尺寸，先要看清微分筒圆周上哪一刻线与固定套筒的基准中线对齐，将格数乘以 0.01 mm 即为微分筒的读数值，图示 4-1-14 所示为 46×0.001＝0.46（mm）。

（3）把固定套筒的整数值与微分筒的小数值相加，即为外径千分尺上所得尺寸，图 4-1-14 所示为 5+0.46＝5.46（mm）。

外径千分尺的千分尺的使用方法如图 4-1-15 所示。

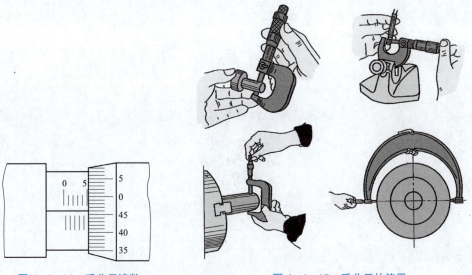

图 4-1-14 千分尺读数　　　　图 4-1-15 千分尺的使用

二、组合装配

本工件包括圆柱配合和圆锥配合,配合以后如图 4-1-16 所示。

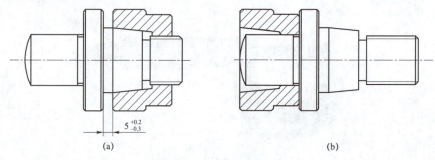

图 4-1-16　装配图
(a) 组合一;(b) 组合二

三、装配检验

配合件检验方法:涂色法、塞尺法、测量法等。

涂色检验法:

首先将红丹或蓝油均匀涂抹 2~4 条线在外锥上,然后将加工好的套塞规套在外锥上,对研转动 60°~120°,取下套看外锥表面涂料的擦拭痕迹来判断内圆锥的好坏,接触面积越多锥度越好,反之则不好。一般用标准量规检验,锥度接触要达 75%以上,且靠近大端。涂色法只能用于精加工表面。

本工件内外圆柱配合可使用内侧千分尺、外径千分尺通过测量来检验配合精度;内、外锥的锥度配合通过装配涂色法进行检验,内、外锥直径尺寸的配合精度通过测量尺寸 $5_{-0.3}^{+0.2}$ mm 进行检验。

新视野

计算机集成制造系统(CIMS)

巩固与拓展

一、知识巩固

组合件的数控加工过程如图 4-1-17 所示。

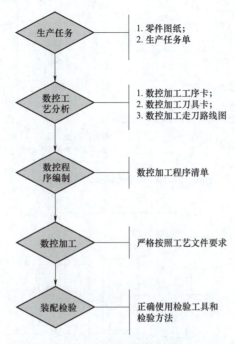

图 4-1-17 轴套组合件的数控加工过程

二、拓展任务

做一做：

根据组合件的数控加工工作流程完成图 4-1-18～图 4-1-23 所示组合件的数控加工工艺分析和程序编制。

提示：

（1）如图 4-1-18～图 4-1-23 所示的所有组合件的毛坯均为型材，需根据零件尺寸选用合适的毛坯尺寸。

（2）组合件的加工中，要恰当考虑组成零件的加工顺序，即先加工基准件，然后用基准件检验另一组成件的配合尺寸。

（3）对于不方便装夹的零件，可考虑采用工艺凸台，加工完成后再切除。

（4）有锥面或曲面配合的表面，编程时要使用刀具补偿。

（5）使用刀具补偿指令编程时，在加工中要正确选用刀尖方位号。

（6）椭圆面和抛物线表面使用宏程序编程。

（7）选用合适的编程指令，减小编程工作量和程序所占用内存，提高加工效率。

（8）编程完成后使用仿真软件检验。

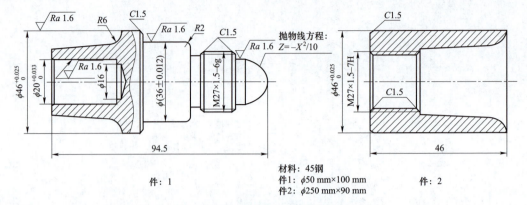

图 4-1-18 轴套组合件拓展任务一

材料：45钢
件1：φ50 mm×100 mm
件2：φ250 mm×90 mm

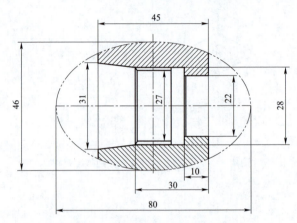

图 4-1-19 轴套组合件拓展任务二

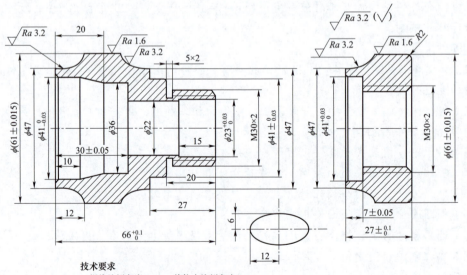

技术要求
1. 螺纹处倒角为2 mm，其他未注倒角为1 mm；
2. 未注尺寸公差按GB1804-92M；
3. 不得用油石砂布等工具对表面进行修饰加工。

图 4-1-20 轴套组合件拓展任务三

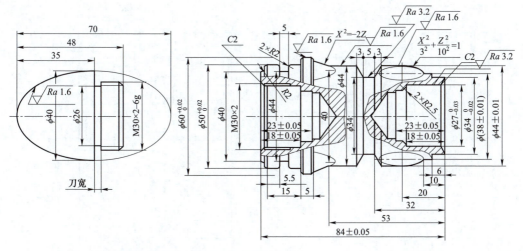

技术要求
1. 螺纹处倒角为2 mm，其他未注倒角为1 mm；
2. 未注尺寸公差按GB1804-92M；
3. 不得用油石砂布等工具对表面进行修饰加工。

图 4-1-21 轴套组合件拓展任务四

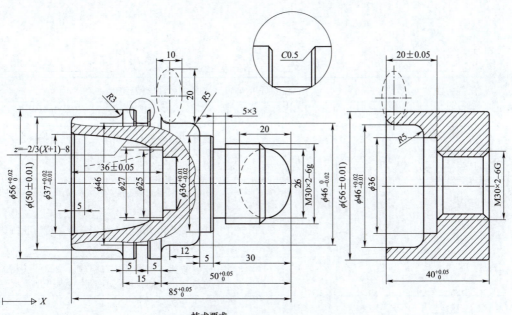

技术要求
1. 螺纹处倒角为2 mm，其他未注倒角为1 mm；
2. 未注尺寸公差按GB1804-92M；
3. 不得用油石砂布等工具对表面进行修饰加工。

图 4-1-22 轴套组合件拓展任务五

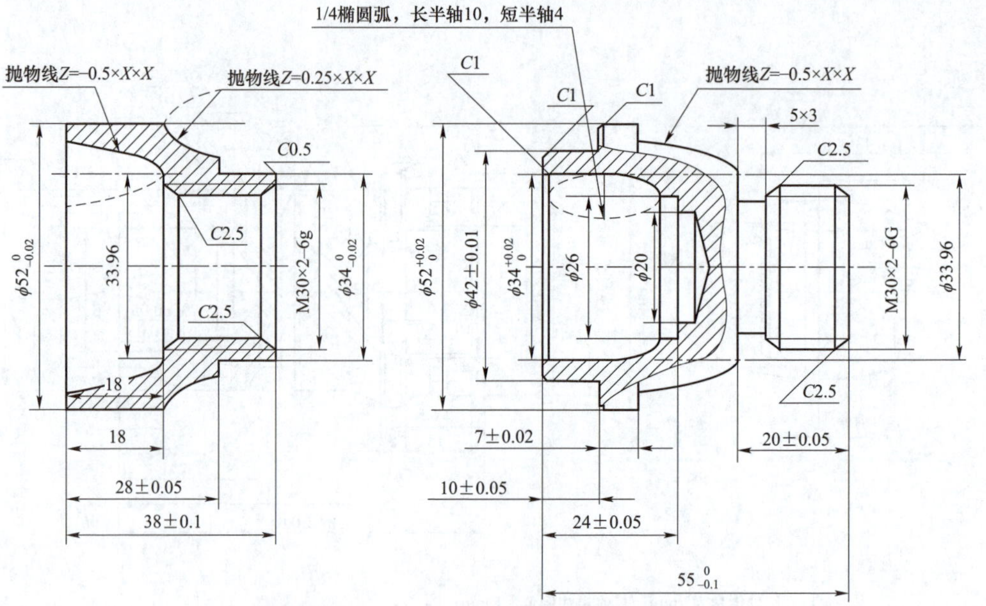

图中标注：
- 抛物线 $Z=-0.5\times X\times X$
- 抛物线 $Z=0.25\times X\times X$
- 1/4椭圆弧，长半轴10，短半轴4
- 抛物线 $Z=-0.5\times X\times X$
- $C0.5$, $C1$, $C1$, $C1$, 5×3, $C2.5$, $C2.5$, $C2.5$, $C2.5$
- $\phi 52_{-0.02}^{0}$, 33.96, $M30\times2-6g$, $\phi 34_{-0.02}^{0}$
- $\phi 52_{-0.02}^{0}$, $\phi 42\pm0.01$, $\phi 34_{-0.02}^{0}$, $\phi 26$, $\phi 20$, $M30\times2-6G$, $\phi 33.96$
- 18, 18, 28 ± 0.05, 38 ± 0.1
- 7 ± 0.02, 10 ± 0.05, 24 ± 0.05, 20 ± 0.05, $55_{-0.1}^{0}$

技术要求

1. 螺纹处倒角为2 mm，其他未注倒角为1 mm；
2. 未注尺寸公差按GB1804-92M；
3. 不得用油石砂布等工具对表面进行修饰加工。

图 4-1-23 轴套组合件拓展任务六

任务考核

班级_____ 姓名_____ 学号_____

任务名称				任务 4-1 轴套组合件的数控加工	
考核项目		分值/分	自评得分	教师评价	备注
工作态度	信息收集	5			能够从主体教材、网络空间等多种途径获取知识，并能基本掌握关键词学习法；基本掌握主体教材的相关知识
	团队合作	5			团队合作能力强，能与团队成员分工合作收集相关信息
	安全防护	5			认真学习和遵守安全防护规章制度，正确佩戴劳动保护用品
	工作质量	5			能够按照任务要求认真整理、撰写相关材料，字迹潦草、模糊或格式不正确酌情扣分
任务实施	任务分析	5			考查学生执行工作步骤的能力，并兼顾任务完成的正确性和工作质量
	工艺分析	15			
	编制程序	10			
	数控加工	15			
	装配检查	15			

续表

考核项目	分值/分	自评得分	教师评价	备注
拓展任务完成情况	10			考查学生利用所学知识完成相关工作任务的能力
拓展知识学习效果	10			考查学生学习延伸知识的能力
小计	100			
小组互评	100			主要从知识掌握、小组活动参与度及见习记录遵守等方面给予中肯考核
表现加分	10			鼓励学生积极、主动承担工作任务
总评	100			总评成绩＝自评成绩×40%＋指导教师评价×35%＋小组评价×25%＋表现加分

任务二　板类组合件的数控加工

任务目标

通过本任务的实施，达到以下目标：
- 了解数控加工车间的生产环境及安全文明作业规范；
- 熟悉数控车间主要加工设备的名称和技术要求等；
- 明确零件数控加工的工作过程、生产技术文件及工作岗位和岗位职责要求。

任务描述

一、任务内容

某数控车间拥有配置 FANUC 数控系统的 V600 数控铣床 8 台，工厂要求该车间在一月内加工图 4-2-1 所示组合件 3 000 件。请根据所提供的零件图纸，遵守数控加工的操作规范，分析零件加工工艺，编制零件加工程序，完成该组合件的加工生产任务。

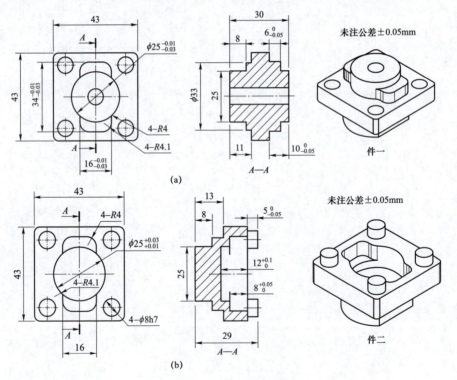

图 4-2-1　组合件零件图

二、实施条件

（1）生产车间或实训基地，供学生熟悉机械加工的工作过程，了解常见的加工方法、工艺装备等；

（2）零件的零件图纸、机械加工工艺文件等资料，供学生完成工作任务；

（3）数控铣床编程说明书或计算机仿真软件使用手册及数控编程的参考资料，供学生获取知识和任务实施时使用。

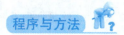

步骤一　任　务　分　析

一、板类配合件的结构特点

相互配合的板类零件由凸板和凹板组成，零件表面一般由平面、凸台、型腔、孔系等组成，其中配合平面和孔多为定位基准，型腔和凸台多为曲面轮廓，配合精度要求高，孔系中有光孔、台阶孔、销钉孔、螺纹孔等，零件各组成要素的定位精度要求高。

做一做：

找出图 4-2-1 中件一与件二的配合表面，并分析该配合体的技术要求。

提示：

（1）组合件中有多个零件构成，本例为两个配合件。

（2）组合件的配合面有装配要求，根据零件标注可以找出配合的基准制，即可找出零件的装配基准；本例中是件二的四个圆柱与件一的孔配合，采用基轴制（h7），件二的凸耳与件一的型腔为间隙配合。

（3）组成零件的非配合端虽然加工精度不高，但加工时要作为定位基准使用，其定位精度要求高。

二、板类组合件的加工方案

板类零件的孔系、轮廓及平面加工公差要求较高，特别是几何公差要求较为严格，通常要经过铣、钻、扩、镗、铰、锪、攻丝等工序。

由于板类组合件中的配合形状比较简单，但是工序复杂，表面质量和精度要求高，所以从精度要求上考虑，定位和工序安排比较关键。为了保证加工精度和表面质量，根据毛坯质量（主要是指形状和尺寸），通常采用两次定位（一次粗定位，一次精定位）装夹加工完成，按照基准面先主后次、先近后远、先里后外、先粗加工后精加工、先面后孔的原则依次划分工序加工；当既有孔又有面时，应先铣面，后加工孔。所有孔系都应先完成粗加工，再精加工。

做一做：

根据所学的经验，确定本任务中零件的加工方法，确定零件加工所用的刀具。

步骤二 工 艺 分 析

一、确定装夹方案

做一做：

根据所学知识和已经获得的经验，确定本任务中零件加工的装夹方案。

提示：

零件的定位基准应尽量与设计基准及测量重合，以减少定位误差。

在数控机床上加工零件，既要保证加工质量，又要减少辅助时间，提高加工效率。因此要选用能准确和迅速定位并夹紧工件的装夹方法和夹具。

为了不影响进给和切削加工，在装夹工件时一定要将加工部位敞开，选择夹具时应尽量做到在一次装夹中将要求加工的面都加工出来。

本任务组成零件的加工中，首先要以毛坯件的一个平面为粗基准定位，将毛坯的精加工定位面铣削出来，并达到规定的要求和质量，作为夹持面，再以夹持面为精基准装夹来加工零件，最后再将粗基准面加工到尺寸要求。

二、拟定工艺路线

做一做：

根据所学知识和已经获得的经验，拟定本任务零件数控加工工艺路线。

提示：

板类组合件的数控加工一定要遵循基准先行的原则，先加工基准件，再加工配合件；先加工零件的基准面，再加工其他表面。

对于每一个零件的加工，应尽量采用工序集中的原则，即在零件的一次装夹中尽可能加工较多的表面，以保证零件的位置精度要求。

为保证组合件的装配要求，配合件配合表面的精加工一般采用多次加工完成，在留有适当精加工余量的情况下完成零件的初次精加工，不拆卸工件，用基准件检验配合精度，以检验结果确定是否需要再次精加工。如此多次加工可较好地保证装配要求。

本任务中，件一的工艺路线如图4-2-2所示。

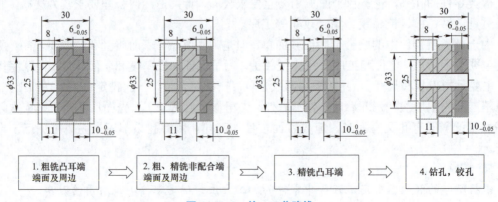

图4-2-2　件一工艺路线

粗、精铣非配合端端面及周边→精铣凸耳端。

本任务中,件二的工艺路线如图 4-2-3 所示。

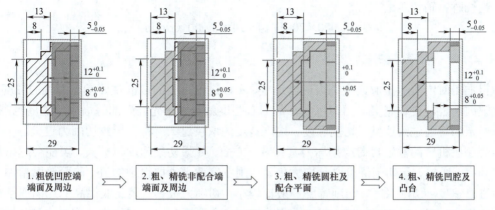

图 4-2-3　件二工艺路线

三、确定切削用量

切削用量的选择必须在机床主传动功率、进给传动功率以及主轴转速范围、进给范围内。机床—刀具—工件系统的刚性是限制切削用量的重要因素。切削用量的选择应使机床—刀具—工件系统不发生较大的振动。如果机床的稳定性好,工件的热变形小,刀具材料性能好,可适当地加大切削用量。

铣削加工切削用量包括切削速度、进给速度、背吃刀量及侧吃刀量。从刀具寿命的角度出发,切削用量的选择方法是:先选择背吃刀量、侧吃刀量;其次选择进给速度;最后确定切削速度。

(一) 主轴转速的确定

主轴转速主要根据允许的切削速度 v_c (m/min) 选取:
$$n = 1\,000 v_c / \pi D \text{ (r/min)}$$

式中:v_c——切削速度;

  D——工件或刀具的直径,mm。

由于每把刀计算方式相同,故现选取 10 mm 的立铣刀为例说明其计算过程。

根据切削原理可知,切削速度的高低主要取决于被加工零件的精度、材料、刀具的材料和刀具耐用度等因素。

从理论上讲,v_c 的值越大越好,因为这不仅可以提高生产效率,而且可以避免生成积屑瘤的临界速度,获得较低的表面粗糙度值。但实际上由于机床、刀具等的限制,用硬质合金刀具铣削 45 钢时:

粗铣时:
$$v_c = 150 \text{ m/min}$$

精铣时:
$$v_c = 200 \text{ m/min}$$

粗铣时主轴转速最大可选择：
$$n = 1\,000 \times 150/3.14 \times 10 \approx 4\,700 \text{（r/min）}$$
精铣时主轴转速最大可选择：
$$n = 1\,000 \times 200/3.14 \times 10 \approx 6\,000 \text{（r/min）}$$

（二）进给速度的确定

粗加工时一般尽量取最大每齿进给速度，每齿进给速度的取值主要考虑刀具的强度，对于立铣刀而言，直径越大、刀刃越多，其刀具强度就越大，允许取的每齿进给速度也越大。对于一定的每齿进给速度，切削深度、切削宽度的取值过大，将会导致切削力过大，一方面可能会超出机床的额定负荷或损坏刀具；另一方面，如果切削速度也较大，可能会超出机床额定功率。通常如果切削深度必须取大值，切削宽度就必须取很小的值。曲面轮廓精加工的每齿进给速度、切削深度、切削宽度一般比较小，切削力很小，因此取很高的切削速度也不会超出机床的额定功率。粗加工时，过高的切削度主要引起温度和切削功率过大，精加工时过高的切削速度主要受温度的限制。通常，铣刀材料、工件材料、刀具耐用度一定，允许的速度就一定，因此极限切削线速度也一定。

切削进给速度 F 是切削时单位时间内工件与铣刀沿进给方向的相对位移，单位 mm/min，它与铣刀的转速 n、铣刀齿数 z 及每齿进给量 f_z（mm/z）的关系为
$$F = n \times f_z \times z \text{（mm/min）}$$

每齿进给量 f_z 的选取主要取决于工件材料的力学性能、刀具材料、工件表面粗糙度值等因素。工件材料的强度和硬度越高，f_z 越小，反之则越大；工件表面粗糙度值越小，f_z 就越小；硬质合金铣刀的每齿进给量高于同类高速钢铣刀。

一般而言，用 3 齿硬质合金刀具铣削 45 钢时：
粗铣时：
$$f_z = 0.2 \text{ mm/z}$$
精铣时：
$$f_z = 0.1 \text{ mm/z}$$
粗铣时进给速度最大可选择：
$$F = 4\,700 \times 0.2 \times 3 \approx 2\,800 \text{（mm/min）}$$
精铣时进给速度最大可选择：
$$F = 6\,000 \times 0.2 \times 3 \approx 3\,600 \text{（mm/min）}$$

提示：
切削进给速度也可由机床操作者根据被加工工件表面的具体情况进行手动调整，以获得最佳切削状态。

（三）背吃刀量的确定

背吃刀量是根据机床、工件和刀具的刚度来决定的，在刚度允许的条件下，应尽可能使被吃刀量等于工件的加工余量，这样可以减少走刀次数、提高生产效率。为了保证加工表面质量，可留少量精加工余量，一般留 0.2~0.5 mm。

步骤三　程序编制

一般情况下，零件如尺寸少且相对确定，则可以人工编程；如几何形状复杂的零件，或有复杂曲面的零件，或几何形状并不复杂，但程序量很大的零件，这种加工编程计算相当复杂，则应采用自动编程。本例零件数控加工程序比较简单，请学生自行采用手工编写。

步骤四　数控加工

零件数控加工的工作步骤件图4-2-4所示。

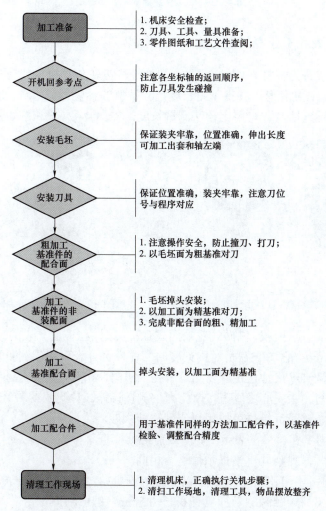

图4-2-4　组合件加工操作流程

提示：

（1）配合件的加工不要一次加工到尺寸，要学会使用改变刀具半径补偿值控制零件尺寸；

（2）配合件加工完成后，一定不要拆卸工件，要先用基准件检查配合精度，若配合间隙小，则可改变刀具补偿值再执行一遍程序，直至配合良好再取下工件。

步骤五 装配检验

一、工件测量的工作步骤（图4-2-5）

图4-2-5 工件测量的工作步骤

二、杠杆百分表和千分表使用方法

杠杆百分表又被称为杠杆表或靠表，是利用杠杆—齿轮传动机构或者杠杆—螺旋传动机构，将尺寸变化为指针角位移，并指示出长度尺寸数值的计量器具，用于测量工件几何形状误差和相互位置的正确性，并可用比较法测量长度，如图4-2-6和图4-2-7所示。

图4-2-6 杠杆百分表

图4-2-7 杠杆百分表的安装

杠杆百分表目前有正面式、侧面式及端面式几种类型。杠杆百分表的分度值为0.01 mm，测量范围不大于1 mm，它的表盘是对称刻度的。杠杆百分表可用于测量形位误差，也可用比较测量的方法测量实际尺寸，还可以测量小孔、凹槽、孔距、坐标尺寸等。在使用时应注意使测量运动方向与测头中心线垂直，以免产生测量误差。对此表的易磨损件，如齿轮、测头、指针、刻度盘、透明盘等均可按用户修理需要供应。

（1）千分表应固定在可靠的表架上，测量前必须检查千分表是否夹牢，并多次提拉千分表测量杆与工件接触，观察其重复指示值是否相同。

（2）测量时，不准用工件撞击测头，以免影响测量精度或撞坏千分表。为保持一定的起始测量力，测头与工件接触时测量杆应有0.3～0.5 mm的压缩量。

（3）测量杆上不要加油，以免油污进入表内，影响千分表的灵敏度。

（4）千分表测量杆与被测工件表面必须垂直，否则会产生误差。

（5）杠杆千分表的测量杆轴线与被测工件表面的夹角越小，误差就越小。如果由于测量需要，α角无法调小（当$\alpha > 15°$时），则其测量结果应进行修正。由图4-2-8可知，当平面上升距离为a时，杠杆千分表摆动的距离为b，也就是杠杆千分表的读数为b，因为$b > a$，所以指示读数增大。具体修正计算式为

$$a = b\cos\alpha$$

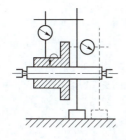
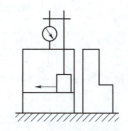
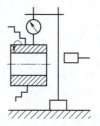

图 4-2-8　百分表使用实例

例：用杠杆千分表测量工件时，测量杆轴线与工件表面夹角 α 为 30°，测量读数为 0.048 mm，求正确的测量值。

解：　　　　　$a = b\cos\alpha = 0.048 \times \cos30° = 0.048 \times 0.866 = 0.0416$（mm）

 新视野

以机器人为核心的数字化智能工厂

 巩固与拓展

一、知识巩固

组合件的数控加工过程如图 4-2-9 所示。

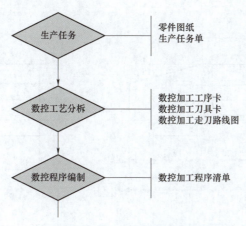

图 4-2-9　组合件的数控加工过程

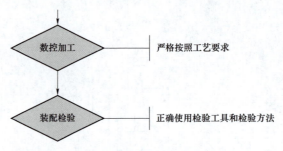

图 4-2-9 组合件的数控加工过程（续）

二、拓展任务

做一做：

根据组合件的数控加工工作流程，完成图 4-2-10～图 4-2-12 所示组合件的数控加工工艺分析和程序编制。

提示：

（1）如图 4-2-10～图 4-2-12 所示的所有组合件的毛坯均为型材，需根据零件尺寸选用合适的毛坯尺寸。

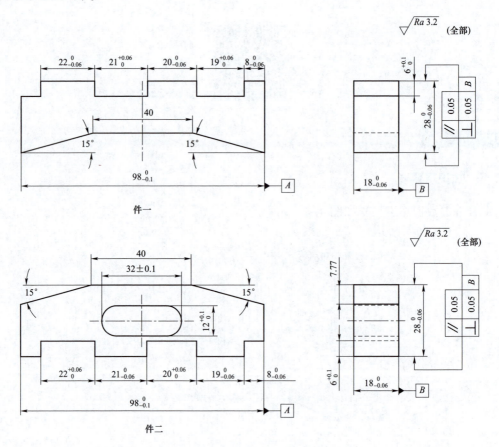

图 4-2-10 平板组合件扩展任务一

件一

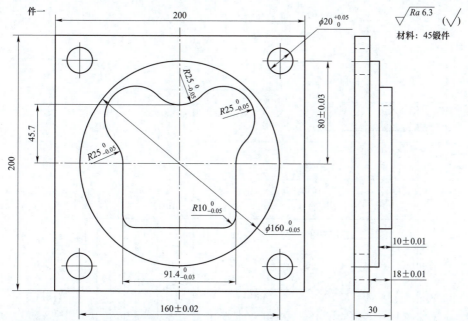

技术要求
1. 曲线外圆过渡应光滑、无节点。
2. 轮廓周边应保证粗糙度值 Ra 为 $3.2\ \mu m$。
3. 此图为1号零件,加工完成后需与2号零件相配贴紧,相应部位应清根或倒角。

件二

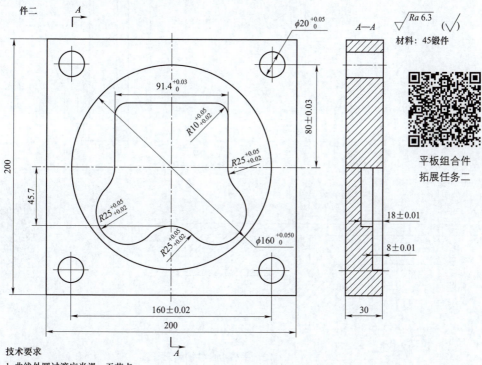

平板组合件
拓展任务二

技术要求
1. 曲线外圆过渡应光滑、无节点。
2. 轮廓周边应保证粗糙度值 Ra 为 $3.2\ \mu m$。
3. 此图为2号零件,加工完成后需与1号零件相配贴紧,相应部位应清根或倒角。

图 4-2-11 平板组合件拓展任务二

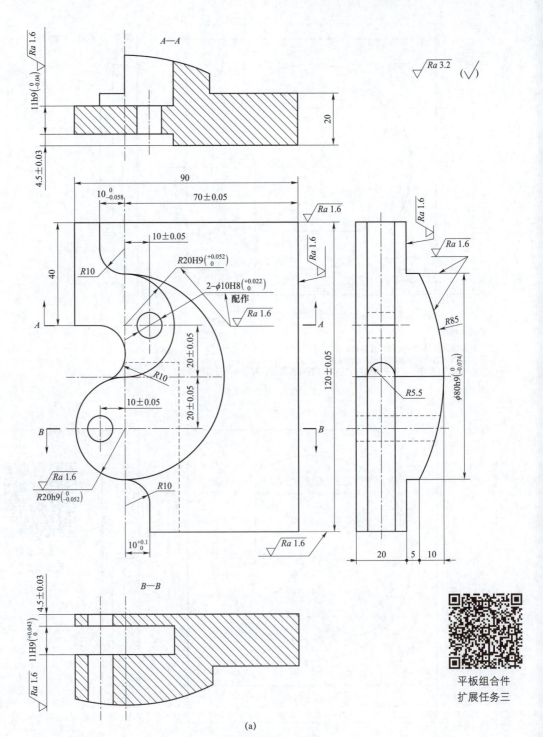

图 4-2-12 平板组合件扩展任务三
（a）零件图

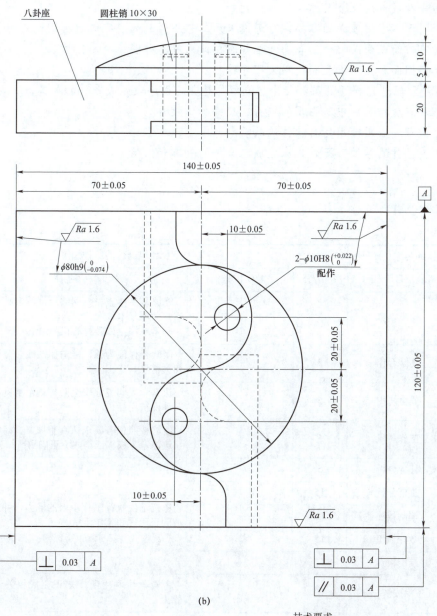

技术要求：
1. 以小批量生产条件编程。
2. 锐角倒钝 C0.5。
3. 未注公差尺寸按 IT14。
4. 零件尺寸：120 mm×90 mm×35 mm。
5. 材料：45 钢，调质处理 HRC20～30。

图 4-2-12　平板组合件扩展任务三（续）
（b）装配图

（2）组合件的加工中，要恰当考虑组成零件的加工顺序，即先加工基准件，然后用基准件检验另一组成件的配合尺寸。

（3）对于不方便装夹的零件，可考虑采用工艺凸台，加工完成后再切除。

（4）有锥面或曲面配合的表面，编程时要使用刀具补偿。

（5）椭圆面和抛物线表面使用宏程序编程。

（6）编程时选用合适的编程指令，使用尽量少的程序段完成零件的加工，以减小编程工作量和程序在数控系统中所占用的内存，提高加工效率。

（7）编程完成后使用仿真软件检验。

（8）有条件的学校可操作机床完成组合件的加工和检验。

任务考核

班级_____ 姓名_____ 学号_____

任务名称		任务4-2 板类组合件的数控加工			
考核项目		分值/分	自评得分	教师评价	备注
工作态度	信息收集	5			能够从主体教材、网络空间等多种途径获取知识，并能基本掌握关键词学习法；基本掌握主体教材的相关知识
	团队合作	5			团队合作能力强，能与团队成员分工合作收集相关信息
	安全防护	5			认真学习和遵守安全防护规章制度，正确佩戴劳动保护用品
	工作质量	5			能够按照任务要求认真整理、撰写相关材料，字迹潦草、模糊或格式不正确酌情扣分
任务实施	任务分析	5			考查学生执行工作步骤的能力，并兼顾任务完成的正确性和工作质量
	工艺分析	15			
	编制程序	10			
	数控加工	15			
	装配检查	15			
拓展任务完成情况		10			考查学生利用所学知识完成相关工作任务的能力
拓展知识学习效果		10			考查学生学习延伸知识的能力
小计		100			
小组互评		100			主要从知识掌握、小组活动参与度及见习记录遵守等方面给予中肯考核
表现加分		10			鼓励学生积极、主动承担工作任务
总评		100			总评成绩＝自评成绩×40%＋指导教师评价×35%＋小组评价×25%＋表现加分

附录 A 数控机床标准 G 代码

准备功能字是使数控机床建立起某种加工方式的指令，如插补、刀具补偿、固定循环等。G 功能字由地址符 G 及其后的两位数字组成，有 G00～G99 共 100 种功能。

JB/T 3208—1999 标准中规定见附表 1。

附表 1 准备功能字 G

代码	功能作用范围	功能	代码	功能作用范围	功能
G00		点定位	G45	*	刀具偏置 +/+
G01		直线插补	G46	*	刀具偏置 +/−
G02		顺时针圆弧插补	G47	*	刀具偏置 −/−
G03		逆时针圆弧插补	G48	*	刀具偏置 −/+
G04	*	暂停	G49	*	刀具偏置 0/+
G05	*	不指定	G50	*	刀具偏置 0/−
G06		抛物线插补	G51	*	刀具偏置 +/0
G07	*	不指定	G52	*	刀具偏置 −/0
G08	*	加速	G53		直线偏移注销
G09	*	减速	G54		直线偏移 X
G10～G16	*	不指定	G55		直线偏移 Y
G17		XY 平面选择	G56		直线偏移 Z
G18		ZX 平面选择	G57		直线偏移 XY
G19		YZ 平面选择	G58		直线偏移 XZ
G20～G32	*	不指定	G59		直线偏移 YZ
G33		螺纹切削，等螺距	G60		准确定位（精）
G34		螺纹切削，增螺距	G61		准确定位（中）
G35		螺纹切削，减螺距	G62		准确定位（粗）
G36～G39	*	不指定	G63	*	攻丝
G40		刀具补偿/刀具偏置注销	G64～G67	*	不指定
G41		刀具补偿−−左	G68	*	刀具偏置，内角
G42		刀具补偿−−右	G69	*	刀具偏置，外角
G43	*	刀具偏置−−左	G70～G79		不指定
G44	*	刀具偏置−−右	G80		固定循环注销

续表

代码	功能作用范围	功能	代码	功能作用范围	功能
G81~G89		固定循环	G94		每分钟进给
G90		绝对尺寸	G95		主轴每转进给
G91		增量尺寸	G96		恒线速度
G92	*	预置寄存	G97		每分钟转数（主轴）
G93		进给率，时间倒数	G98，G99	*	不指定

注：*表示如作特殊用途，必须在程序格式中说明

附录 B 数控机床标准 M 代码

辅助功能字是用于指定主轴的旋转方向、启动、停止、冷却液的开关,工件或刀具的夹紧和松开,刀具的更换等功能。辅助功能字由地址符 M 和其后的两位数字组成。

JB/T 3208—1999 标准中规定见附表 2。

附表 2 辅助功能字 M

代码	功能作用范围	功能	代码	功能作用范围	功能
M00	*	程序停止	M36	*	进给范围 1
M01	*	计划结束	M37	*	进给范围 2
M02	*	程序结束	M38	*	主轴速度范围 1
M03		主轴顺时针转动	M39	*	主轴速度范围 2
M04		主轴逆时针转动	M40~M45	*	齿轮换挡
M05		主轴停止	M46,M47	*	不指定
M06	*	换刀	M48	*	注销 M49
M07		2 号冷却液开	M49	*	进给率修正旁路
M08		1 号冷却液开	M50	*	3 号冷却液开
M09		冷却液关	M51	*	4 号冷却液开
M10		夹紧	M52~M54	*	不指定
M11		松开	M55	*	刀具直线位移,位置 1
M12	*	不指定	M56	*	刀具直线位移,位置 2
M13		主轴顺时针,冷却液开	M57~M59	*	不指定
M14		主轴逆时针,冷却液开	M60		更换工作
M15	*	正运动	M61		工件直线位移,位置 1
M16	*	负运动	M62		工件直线位移,位置 2
M17,M18	*	不指定	M63~M70	*	不指定
M19		主轴定向停止	M71		工件角度位移,位置 1
M20~M29	*	永不指定	M72		工件角度位移,位置 2
M30	*	纸带结束	M73~M89	*	不指定
M31	*	互锁旁路	M90~M99	*	永不指定
M32—M35	*	不指定			

注:*表示如作特殊用途,必须在程序格式中说明。

附录 C FANUC-0 系统程序报警（P/S 报警）代码表

报警号	报警内容
000	修改后须断电才能生效的参数，参数修改完毕后应该断电
001	TH 报警，外设输入的程序格式错误
002	TV 报警，外设输入的程序格式错误
003	输入的数据超过了最大允许输入的值
004	程序段的第一个字符不是地址，而是一个数字或"—"
005	一个地址后面跟着的不是数字，而是另外一个地址或程序段结束符
006	符号"—"使用错误（"—"出现在一个不允许有负值的地址后面，或连续出现了两个"—"）
007	小数点"."使用错误
009	一个字符出现在不能够使用该字符的位置
010	指令了一个不能用的 G 代码
011	一个切削进给没有被给出进给率
014	程序中出现了同步进给指令（本机床没有该功能）
015	企图使四个轴同时运动
020	圆弧插补中，起始点和终点到圆心的距离的差大于 876 号参数指定的数值
021	圆弧插补中，指令了不在圆弧插补平面内的轴的运动
029	H 指定的偏置号中的刀具补偿值太大
030	使用刀具长度补偿或半径补偿时，H 指定的刀具补偿号中的刀具补偿值太大
033	编程了一个刀具半径补偿中不能出现的交点
034	圆弧插补出现在刀具半径补偿的起始或取消的程序段
037	企图在刀具半径补偿模态下使用 G17、G18 或 G19 改变平面选择
038	由于在刀具半径补偿模态下，圆弧的起点或终点和圆心重合，因此将产生过切削的情况
041	刀具半径补偿时将产生过切削的情况
043	指令了一个无效的 T 代码
044	固定循环模态下使用 G27、G28 或 G30 指令
046	G30 指令中 P 地址被赋与了一个无效的值（对于本机床只能是 2）
051	自动切角或自动圆角程序段后出现了不可能实现的运动
052	自动切角或自动圆角程序段后的程序段不是 G01 指令
053	自动切角或自动圆角程序段中，符号","后面的地址不是 C 或 R
055	自动切角或自动圆角程序段中，运动距离小于 C 或 R 的值

续表

报警号	报警内容
060	在顺序号搜索时,指令的顺序号没有找到
070	程序存储器满
071	被搜索的地址没有找到,或程序搜索时没有找到指定的程序号
072	程序存储器中程序的数量满
073	输入新程序时企图使用已经存在的程序号
074	程序号不是 1~9 999 之间的整数
076	子程序调用指令 M98 中没有地址 P
077	子程序嵌套超过三重
078	M98 或 M99 中指令的程序号或顺序号不存在
085	由外设输入程序时,输入的格式或波特率不正确
086	使用读带机/穿孔机接口进行程序输入时,外设的准备信号被关断
087	使用读带机/穿孔机接口进行程序输入时,虽然指定了读入停止,但读过了 10 个字符后,输入不能停止
090	由于距离参考点太近或速度太低而不能正常执行恢复参考点的操作
091	自动运转暂停时(有剩余移动量或执行辅助功能时)进行了手动返回参考点
092	G27 指令中,指令位置到达后发现不是参考点
100	PWE=1,提示参数修改完毕后将 PWE 置零,并按"RESET"键
101	在编辑或输入程序过程中,NC 刷新存储器内容时电源被关断。当该报警出现时,应将 PWE 置 1,关断电源,再次打开电源时按住"DELETE"键以清除存储器中的内容
131	PMC 报警信息超过 5 条
179	597 号参数设置的可控轴数超出了最大值
224	第一次返回参考点前企图执行可编程的轴运动指令

参 考 文 献

[1] 陈红康，杜洪香．数控编程与加工［M］．2版．济南：山东大学出版社，2009．
[2] 闫华明，杨善迎．数控加工工艺与编程［M］．天津：天津大学出版社，2009．
[3] 李桂云．数控机床加工实训［M］．北京：中国铁道出版社，2011．
[4] 周建强．数控加工技术［M］．北京：中国人名大学出版社，2010．
[5] 罗春华，刘海明．数控加工工艺简明教程［M］．北京：北京理工大学出版社，2007．
[6] 张兆隆．孙志平．张勇．数控加工工艺与编程［M］．北京：高等教育出版社，2019．
[7] 崔兆华．数控加工工艺学（第三版）习题册［M］．北京：中国劳动社会保障出版社，2011．
[8] 程艳，贾芸．数控加工工艺与编程［M］．北京：中国水利水出版社，2010．
[9] 张定华．数控加工手册：第4卷［M］．北京：化学工业出版社，2013．
[10] 陈洪涛．数控加工工艺与编程［M］．北京：高等教育出版社，2009．
[11] 王爱玲．数控机床操作技术［M］．北京：机械工业出版社，2013．
[12] 穆国岩．数控机床编程与操作［M］．北京：机械工业出版社，2012．
[13] 夏燕兰．数控机床编程与操作［M］．北京：机械工业出版社，2012．